文科微积分

同济大学数学科学学院 兰 辉 主编

第二版

同济大学 出版社
TONGJI UNIVERSITY PRESS
·上海·

内 容 提 要

本书是同济大学数学科学学院依据教育部发布的《新文科建设宣言》的指导意见,在《文科微积分》(第一版)的基础上,结合文科专业数学课程教学学情,进行深入教学改革探索的成果之一. 内容涉及考研数学三的微积分知识,包括一元及多元函数的微积分的理论及应用. 全书以探讨数学思想本质的方式阐述数学理论,避免过多数学公式和繁琐计算技巧的堆砌,注重数学理论与实际生活的联系,并通过巧妙地使用数学史、科学家文献中的原始论述等,使历史背景与理论知识无缝对接,延伸了知识点的内涵.

本书适合普通高等院校文科专业学生"零起点"学习微积分知识,可供此类学生使用,也可供其他相关人员参考使用.

图书在版编目(CIP)数据

文科微积分 / 兰辉主编. -- 2版. -- 上海：同济大学出版社，2025.6. -- ISBN 978-7-5765-1741-5

Ⅰ. O172

中国国家版本馆 CIP 数据核字第 2025NN0047 号

同济数学系列丛书

文科微积分(第二版)

同济大学数学科学学院　兰　辉　主编

责任编辑　屈斯诗　　**责任校对**　徐逢乔　　　**封面设计**　陈益平

出版发行	同济大学出版社　　www.tongjipress.com.cn	
	(地址：上海市四平路1239号　邮编：200092　电话：021-65985622)	
经　　销	全国各地新华书店	
印　　刷	常熟市大宏印刷有限公司	
开　　本	710 mm×960 mm　1/16	
印　　张	19.75	
字　　数	343 000	
版　　次	2025年6月第2版	
印　　次	2025年6月第1次印刷	
书　　号	ISBN 978-7-5765-1741-5	
定　　价	68.00元	

本书若有印装质量问题，请向本社发行部调换　　　版权所有　侵权必究

第一版前言

同济大学数学系于 2011 年开始进行"《文科高等数学》教学方法的改革与实践"的探索,以部分语言类专业学生为主体设立试点班,开展教学内容、教学方法、成绩评定等一系列改革,目的是为高等院校更好地培养文科交叉型人才做有益的探索.在此背景下,同济大学数学系编写了《文科高等数学讲义》,并在试点班使用三年,本书正是在该讲义的基础上修改定稿的.

对于理工科专业的学生来说,高等数学(即微积分)是思想,也是工具. 教师可以在教学中结合数学经典理论与专业应用案例培养学生的创造性思维能力、抽象概括能力、逻辑推理能力、自学能力以及分析具体问题、建构数学模型、解决实际问题的能力,使学生进一步体会到大学数学在专业能力拓展中的基础核心价值,从而提升学生的学习积极性,完善教学成果. 与之相对应,文科高等数学的教学却呈现低效、难教的状态. 一方面,学生反映高等数学内容抽象,且与自身未来的职业规划严重脱节,无法认同学习高等数学的必要性及重要性;而教师拘泥于过于数学专业化的教材,很难设计与文科专业相关的应用案例,从而难以调动学生的主观能动性. 另一方面,数字化的大时代又使得文科专业的学生在未来的职场生活中不可避免地会面对和使用相关的数学词汇、概念及思想,因此根据文科专业特点编写合适的高等数学教材是必要的.

本书主要供普通高等院校文科类专业的学生使用,内容包括一元及多元函数微积分理论和应用. 本书有以下几方面的特点:①参与编写的人员都是同济大学数学系承担高等数学课程的骨干教师,有丰富的教学经验,熟悉学生在吸收知识点过程中的痛点与难点,并在编写过程中借鉴了同济大学相关优秀教材的精华;②全书用论述性探讨数学思想本质的语言阐述数学理论,避免过多的数学公式,繁琐的计算技巧,注重数学理论与实际生活的联系,直观易懂,深入浅出,符合文科学生的学习特点;③本书巧妙地使用了数学历史,使历史背景与理论知识无缝对接,在知识点的引入部分,使用了相关科学家文献中的原始论述,使读者能够了解知识点产生的背景,以及数学巨匠研究问题的初衷;在阐述理论的正文中插入"广角镜",介绍数学理论与实际生活的联系,延伸知识点的内涵;在部分章节的结尾补充总结性、概述性的数学史话,介绍数学家对微积分发展的贡献,微积分的发展历程以及数学家的创新精神;④在每一章的结束部分都编写下章寄语,自然地引出本章与下章的联系,何为下章的核心问题,且与下一章开始的前言综述遥相呼应,使得整本书的内容环环相扣,自成体系;⑤每一章节都配有适合文科专业学生使用的习题及测试题,难易适中,方便读者巩固、加强对知识点的理解;⑥本书根据文科不同专业所需的数学程度不同把较难内容用"＊"标出,方便高等院校的任课教师根据学时及学生基础做适当的调整.

本书最初的讲义第一章、第二章由兰辉执笔,第三章由方小春、刘庆生、兰辉执笔,第五章、第六章由张华隆、李少华、兰辉执笔. 讲义完成后,兰辉老师使用该讲义作为文科试点班学生的高等数学教材,并在使用过程中不断总结、调整,使得该讲义不断完善,最终由兰辉统稿,刘庆生审稿形成本书.

在本书的编写过程中,得到了数学系全体教师的鼓励与支持,特别是徐建平老师、殷俊锋老师、梁进老师,他们都为编者提供了新的视角和思路.

本书的出版得到了同济大学出版社的大力支持,在此向他们表示衷心感谢!

对于热情接受本书并提出建设性意见的同济大学文科相关专业的学生和老师们,我们也致以由衷的谢意!

限于学识与阅历,本书难免有不当与疏漏之处,敬请读者批评、指正.

编　者

2014 年 8 月

第二版前言

按照我国《普通高等学校本科专业目录(2012年)》，除了理学、工学、农学和医学外，哲学、经济学、法学、教育学、文学、历史学、管理学、艺术学等学科门类基本上都可纳入"文科"范畴. 2019年4月，教育部、中央政法委、科技部、工信部等13个部门正式联合启动"六卓越一拔尖"计划2.0，明确了要实现高等教育内涵式发展，打赢全面振兴本科教育攻坚战，必须全面推进新工科、新医科、新农科、新文科建设. 这里的"新文科"是相对于传统文科而言的，是以全球新科技革命、新经济发展、中国特色社会主义进入新时代为背景，突破传统文科的思维模式，以继承与创新、交叉与融合、协同与共享为主要途径，促进多学科交叉与深度融合，推动传统文科的更新升级. 众所周知，微积分是自18世纪以来现代科学发展的推动器，是各学科理论的基石，是学科转换、交叉融合的桥梁，因此在新文科建设需求下，文科微积分知识体系的更新迭代势在必行.

《文科微积分(第二版)》是同济大学数学科学学院依据教育部发布的《新文科建设宣言》的指导意见，在第一版的基础上，结合同济大学各文科专业数学课程教学学情，进行深入教学改革探索的成果之一. 目前，各高等院校文科相关专业学院都面临培养能适应并引领数字化时代的复合交叉型人才的迫切需求，文科专业学生都面临未来要适应AI赋能的工作及生活环境的迫切需求，为此第二版在以下几个方面内容做了修订：

1. 教材的定位做了适当调整，增加了多元函数微分学的内容，使得修订后的教材深度与广度与考研科目数学三的要求保持一致，为文科专业学生未来发展的多样性提供更多的可能性. 增加的教学内容包括：

(1) 完善了空间曲面、曲线的方程及平面、直线的多种方程形式. 这部分内容与后续多元函数的图形、偏导数的几何意义、偏导数的应用及二重积分的几何应用有密切的联系,而在第一版中该内容不够充分.

（2）数列极限与函数极限的定义及性质部分分为两节,增加了部分定理的证明及推广思考.

（3）极限运算法则及两个重要极限分为两节,增加了部分定理的证明及推广思考.

（4）增加高阶导数的运算法则,提升一元函数高阶导数计算的多样性.这部分内容与后续的泰勒公式及高阶偏导数的计算有密切的联系.

（5）增加偏导数的应用,如曲面的切平面与法线、方向导数与梯度及多元函数的极值与最值.

2. 习题配置是教材的重要组成部分,本书提供了更多文科专业学生适用的微积分题目,习题的总量大大增加,有利于提高学生的自学能力.

3. 部分章节篇首的知识点引入部分替换为研究这一专题的数学家的文献论述,更适宜读者了解当时的时代背景及数学家的研究初衷,有利于提高读者的学习热情.

本书由兰辉在第一版的基础上修订完成. 书中可能存在的问题,欢迎广大专家、同行和读者给予批评指正.

编　者

2025 年 3 月

目 录

第一版前言

第二版前言

第1章 预备知识 ……………………………………………………………… 1

  1.1 解析几何 …………………………………………………………………… 2

    1.1.1 向量与空间直角坐标系(2) 1.1.2 曲面(8) 1.1.3 曲线(12)
习题 1.1(15)

  1.2 函数的概念 ………………………………………………………………… 18

    1.2.1 函数的发展历程(18) 1.2.2 集合(20) 1.2.3 函数的基本概念(23)
1.2.4 函数的几种特性(26) 1.2.5 函数的运算(28) 习题 1.2(29)

  1.3 初等函数 …………………………………………………………………… 31

    1.3.1 五种基本初等函数(31) 1.3.2 初等函数(38) 1.3.3 多元函数(39)
习题 1.3(41)

  1.4 极限思想萌芽 ……………………………………………………………… 42

  1.5 数学方法 …………………………………………………………………… 46

  下章寄语 …………………………………………………………………………… 51

  总测试题一 ………………………………………………………………………… 51

第2章 极限与连续 ……………………………………………………………… 53

  2.1 数列极限 …………………………………………………………………… 54

    2.1.1 数列极限的定义(54) 2.1.2 收敛数列的性质(58) 习题 2.1(60)

  2.2 函数极限 …………………………………………………………………… 60

    2.2.1 $x \to \infty$ 时的函数极限(61) 2.2.2 $x \to x_0$ 时的函数极限(63)
2.2.3 函数极限的性质(66) 习题 2.2(67)

2.3 无穷小与无穷大 ·· 68
    2.3.1 无穷小(69)   2.3.2 无穷大(70)   习题 2.3(72)
2.4 极限的运算规则 ·· 72
    2.4.1 极限的四则运算法则(73)   2.4.2 复合函数的极限运算法则(77)
    习题 2.4(78)
2.5 两个重要极限 ·· 80
    2.5.1 $\lim\limits_{x\to 0}\dfrac{\sin x}{x}=1$(80)   2.5.2 $\lim\limits_{x\to\infty}\left(1+\dfrac{1}{x}\right)^{x}=e$(83)   习题 2.5(85)
2.6 无穷小的比较 ·· 86
    2.6.1 无穷小的比较(87)   2.6.2 等价无穷小的替换定理(89)   习题 2.6(90)
2.7 连续性 ·· 91
    2.7.1 连续的定义及性质(91)   2.7.2 闭区间连续函数的性质(96)
    习题 2.7(98)
2.8 重极限 ·· 99
    2.8.1 二重极限的定义(100)   2.8.2 多元函数的连续性(102)   习题 2.8(103)
2.9 级数 ·· 104
    2.9.1 级数的定义与性质(104)   2.9.2 正项级数(107)   2.9.3 交错级数(110)
    *2.9.4 幂级数(112)   习题 2.9(115)
下章寄语 ·· 116
总测试题二 ·· 116

第 3 章 导数 ·· 119

3.1 导数概念 ··· 120
    3.1.1 函数的变化率(120)   3.1.2 导数的定义(122)   3.1.3 可导的条件(126)
    习题 3.1(128)
3.2 求导法则 ··· 129
    3.2.1 四则运算求导法则(129)   3.2.2 反函数求导法则(131)
    3.2.3 复合函数求导法则(133)   习题 3.2(136)
3.3 高阶导数 ··· 137
    3.3.1 高阶导数的概念(137)   3.3.2 高阶求导的运算法则(140)   习题 3.3(141)
3.4 隐函数求导 ·· 142
    3.4.1 由方程 $F(x,y)=0$ 确定的函数的求导方法(142)

    3.4.2 由参数方程确定的函数的求导方法(146) 习题 3.4(147)

3.5 微分 ··· 148
    3.5.1 微分的定义(149) 3.5.2 可微的条件(150) 习题 3.5(154)

3.6 偏导数与全微分 ··· 155
    3.6.1 偏导数(155) 3.6.2 高阶偏导数(158) 3.6.3 全微分(160)
    习题 3.6(164)

下章寄语 ··· 165
总测试题三 ·· 166

第 4 章 导数的应用 ·· 168

4.1 微分中值定理 ··· 169
    习题 4.1(174)

4.2 洛必达法则 ·· 174
    4.2.1 $\frac{0}{0}$ 型未定式(175) 4.2.2 $\frac{\infty}{\infty}$ 型未定式(177)
    4.2.3 其他类型的未定式(179) 习题 4.2(181)

4.3 函数的单调性 ··· 182
    习题 4.3(186)

4.4 极值与最值 ·· 187
    4.4.1 函数的极值(187) 4.4.2 函数的最大值与最小值(190) 习题 4.4(192)

4.5 函数的凹凸性 ··· 193
    4.5.1 函数的凹凸性(193) 4.5.2 曲率(197) 习题 4.5(199)

4.6 函数图形的描绘 ··· 199
    4.6.1 渐近线(200) 4.6.2 描绘函数图形(201) 习题 4.6(203)

4.7* 泰勒公式 ·· 204
    习题 4.7(210)

4.8 偏导数的应用 ··· 210
    4.8.1 曲面的切平面与法线(211) 4.8.2 方向导数与梯度(213)
    4.8.3 多元函数的极值与最值(216) 习题 4.8(219)

下章寄语 ··· 220
总测试题四 ·· 220

第5章 不定积分 …… 222

5.1 不定积分 …… 223
5.1.1 原函数(223) 5.1.2 不定积分的概念(224) 5.1.3 基本积分表(226) 5.1.4 不定积分的性质(227) 习题 5.1(229)

5.2 不定积分的计算方法 …… 230
5.2.1 分部积分法(230) 5.2.2 换元法(233) 习题 5.2(238)

5.3 简单的微分方程 …… 239
5.3.1 微分方程的基本概念(240) 5.3.2 常用的一阶常微分方程(242) 习题 5.3(248)

下章寄语 …… 249

总测试题五 …… 249

第6章 定积分 …… 251

6.1 定积分的概念 …… 252
6.1.1 曲边梯形的面积(252) 6.1.2 定积分的定义(255) 6.1.3 定积分的性质(256) 习题 6.1(260)

6.2 微积分基本定理 …… 261
6.2.1 微积分基本定理(261) 6.2.2 定积分的换元法(265) 6.2.3 定积分的分部积分法(266) 习题 6.2(267)

6.3 定积分的应用 …… 269
6.3.1 平面区域的面积(269) 6.3.2 已知截面面积的立体体积(271) 6.3.3 平面曲线的弧长(273) 6.3.4 连续函数的平均值(274) 6.3.5 量的积累(275) 习题 6.3(276)

6.4 反常积分 …… 277
6.4.1 无穷限反常积分(278) 6.4.2 瑕积分(280) 习题 6.4(282)

6.5 二重积分 …… 283
6.5.1 二重积分的定义(283) 6.5.2 二重积分的性质(287) 6.5.3 二重积分的计算方法(289) 习题 6.5(293)

6.6* 傅里叶级数 …… 294
习题 6.6(301)

总测试题六 …… 302

第1章

预备知识

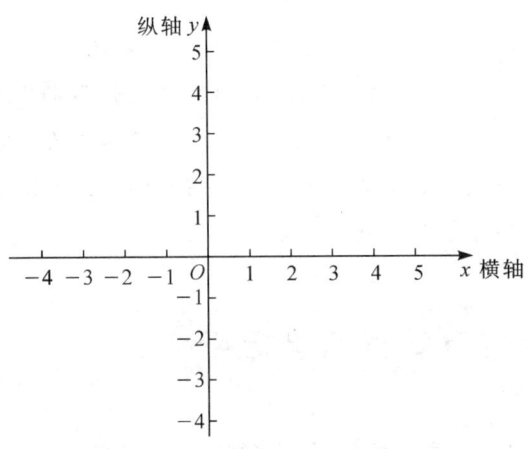

　　微积分并不是横空出世的理论,这一富有创造性的数学方法是在相关知识结构发展到一定程度之后,由量变到质变,再由恰逢其时的两位天才数学家牛顿和莱布尼茨把前人分散的研究成果整合提升为具有较大普遍性的理论体系和思想方法,从而闻名于世的.因此要理解微积分,我们必须先了解对其发展产生重要影响的诸多概念及方法.本章将展示笛卡尔、康托、李善兰等数学家如何从生活中发现与微积分相关的数学问题,又如何用数学的逻辑推理分析、获取"灵感",继而解决问题,并开拓数学中解析几何、函数、极限等对微积分创立起到关键作用的研究领域.

1.1 解析几何

> 几何学家惯于在困难的证明中使用达到结论的成长串的简单推理,使我想到,所有人们能够知道的东西,同样是互相联系的.
>
> —— 笛卡尔 《正确思维和发现科学真理的方法论》

勒内·笛卡尔(Rene Descartes, 1596—1650),法国人,杰出的近代哲学家,近代生物学的奠基人,成绩卓著的物理学家、数学家. 他因将几何坐标系代数化被人们尊为"解析几何之父". 笛卡尔在1637年发表了其最为有名的著作《正确思维和发现科学真理的方法论》,通常简称为《方法论》. 该文中附有三篇论文,在第三篇论文中,笛卡尔介绍了解析几何.

1.1.1 向量与空间直角坐标系

数学留给人的印象往往是抽象、严密、精确的. 抽象性表现为数学善于抛开问题表象因素,抓住问题本质. 例如,面对一个苹果、一根香蕉、一颗葡萄,画家关注的也许是色彩冷暖、光影搭配,生物学家关注的也许是水果的品种分类,地理学家关注的也许是产地流域分布特点,……,数学家关注到的却是具体事物下隐藏的那个小小的"1". 抽象使得数学便于发现规律,在规律中自行演绎,继而得到更加抽象的结论. 数学的严密性、精确性表现为抽象概念的准确性,推理、计算的逻辑严格性以及由此得到的数学结论的无可争辩性. 数学的这几种特性贯穿于欧几里得几何诞生后的数学研究,培养了一代代的数学家,却让人们渐渐拘泥于数学此种刻板印象,面对数学望而却步.

数学最初的来源是有形的,它原本是为了解决实际问题而创造出来的思想方法. 割裂数学方法、理论与有形问题的联系会让数学学习变得枯燥无趣. 17世纪上半叶,法国数学家笛卡尔一直在寻找数学研究中有形与抽象的相互转换. 笛卡尔一直对几何学中占主导地位的欧氏几何不满,他认为古希腊人的数学是几何式的代数,例如一个变量表示某线段长度,两个变量乘积表示某矩形的面积,三个变量的乘积表示某长方体体积,三个以上的乘积则无法处理.定理的证明也过分依赖几何图形,证明方法不具有推广性.笛卡尔对当时的代数也是诸多批评,认为它完全拘泥于法则和公式,是牵线的木偶,以至于"成为一种充满混杂与晦暗、故意用来阻碍思想的无用的艺术,而不像一门改进思想的科学"[①].笛卡尔希望能够撷取代数与几何中最好的东西,互相取长补短:几何图形是直观、易于理解的,而代数方程是比较抽象、富有规则的,能不能把几何图形与代数方程结合起来,也就是说用几何图形来刻画方程,用方程来表示几何图形呢?要想达到这个目的,运动的"点"是关键,如何把组成几何图形的点和满足方程的每一组"数"挂上钩?

契机来自一只蜘蛛.据说有一天,笛卡尔生病卧床,这时他看见屋顶上的一只蜘蛛在他上边左右拉丝,在空中结成复杂的迷宫.动态蜘蛛的"表演"让笛卡尔茅塞顿开.他终于找到了直观表达函数的方法.

如果把蜘蛛看作一个动点,它的每个位置是否都能用一组数确定下来呢?以地面上的墙角作为起点,把屋子里相邻的两面墙与地面交出来的三条线作为三根数轴(图 1.1),那么空间中任意一点的位置就可以用这三根数轴找到有顺序的三个数.反过来,任给一组三个有顺序的数也可以在空间中找出一点 P 与之对应(图 1.1).同样道理,用一组数 (x, y) 可以表示平面上的一个点,平面上的一个点也可以用一组有顺序的两个数来表示,这就是坐标系的雏形(图 1.2).

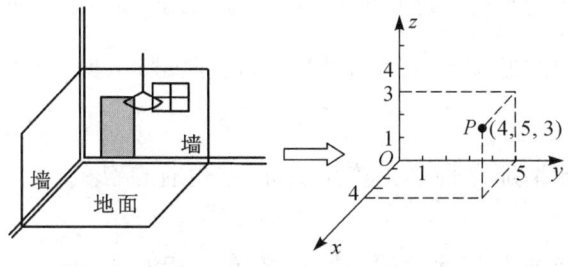

图 1.1

---

① 选自《方法论》,笛卡尔,1637.

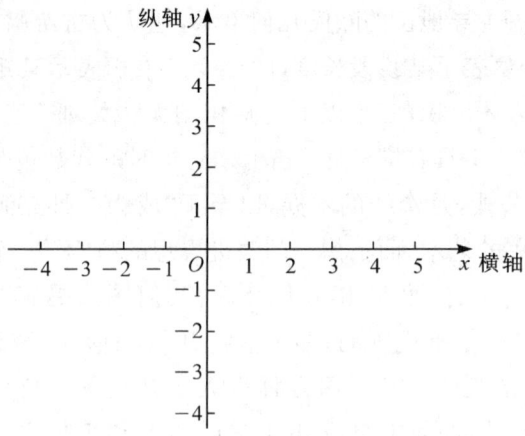

图 1.2

要实现笛卡尔的初衷,即点与坐标的一一对应,还需借助于向量. 起源于自然界的向量意为有大小有方向的量,如力,位移等. 向量通常用带箭头的线段表示,线段长度表示向量的大小,箭头表示方向,记作 $\overrightarrow{AB}$,$\vec{a}$ 或 a(图 1.3). 向量可自由平移. 向量的大小称为向量的模,记作 $|\overrightarrow{AB}|$ 或 $|a|$. 数学中所研究的向量是自由向量,意为自由平行移动后重合的两向量视为同一个向量.

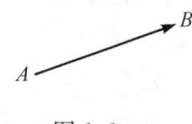

图 1.3

模为 0 的向量称为零向量,模为 1 的向量称为单位向量. 模相等,方向相同的向量 a,b 称为相等,记作 $a=b$. 与向量 a 大小相等,方向相反的向量称为 a 的负向量,记作 $-a$. 方向相同或相反的向量 a,b 称为平行向量,记作 $a \mathbin{/\mkern-5mu/} b$. 零向量可以认为与任意向量平行. 将向量 a,b 平移至同一起点,两向量所成的角称为 a,b 的夹角. 夹角通常介于 0 到 π. 特别地,若向量 a,b 的夹角为 $\dfrac{\pi}{2}$,则称 a,b 垂直,记作 $a \perp b$.

向量不能像数量那样直接比较大小,但它也有自己的运算.

(1) **加法**:将有向线段表示的向量 a,b 首尾相连,则 a 的起点指向 b 终点的向量称为 a,b 的和,记作 $a+b$(图 1.4).

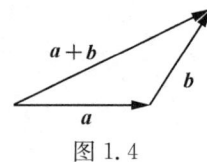

图 1.4

加法满足交换律:$a+b=b+a$.

加法满足结合律:$(a+b)+c=a+(b+c)=a+b+c$.

(2) **减法**:$a-b=a+(-b)$.

(3) **数乘**：λa 表示模为 $|\lambda||a|$ 的向量，其中 λ 是实数. 当 $\lambda > 0$ 时，λa 与 a 同向；当 $\lambda < 0$ 时，λa 与 a 反向.

数乘满足结合律：$\lambda(\mu a) = (\lambda\mu)a = \mu(\lambda a)$.

数乘满足分配律：$(\lambda + \mu)a = \lambda a + \mu a$，$\lambda(a + b) = \lambda a + \lambda b$.

(4) **数量积**：若向量 a，b 的夹角为 θ ($0 \leqslant \theta \leqslant \pi$)，则常数 $|a||b|\cos\theta$ 称为 a，b 的数量积，记作 $a \cdot b$.

数量积满足交换律：$a \cdot b = b \cdot a$.

数量积满足分配律：$(a + b) \cdot c = a \cdot c + b \cdot c$.

数量积满足结合律：$(\lambda a) \cdot b = a \cdot (\lambda b) = \lambda(a \cdot b)$.

向量具有两个基本的简单性质，这两个性质是笛卡尔借助向量建立坐标系，继而实现"把数学中几何与代数这两个看似不同的领域有效融合"这一理想的基础.

性质 1 对于任一向量 a，都有 $a = |a|e_a$，其中 e_a 表示与 a 同向的单位向量.

证 $||a|e_a| = |a||e_a| = |a|$，说明 a 与 $|a|e_a$ 大小相等，且 $|a| \geqslant 0$，说明 a 与 $|a|e_a$ 方向相同，故两向量相等.

此性质说明向量可以由模及单位向量刻画.

性质 2 设 $a \neq 0$，则 $b /\!/ a$ 充分必要条件为存在唯一的实数 λ，使得 $b = \lambda a$.

证 （充分性）$b = \lambda a$，若 $\lambda \geqslant 0$ 则 b 与 a 同向，若 $\lambda < 0$ 则 b 与 a 反向，故 $b /\!/ a$.

（必要性）若 $b /\!/ a$，由性质 1 知，$b = |b|e_b$，$a = |a|e_a$.

若 b 与 a 同向，$e_b = e_a$，则

$$b = |b|\left(\frac{a}{|a|}\right) = \left(\frac{|b|}{|a|}\right)a;$$

若 b 与 a 反向，$e_b = -e_a$，则

$$b = |b|\left(-\frac{a}{|a|}\right) = \left(-\frac{|b|}{|a|}\right)a.$$

此性质说明平行向量之间存在等量关系.

下面我们将以三维立体空间为例，开始在代数和几何之间架起一座"互通"的桥梁.

给定一个点，一个方向，一个单位长度，可以确定一个数轴，使得数轴上任一点 P 有唯一的实数 x 与之对应.

由点 O、指定方向及单位长度,我们可以确定单位向量 i,构造一个数轴(图 1.5),数轴上任一点 P,对应向量 $\overrightarrow{OP}$,由于 $\overrightarrow{OP} \parallel i$,则存在唯一实数 x 使得 $\overrightarrow{OP} = xi$,于是

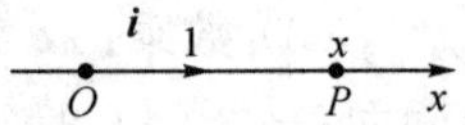

$$点 P \longleftrightarrow 向量 \overrightarrow{OP} \longleftrightarrow 实数 x,$$

实数 x 成为刻画点的重要指标,称其为点 P 在数轴上的坐标.

图 1.5

空间中的点也可以类似表示.

空间取一点 O 和三个两两垂直的单位向量 i,j,k,我们可以确定三个数轴 x 轴、y 轴及 z 轴,它们的正向满足右手法则(图 1.6),即右手抓住 z 轴,四指从 x 轴正向绕到 y 轴正向,称这样的结构为**空间直角坐标系**.O 称为坐标原点,三个数轴称为坐标轴,依次称为横轴、纵轴及竖轴.三个坐标轴构成三个坐标平面,分别记作 xOy 面,yOz 面及 xOz 面.空间被三个坐标面分割为八个卦限(图 1.7).

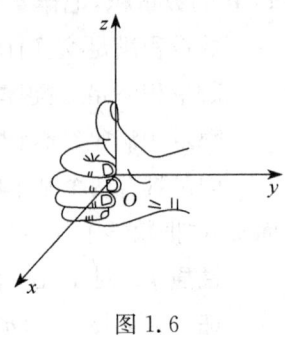

图 1.6

利用向量加法有(图 1.8),

$$\overrightarrow{OM} = \overrightarrow{OP} + \overrightarrow{PM'} + \overrightarrow{M'M},$$

而 $\overrightarrow{OP} = xi$,$\overrightarrow{PM'} = yj$,$\overrightarrow{M'M} = zk$,即 $\overrightarrow{OM} = xi + yj + zk$,于是

$$点 M \longleftrightarrow 向量 \overrightarrow{OM} \longleftrightarrow 数对 (x, y, z).$$

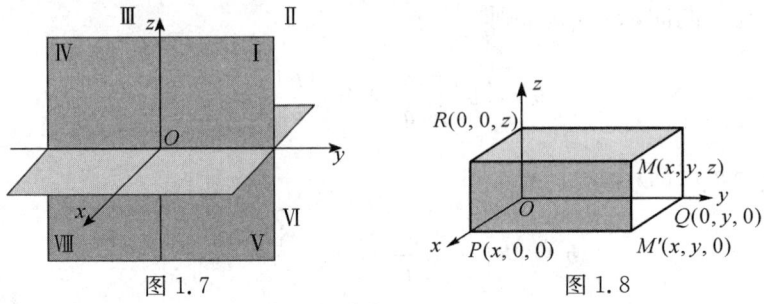

图 1.7　　　　　图 1.8

由此空间任一点 M,都有一组有序三数对 (x, y, z) 与之一一对应,称为 M 点的坐标.

三维立体空间我们以后可以用 $\mathbf{R}^3$ 来表示,即

$$\mathbf{R}^3 = \{(x_1, x_2, x_3) \mid x_i \in \mathbf{R}, i = 1, 2, 3\}.$$

从此向量由几何化表示的量转化为可代数化表示的量,它的运算是否也可以代数化表示?

定理 1 设 $a=(a_x, a_y, a_z)$, $b=(b_x, b_y, b_z)$, 则

(1) $a=b \Leftrightarrow a_i=b_i, i=x, y, z$;

(2) $|a|=\sqrt{a_x^2+a_y^2+a_z^2}$, 特别地,若点 $A(x_1, y_1, z_1)$, $B(x_2, y_2, z_2)$, 则两点间距离 $|\overrightarrow{AB}|=\sqrt{(x_2-x_1)^2+(y_2-y_1)^2+(z_2-z_1)^2}$;

(3) $a+b=(a_x+b_x, a_y+b_y, a_z+b_z)$;

(4) $\lambda a=(\lambda a_x, \lambda a_y, \lambda a_z), \lambda \in \mathbf{R}$;

(5) 若 $a \neq \mathbf{0}$, 则单位向量

$$e_a=\left(\frac{a_x}{|a|}, \frac{a_y}{|a|}, \frac{a_z}{|a|}\right)=(\cos \alpha, \cos \beta, \cos \gamma),$$

其中, α, β, γ 分别为向量 a 与三个坐标轴的夹角①,称为向量 a 的方向角, $\cos \alpha$, $\cos \beta$, $\cos \gamma$ 为向量 a 的方向余弦;

(6)② 若 $a \neq \mathbf{0}$, 则 $b // a \Leftrightarrow \frac{b_x}{a_x}=\frac{b_y}{a_y}=\frac{b_z}{a_z}$;

(7) $a \cdot b=a_x b_x+a_y b_y+a_z b_z$, $\cos \theta=\dfrac{a_x b_x+a_y b_y+a_z b_z}{\sqrt{a_x^2+a_y^2+a_z^2}\sqrt{b_x^2+b_y^2+b_z^2}}$ (这里 θ 为向量 a, b 的夹角). 特别地, $a \perp b \Leftrightarrow a \cdot b=0 \Leftrightarrow a_x b_x+a_y b_y+a_z b_z=0$.

证 这里只证明结论(7), 其他结论可以自行证明.

$$\begin{aligned}
a \cdot b &= (a_x i+a_y j+a_z k) \cdot (b_x i+b_y j+b_z k) \\
&= a_x b_x(i \cdot i)+a_x b_y(i \cdot j)+a_x b_z(i \cdot k)+a_y b_x(j \cdot i)+ \\
&\quad a_y b_y(j \cdot j)+a_y b_z(j \cdot k)+a_z b_x(k \cdot i)+a_z b_y(k \cdot j)+a_z b_z(k \cdot k).
\end{aligned}$$

因 $i \perp j \perp k$, $|i|=|j|=|k|=1$, 故 $i \cdot j=j \cdot k=k \cdot i=0$, $i \cdot i=j \cdot j=k \cdot k=1$, 则

$$a \cdot b=a_x b_x+a_y b_y+a_z b_z.$$

---

① 向量与数轴的夹角可由向量与数轴上的单位向量的夹角定义,类似还可以定义两数轴的夹角.
② 两平行向量的对应坐标成比例的表达式中分母可以取 0.

由 $a \cdot b = |a||b|\cos\theta$ 知,

$$\cos\theta = \frac{a \cdot b}{|a||b|} = \frac{a_x b_x + a_y b_y + a_z b_z}{\sqrt{a_x^2 + a_y^2 + a_z^2}\sqrt{b_x^2 + b_y^2 + b_z^2}}.$$

例 1 设 $m = 2i + 5j + 4k$, $n = 3i - 7j - k$, $p = i + 2j - 3k$, 求向量 $a = 2m + 3n - 4p$.

解 $a = 2m + 3n - 4p$
$= 2(2i + 5j + 4k) + 3(3i - 7j - k) - 4(i + 2j - 3k)$
$= 9i - 19j + 17k.$

例 2 已知 $a = (1, 1, -4)$, $b = (1, -2, 2)$, 求 a 与 b 的夹角.

解 $a \cdot b = 1 \times 1 + 1 \times (-2) + (-4) \times 2 = -9$, 设 a 与 b 的夹角为 θ,

$$\cos\theta = \frac{a \cdot b}{|a||b|} = \frac{a_x b_x + a_y b_y + a_z b_z}{\sqrt{a_x^2 + a_y^2 + a_z^2}\sqrt{b_x^2 + b_y^2 + b_z^2}} = -\frac{1}{\sqrt{2}},$$

从而有 $\theta = \frac{3\pi}{4}$.

至此,向量的几何研究可以转化为用数表示的代数运算,反之对代数语言表达的理论我们可以加以几何解释,从而直观地掌握这些理论的意义,并得到启发提出新的结论. 笛卡尔看似偶然的发现,创造了用代数的方法来研究几何图形的数学分支——解析几何,从此改变了数学的面貌. 事实上, 17 世纪以来的数学发展(包括微积分),在很大程度上都应归功于坐标几何的诞生.

1.1.2 曲面

运动的点可以生成更为复杂的几何图形. 空间曲面在几何上就可以看作点的运动轨迹.

例 3 建立球心在 $M_0(x_0, y_0, z_0)$, 半径为 r 的球面方程.

解 设点 $M(x, y, z)$ 是球面上任意一点,根据题意 $|\overrightarrow{MM_0}| = r$,

$$\sqrt{(x - x_0)^2 + (y - y_0)^2 + (z - z_0)^2} = r,$$

即

$$(x - x_0)^2 + (y - y_0)^2 + (z - z_0)^2 = r^2.$$

特别地,当球心是坐标原点时,球面方程为 $x^2+y^2+z^2=r^2$.

如果曲面 S 与三元方程

$$F(x,y,z)=0 \qquad (1.1)$$

有下述关系:

(1) 曲面 S 上任一点的坐标都满足方程(1.1);

(2) 不在曲面 S 上的点的坐标都不满足方程(1.1),

那么方程(1.1)就叫作曲面 S 的方程,称曲面 S 为方程(1.1)的图形(图 1.9).

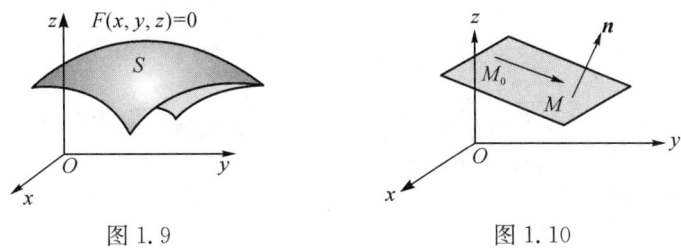

图 1.9　　　　　　　图 1.10

例 4　求经过点 $M_0(x_0,y_0,z_0)$,且垂直于向量 $\boldsymbol{n}=(A,B,C)$ 的平面方程.

解　任取平面上一点 $M(x,y,z)$,必有 $\overrightarrow{M_0M} \perp \boldsymbol{n}$(图 1.10),则 $\overrightarrow{M_0M} \cdot \boldsymbol{n}=0$,即

$$A(x-x_0)+B(y-y_0)+C(z-z_0)=0 \qquad (1.2)$$

或

$$Ax+By+Cz-(Ax_0+By_0+Cz_0)=0.$$

令 $D=-(Ax_0+By_0+Cz_0)$,得

$$Ax+By+Cz+D=0. \qquad (1.3)$$

我们称垂直于平面的非零向量 $\boldsymbol{n}=(A,B,C)$ 为平面的法向量. 例 4 说明确定平面需要两个要素:平面上一个点的坐标和法向量. 故方程(1.2)称为平面的点法式方程,方程(1.3)称为平面的一般方程.

已知平面的两个构成要素,可以立刻写出它的点法式方程;反之,给出平面的点法式方程,也可以从中解读出平面的构成要素,继而画出平面图形. 通过平面的一般方程,可以直接看出平面的一个法向量为 $\boldsymbol{n}=(A,B,C)$. 例 3、例 4 都采用

通过动点坐标满足的运动轨迹条件来寻找曲面方程的方法,这种方法称为动点轨迹法.

例5 求经过三点 $A(a, 0, 0)$,$B(0, b, 0)$,$C(0, 0, c)$ 的平面方程,其中,$abc \neq 0$.

解 设平面方程为 $Ax + By + Cz + D = 0$,平面不经过原点,则 $D \neq 0$,且

$$\begin{cases} A \cdot a + B \cdot 0 + C \cdot 0 + D = 0, \\ A \cdot 0 + B \cdot b + C \cdot 0 + D = 0, \\ A \cdot 0 + B \cdot 0 + C \cdot c + D = 0, \end{cases}$$

解得

$$A = -\frac{D}{a}, \quad B = -\frac{D}{b}, \quad C = -\frac{D}{c}.$$

得平面方程为

$$\frac{x}{a} + \frac{y}{b} + \frac{z}{c} = 1. \tag{1.4}$$

我们称方程(1.4)为平面的截距式方程. 此方程形式可直接确定平面与三个坐标轴的交点,最易于刻画平面的几何形状.

关于两平面的位置关系,我们很容易验证以下结论:

若平面 Π_1 的法向量为 $\boldsymbol{n}_1 = (A_1, B_1, C_1)$,$\Pi_2$ 的法向量为 $\boldsymbol{n}_2 = (A_2, B_2, C_2)$,则

(1) $\Pi_1 \perp \Pi_2 \Leftrightarrow \boldsymbol{n}_1 \perp \boldsymbol{n}_2 \Leftrightarrow A_1A_2 + B_1B_2 + C_1C_2 = 0$;

(2) $\Pi_1 \parallel \Pi_2 \Leftrightarrow \boldsymbol{n}_1 \parallel \boldsymbol{n}_2 \Leftrightarrow \dfrac{A_1}{A_2} = \dfrac{B_1}{B_2} = \dfrac{C_1}{C_2}$.

例6 设点 $P_0(x_0, y_0, z_0)$ 不在平面 $\Pi: Ax + By + Cz + D = 0$ 上,求点 P 到平面 Π 的距离.

解 任取平面上一点 $P_1(x_1, y_1, z_1)$,则

$$Ax_1 + By_1 + Cz_1 + D = 0,$$

由图 1.11 知,$d = |\overrightarrow{P_1P_0}| \cos \theta$,其中 θ 是平面法向量 $\boldsymbol{n}$ 与向量 $\overrightarrow{P_1P_0}$ 的夹角,故

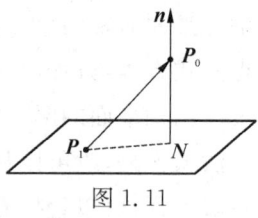

图 1.11

$$d = \frac{|\overrightarrow{P_1P_0}|\cos\theta|\boldsymbol{n}|}{|\boldsymbol{n}|} = \frac{|\overrightarrow{P_1P_0}\cdot\boldsymbol{n}|}{|\boldsymbol{n}|}$$

$$= \frac{|A(x-x_1)+B(y-y_1)+C(z-z_1)|}{\sqrt{A^2+B^2+C^2}}$$

$$= \frac{|Ax+By+Cz+D|}{\sqrt{A^2+B^2+C^2}}.$$

例 7 设 Σ 为由 xOy 面上椭圆 $\dfrac{x^2}{a^2}+\dfrac{y^2}{b^2}=1$ 沿 z 轴平移可得到的椭圆柱面(图 1.12),求 Σ 的方程.

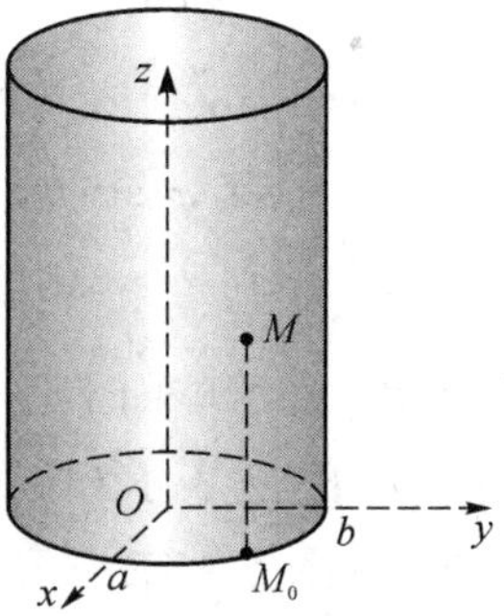

解 任取动点 $M(x,y,z)$,总有椭圆上一点 $M_0(x_0,y_0,0)$ 与之对应,使得 $\overrightarrow{M_0M} \;/\!/\; \boldsymbol{k}$,即

$$x=x_0, \quad y=y_0, \quad \text{且} \frac{x_0^2}{a^2}+\frac{y_0^2}{b^2}=1,$$

则有椭圆柱面的方程为

$$\frac{x^2}{a^2}+\frac{y^2}{b^2}=1.$$

图 1.12

一般地,曲线 C 沿不共面的直线 L 平行移动形成的轨迹称为柱面,曲线 C 称为柱面的准线,直线 L 称为柱面的母线. 通常,只含有 x,y 而缺 z 的三元方程 $F(x,y)=0$ 在空间直角坐标系中表示母线平行于 z 轴的柱面,其准线是 xOy 面上的曲线

$$\begin{cases} F(x,y)=0, \\ z=0. \end{cases}$$

类似地,只含有 x,z 而缺 y 的三元方程 $G(x,z)=0$ 在空间直角坐标系中表示母线平行于 y 轴的柱面,其准线是 xOz 面上的曲线

$$\begin{cases} G(x,z)=0, \\ y=0. \end{cases}$$

只含有 y,z 而缺 x 的三元方程 $H(y,z)=0$ 在空间直角坐标系中表示母线平行于 x 轴的柱面,其准线是 yOz 面上的曲线

$$\begin{cases} H(y,z)=0, \\ x=0. \end{cases}$$

曲面除了可以用三元方程来表示以外,还可以用含两个变量的方程组

$$\begin{cases} x = x(u,v), \\ y = y(u,v), \\ z = z(u,v) \end{cases}$$

来刻画,这就是曲面的参数方程.

例如,球面 $x^2+y^2+z^2=r^2$ 还可以表示为参数方程

$$\begin{cases} x = r\sin\varphi\cos\theta, \\ y = r\sin\varphi\sin\theta, \quad 0 \leqslant \varphi \leqslant \pi, 0 \leqslant \theta \leqslant 2\pi, \\ z = r\cos\varphi, \end{cases}$$

其中,φ 表示球面上任一点 M 对应的向量 $\overrightarrow{OM}$ 与 z 轴正向的夹角,θ 表示 $\overrightarrow{OM}$ 在平面上的投影 $\overrightarrow{ON}$ 与 x 轴正向的夹角(图 1.13).

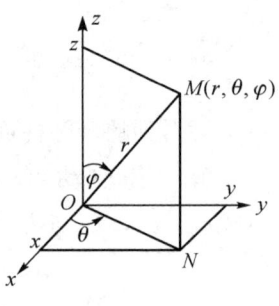

图 1.13

1.1.3 曲线

空间中任一曲线 C 都可以看作两曲面 S_1,S_2 的交线,若 S_1 的方程是 $F(x,y,z)=0$,S_2 的方程是 $G(x,y,z)=0$,则 C 的方程是

$$\begin{cases} F(x,y,z) = 0, \\ G(x,y,z) = 0. \end{cases} \tag{1.5}$$

我们称方程(1.5)为曲线的一般方程. 特别地,称方程组

$$\begin{cases} A_1 x + B_1 y + C_1 z + D_1 = 0, \\ A_2 x + B_2 y + C_2 z + D_2 = 0 \end{cases}$$

为直线的一般方程.

例8 方程

$$\begin{cases} x^2 + y^2 + z^2 = 4, \\ z = 1 \end{cases}$$

表示球面与平面的交线,是不经过球心的一个圆.

例9 求过点 $(-3,2,5)$,且与两平面 $2x-y-5z=1$ 与 $x-4z=3$ 的交线平行的直线方程.

解 经过点 $(-3, 2, 5)$ 平行于平面 $2x-y-5z=1$ 的平面记作 Π_1，方程为
$$2(x+3)-(y-2)-5(z-5)=0, \quad 即 \quad 2x-y-5z+33=0.$$
经过点 $(-3, 2, 5)$ 平行于平面 $x-4z=3$ 的平面记作 Π_2，方程为
$$(x+3)-4(z-5)=0, \quad 即 \quad x-4z+23=0.$$
所求的直线是平面 Π_1 与 Π_2 的交线，方程为
$$\begin{cases} 2x-y-5z+33=0, \\ x-4z+23=0. \end{cases}$$

例 10 求经过点 $M_0(x_0, y_0, z_0)$，且平行于非零向量 $\boldsymbol{s}=(m, n, p)$ 的直线方程.

解 任取直线上一点 $M(x, y, z)$，$\overrightarrow{M_0M} \parallel \boldsymbol{s}$（图 1.14），即

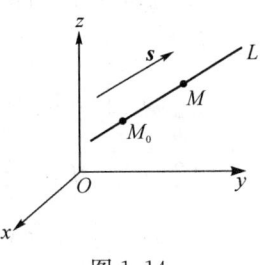

图 1.14

$$\frac{x-x_0}{m}=\frac{y-y_0}{n}=\frac{z-z_0}{p}, \qquad (1.6)$$

此方程可理解为
$$\begin{cases} \dfrac{x-x_0}{m}=\dfrac{y-y_0}{n}, \\ \dfrac{y-y_0}{n}=\dfrac{z-z_0}{p}, \end{cases}$$
即两平面的交线.

我们称与直线平行的非零向量为直线的方向向量. 此例说明确定直线需要两个要素：直线上一个点的坐标和方向向量，故方程(1.6)称为直线的对称式方程，又称为点向式方程. 已知直线的两个构成要素，我们可以立刻写出它的点向式方程；反之，给出直线的点向式方程，我们也可以从中解读出直线的构成要素，继而画出直线图形.

令
$$\frac{x-x_0}{m}=\frac{y-y_0}{n}=\frac{z-z_0}{p}=t,$$
则有
$$\begin{cases} x=x_0+mt, \\ y=y_0+nt, \\ z=z_0+pt. \end{cases} \qquad (1.7)$$

称方程(1.7)为直线的参数方程.

关于两直线的位置关系,我们很容易验证以下结论:

若直线 L_1 的方向向量为 $\mathbf{s}_1 = (m_1, n_1, p_1)$,$L_2$ 的方向向量为 $\mathbf{s}_2 = (m_2, n_2, p_2)$,则

(1) $L_1 \perp L_2 \Leftrightarrow \mathbf{s}_1 \perp \mathbf{s}_2 \Leftrightarrow m_1 m_2 + n_1 n_2 + p_1 p_2 = 0$;

(2) $L_1 \parallel L_2 \Leftrightarrow \mathbf{s}_1 \parallel \mathbf{s}_2 \Leftrightarrow \dfrac{m_1}{m_2} = \dfrac{n_1}{n_2} = \dfrac{p_1}{p_2}$.

关于直线与平面的位置关系,我们也很容易验证以下结论:

若直线 L 的方向向量为 $\mathbf{s} = (m, n, p)$,平面 Π 的法向量为 $\mathbf{n} = (A, B, C)$,则

(1) $L \perp \Pi \Leftrightarrow \mathbf{s} \parallel \mathbf{n} \Leftrightarrow \dfrac{m}{A} = \dfrac{n}{B} = \dfrac{p}{C}$;

(2) $L \parallel \Pi \Leftrightarrow \mathbf{s} \perp \mathbf{n} \Leftrightarrow Am + Bn + Cp = 0$.

例 11 求过点 $(8, -1, 7)$,且与直线 $L: \dfrac{x-1}{2} = \dfrac{3x+1}{6} = 1 - z$ 垂直的平面方程.

解 直线方程可化为点向式方程

$$\frac{x-1}{2} = \frac{x+\dfrac{1}{3}}{2} = \frac{z-1}{-1},$$

得直线的方向向量为 $\mathbf{s} = (2, 2, -1)$. 设所求平面为 Π,法向量为 $\mathbf{n}$,则 $\mathbf{n} \parallel \mathbf{s}$.

平面 Π 的点法式方程为

$$2(x-8) + 2(y+1) - (z-7) = 0,$$

即

$$2x + 2y - z - 7 = 0.$$

如同直线一样,空间曲线

$$C: \begin{cases} F(x, y, z) = 0, \\ G(x, y, z) = 0 \end{cases}$$

也可以用参数方程表示,只要将曲线 C 上的动点坐标 x, y, z 表示成参数 t 的函数

$$\begin{cases} x = x(t), \\ y = y(t), \\ z = z(t) \end{cases}$$

即可.

一般地,我们可以用 $\mathbf{R}^n$ 表示 n 元有序实数组全体组成的集合,即

$$\mathbf{R}^n = \{(x_1, x_2, \cdots, x_n) \mid x_i \in \mathbf{R}, i = 1, 2, \cdots, n\}$$

称为 n 维(实)空间. 当 $n \geqslant 4$ 时,在此空间上可类似定义点、向量、运算等概念及性质. 我们也可以进行类似 $\mathbf{R}^3$ 空间所做的工作,研究 $\mathbf{R}^n$ 子集合的代数性质与几何意义的对应关系.

广角镜

通常人们认为笛卡尔是解析几何的创立人,其实法国数学家费马在笛卡尔发表《方法论》之前的五、六年里也已经找到了解析几何的思想及研究问题的方法,并有著作提及.

1630 年,费马发表了论文《平面与立体轨迹引论》. 在文中,他对失传的古希腊几何名著《平面轨迹》中的一些结论给出新的证明,所用方法就是把方程中的"变数"理解成"跑动的点",画出运动轨迹. 后来人们才发现,这正是解析几何"代数方程几何化"的最初形式. 因此,费马与笛卡尔应共享创立解析几何的荣誉.

习题 1.1

1. 在空间直角坐标系中画出下列各点的位置.
   (1) $A(3, 4, 0)$;   (2) $B(0, 4, 3)$;
   (3) $C(3, 0, 0)$;   (4) $D(-1, 0, 5)$;
   (5) $E(0, 0, -4)$;   (6) $F(0, -7, 0)$.

2. (1) 写出点 (a, b, c) 关于各坐标平面的对称点坐标;
   (2) 写出点 (a, b, c) 关于各坐标轴的对称点坐标;
   (3) 写出点 (a, b, c) 关于坐标原点的对称点坐标.

3. (1) 写出点 $(4, -2, 6)$ 关于各坐标平面的距离；

(2) 写出点 $(4, -2, 6)$ 关于各坐标轴的距离；

(3) 写出点 $(4, -2, 6)$ 关于坐标原点的距离.

4. 已知点 $A(4, \sqrt{2}, 1)$，$B(3, 0, 2)$，

(1) 写出向量 $\overrightarrow{AB}$ 的坐标分解式；

(2) 求向量 $\overrightarrow{AB}$ 的模；

(3) 求向量 $\overrightarrow{AB}$ 的方向角；

(4) 将向量 $\overrightarrow{AB}$ 写成它的模与同向的单位向量的数乘形式.

5. 设向量 $\boldsymbol{a} = (3, -1, -2)$，$\boldsymbol{b} = (1, 2, -1)$，求

(1) $-3\boldsymbol{a} + 2\boldsymbol{b}$；

(2) $(-3\boldsymbol{a}) \cdot 2\boldsymbol{b}$；

(3) 向量 $\boldsymbol{a}$，$\boldsymbol{b}$ 夹角的余弦.

6. 求模为 21，方向与向量 $4\boldsymbol{i} - 5\boldsymbol{j} + 2\sqrt{2}\boldsymbol{k}$ 同向的向量.

7. 设点 $P_1(x_1, y_1, z_1)$，$P_2(x_2, y_2, z_2)$，O 为坐标原点，

(1) 若 M 是连接 P_1，P_2 的线段的中点，写出 $\overrightarrow{OM}$ 关于 $\overrightarrow{OP_1}$ 与 $\overrightarrow{OP_2}$ 的表达式；

(2) 写出点 M 的坐标；

(3) 若 $P_1(4, -1, 7)$，$P_2(0, 1, -5)$，求点 M 的坐标.

8. 求球心为 $(3, 8, 1)$，且经过点 $(4, 3, -1)$ 的球面方程.

9. (1) 画出曲面 $z = 1 - y^2$ 的图形；

(2) 画出曲面 $4x^2 + y^2 = 4$ 的图形；

(3) 画出满足不等式 $x^2 + y^2 + z^2 > 2z$ 的立体图形.

10. 求经过三点 $(1, 1, -1)$，$(-2, -2, 2)$，$(1, -1, 2)$ 的平面方程.

11. 求平行于平面 $3x - y - z = 1$ 且经过点 $(5, 2, -1)$ 的平面方程.

12. 求点 $(2, 2, 3)$ 到平面 $2x + 3y - z = 5$ 的距离.

13. (1) 直线过点 $(11, -4, 8)$ 且平行于向量 $2\boldsymbol{i} + 3\boldsymbol{j} - 5\boldsymbol{k}$，求直线的参数方程；

(2) 直线过点 $A(3, 3, 5)$ 和 $A(4, -1, 1)$，求直线的参数方程.

14. 判断过点 $(-4, -6, 1)$，$(-2, 0, -3)$ 的直线 L_1 与过点 $(10, 18, 4)$，$(5, 3, 14)$ 的直线 L_2 是否平行、是否垂直.

15. 求直线 $x = 2t$，$y = 5 + 3t$，$z = 1 - 5t$ 同平面 $3x + 6y + 2z = 4$ 的交点.

16. 求过直线 $x = 1 + t$，$y = 2 - t$，$z = 4 - 3t$，且垂直于平面 $5x + 2y + z = 1$ 的平面方程.

17. 求平面 $x - 3y + 2z = 5$ 与平面 $2x + y + 2z = 1$ 的交线的参数方程.

18. 指出方程组

$$\begin{cases} \dfrac{x^2}{4} + \dfrac{y^2}{9} = 1, \\ y = 3 \end{cases}$$

在平面直角坐标系和空间直角坐标系中分别表示什么图形?

19. 将曲线 C 的方程

$$\begin{cases} x^2 + y^2 + z^2 = 9, \\ y = x \end{cases}$$

化为参数方程.

*20. 平面曲线

$$\Gamma: \begin{cases} \dfrac{y^2}{5} + \dfrac{z^2}{3} = 1, \\ x = 0 \end{cases}$$

绕 z 轴旋转一周可得一个旋转曲面 Σ. 任取 Σ 上一动点 $M(x, y, z)$,该点必定是由 Γ 上一点 $M_0(x_0, y_0, z_0)$ 绕 z 轴旋转生成,则 M 与 M_0 到 z 轴距离相等且 M 与 M_0 在 z 轴上的坐标分量相等,即

$$x^2 + y^2 = x_0^2 + y_0^2,\ z = z_0,\ \text{且} \begin{cases} \dfrac{y_0^2}{5} + \dfrac{z_0^2}{3} = 1, \\ x_0 = 0, \end{cases}$$

推出 $y_0 = \pm\sqrt{x^2 + y^2}$,从而有 Σ 上一动点 $M(x, y, z)$ 满足关系式

$$\dfrac{x^2 + y^2}{5} + \dfrac{z^2}{3} = 1,$$

可以验证这就是旋转曲面 Σ 的方程.

(1) 请参考上述讨论写出由平面曲线 $C: \begin{cases} f(y, z) = 0, \\ x = 0 \end{cases}$ 绕 z 轴旋转一周可得一个旋转曲面的方程;

(2) 写出平面曲线 $C: \begin{cases} f(y, z) = 0, \\ x = 0 \end{cases}$ 绕 y 轴旋转一周可得一个旋转曲面的方程;

(3) 写出平面曲线 $C: \begin{cases} x^2 - y^2 = 1, \\ z = 0 \end{cases}$ 绕 y 轴旋转一周可得一个旋转曲面的方程.

1.2 函数的概念

凡此变数中函彼变数者,则此为彼之函数.

——李善兰 《代微积拾级》

李善兰(1811—1882),中国近代数学、天文、力学和植物学家. 1852—1859年,李善兰与英国传教士、汉学家伟烈亚力等人合作翻译出版了《几何原本》后九卷,以及《代数学》《代微积拾级》《谈天》《重学》《圆锥曲线说》《植物学》等西方近代科学著作,使得解析几何、微积分、哥白尼日心说、牛顿力学、近代植物学传入中国,对促进近代中国科学的发展做出了杰出的贡献. 此外,李善兰还潜心研究数学,他的研究成果都集中地体现在他自己编辑刊刻的《则古昔斋算学》之中,汇集了20多年来其在数学、天文学和弹道学等方面的著作,共约15万字.

1.2.1 函数的发展历程

函数是数学中最重要的概念之一,它既是数学的研究对象,又是解决数学问题的基本思想方法. 15世纪以前,数学研究的多为静止不动的常量. 到了16、17世纪,生产和科学技术的发展要求数学研究运动过程中变量之间的依赖关系,从而促进数学由常量时代进入变量时代.

函数(function)一词,最早出现在1692年微积分创始人之一的莱布尼茨(图1.15)的著作中. 他首次使用"function"表示"幂",及曲线上点的横坐标、纵坐标、切线长等曲线上点的有关几何量. 与此同时,牛顿在微积分的讨论中,使用"流量"来表示变量间的关系,但此时还没有人明确函数的一般意义,大部分函数是被当作曲线来研究的.

1718年,约翰·伯努利(图1.16)在莱布尼茨函数概念的基础上对函数概念进行了定义:"由任一变量和常数的任

图1.15

一形式所构成的量."他认为凡是由变量 x 和常量构成的式子都叫作 x 的函数,并指出函数一定可以用一个公式来表示.

符号 $f(x)$ 由欧拉(图 1.17)于 1734 年首次使用. 他还给出了相应定义:"一个变量的函数是由这个变量和一些数(即常数)以任何方式组成的解析表达式." 他把约翰·伯努利给出的函数定义称为解析函数,并进一步把它区分为代数

图 1.16

函数(即包含加、减、乘、除和开方等基本运算符号的函数)和超越函数(即非代数函数). 欧拉修改后的函数定义比约翰·伯努利的定义更具有广泛意义. 但这种解析函数的概念依然带有局限性,例如,著名的狄利克雷函数

$$D(x) = \begin{cases} 1, & x \in \mathbf{Q}, \\ 0, & x \in \mathbf{R} \backslash \mathbf{Q}, \end{cases}$$

按照这一定义就不能称为函数.

1821 年,柯西(图 1.18)第一次从变量对应关系角度给出函数定义:"在某些变数间存在着一定的关系,当一经给定其中某一变数的值,其他变数的值可随着而确定时,则将最初的变数叫作自变量,其他各变数叫作函数." 从此,自变量一词开始成为函数领域的主要概念. 同时柯西意识到函数不一定要用一个解析表达式. 不过他仍然认为函数关系至少可以用多个解析式来表示,这无疑是个局限.

1822 年,傅里叶(图 1.19)通过实例发现有些函数可以用曲线表示,曲线也可以用函数表示. 有些曲线可以用一个式子表示,还有些可以用多个式子表示,从而把对函数的认识推进了一个新层次.

图 1.17

图 1.18

图 1.19

1837年,狄利克雷(图1.20)试图从另一角度认识函数,他认为怎样去建立 x 与 y 之间的关系无关紧要,二者之间是否存在联系才是关键. 他拓展了函数概念:"对于在某区间上的每一个确定的 x 值,y 都有一个或多个确定的值,那么 y 称为 x 的函数." 这个定义摆脱了对自变量与函数依赖关系的描述. 成为人们常说的经典函数定义.

等到康托(图1.21)创立的集合论在数学中占有重要地位之后,维布伦用"集合"和"对应"的概念给出了近代函数定义,即映射的概念:"设 X,Y 是两个非空集合,如果存在一个法则 f,使得对 X 中每个元素 x,按法则 f,在 Y 中有唯一确定的元素 y 与之对应,则称 f 为从 X 到 Y 的映射,记作 $f:X \to Y$." 他通过集合把函数的对应关系、定义域及值域进一步具体化了,且打破了"变量是数"的局限,变量可以是数,也可以是其他对象.

我国于1859年引入函数的概念,它最早出现在清代数学家李善兰(图1.22)和英国传教士伟烈亚力合译《代微积拾级》中. 书中首次用中文将"function"翻译成"函数",此译名沿用至今. 至于为什么如此翻译这一重要概念,书中解释道:"凡此变数中函彼变数者,则此为彼之函数."这里的"函"是包含的意思.

  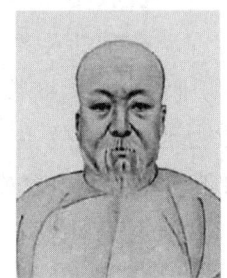

图1.20　　　　　　图1.21　　　　　　图1.22

函数在初等数学、高等数学中,在物理、化学和其他自然科学中,在经济领域和社会科学中均有广泛的应用,起着基础的作用.

1.2.2　集合

1. 集合的概念

要了解函数,首先要了解函数的定义域. 它通常是个集合.

集合是什么呢？用德国数学家康托的话说，集合就是把具体的或思想上的一些确定的、彼此不同的对象聚集成的整体. 集合可以是一组数字、一群人、一些图形、一类概念. 属于这个集合的个体称为集合的元素.

我们通常用大写拉丁字母 A, B, C, $\cdots$ 表示集合（简称集），用小写拉丁字母 a, b, c, $\cdots$ 表示元素（简称元）. 如果 a 是集合 A 的元素，称 a 属于 A，记作 $a \in A$，否则称 a 不属于 A，记作 $a \notin A$.

表示集合的方法通常有以下两种：

(1) 列举法，就是把集合的全体元素一一列举出来.

例如，集合 A 由绝对值小于 2 的整数组成，则
$$A = \{-1, 0, 1\}.$$

(2) 描述法，若 M 是由满足某种性质 P 的元素 x 的全体组成的集合，则 M 可以表示为
$$M = \{x \mid x \text{ 满足性质 } P\}.$$

例如，集合 B 是方程 $x^2 - 2x - 3 = 0$ 的解，则
$$B = \{x \mid x^2 - 2x - 3 = 0\}.$$

习惯上，我们将非负整数即自然数集合记作 **N**，即
$$\mathbf{N} = \{0, 1, 2, 3, \cdots\}.$$

整数集合记作 **Z**，即
$$\mathbf{Z} = \{\cdots, -n, \cdots, -1, 0, 1, \cdots, n, \cdots\}.$$

有理数集合记作 **Q**，实数集合记作 **R**.

对于这些数集，我们有时会在表示集合字母的右上角标以"∗"说明这是该数集内排除 0 的集合，标以"+"说明这是该数集内排出 0 与负数的集合.

区间是用得较多的一类数集.

设 a, b 是实数，且 $a < b$，我们称集合 $\{x \mid a < x < b\}$ 为开区间，记为 (a, b). a, b 称为区间的端点. 集合 $\{x \mid a \leqslant x \leqslant b\}$ 称为闭区间，记为 $[a, b]$. 类似地，可以给出其他区间，如 $(a, b] = \{x \mid a < x \leqslant b\}$，$[a, b) = \{x \mid a \leqslant x < b\}$，$[a, +\infty) = \{x \mid x \geqslant a\}$，$(-\infty, b) = \{x \mid x < b\}$ 等. 其中 $\mathbf{R} = (-\infty, +\infty)$.

特别地,我们称开区间 $(a-\delta, a+\delta)$ 是以 a 为中心,δ 为半径的邻域①,简称为点 a 的 δ 邻域,记作 $U(a, \delta)$ (图1.23). 若邻域不包含 a,称其为点 a 的去心 δ 邻域,记作 $\mathring{U}(a, \delta)$.

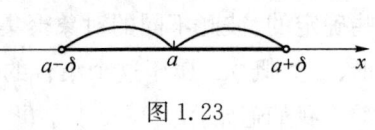

图1.23

 集合与集合之间有怎样的关系?

设集合 A,B 是两个集合,如果集合 A 的元素都是集合 B 的元素,则称 A 是 B 的子集,记作 $A \subset B$ (读作"A 包含于 B") 或 $B \supset A$ (读作"B 包含 A").

若集合 A,B 互为子集,即 $A \subset B$ 且 $B \subset A$,则称集合 A,B 相等,记作 $A = B$.

若集合 A 是 B 的子集,但 $A \neq B$,则称 A 是 B 的真子集,记作 $A \subsetneq B$.

不含任何元素的集合称为空集,记作 $\varnothing$. 空集 $\varnothing$ 是任何非空集合的真子集.

2. 集合的运算

数有加减乘除等计算方法,集合也有自己特有的运算形式,如交、并、差.

设 A,B 是两个集合. 由它们相同元素组成的集合,称为 A 与 B 的交集(简称交)(图1.24),记作 $A \cap B$ (读作"A 交 B"),即

$$A \cap B = \{x \mid x \in A, 且 x \in B\}.$$

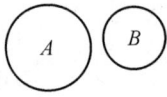 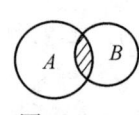 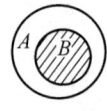

图1.24

由属于 A 或者属于 B 的元素组成的集合,称为 A 与 B 的并集(简称并)(图1.25),记作 $A \cup B$ (读作"A 并 B"),即

$$A \cup B = \{x \mid x \in A, 或 x \in B\}.$$

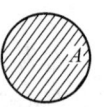 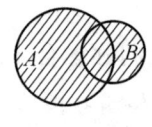 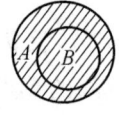

图1.25

---

① 数学中的邻域类似于生活口语中的"附近",我们说"学校附近"通常暗指以学校为中心半径为某数的区域.

由属于 A 但不属于 B 的元素组成的集合,称为 A 与 B 的差集(简称差)(图 1.26),记作 $A\backslash B$(读作 "A 差 B"),即
$$A\backslash B = \{x \mid x \in A, 且\ x \notin B\}.$$

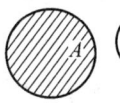  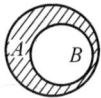

图 1.26

若 A 是 I 的子集,则 $I\backslash A$ 又称为 A 在 I 的补集(或称余集),记作 A^C,此时称 I 为全集.

例如,$I = \mathbf{R}$,$A = \{x \mid x^2 - x - 6 > 0\}$,则 $A^C = \{x \mid -2 \leqslant x \leqslant 3\}$.

集合的交、并、补运算满足下列法则:

(1) 交换律　　$A \cap B = B \cap A$,$A \cup B = B \cup A$;

(2) 结合律　　$(A \cap B) \cap C = A \cap (B \cap C)$,
　　　　　　　$(A \cup B) \cup C = A \cup (B \cup C)$;

(3) 分配律　　$(A \cap B) \cup C = (A \cup C) \cap (B \cup C)$,
　　　　　　　$(A \cup B) \cap C = (A \cap C) \cup (B \cap C)$;

(4) 对偶律　　$(A \cap B)^C = A^C \cup B^C$,
　　　　　　　$(A \cup B)^C = A^C \cap B^C$.

此外,集合之间还可以采用一一对应的方法进行比较. 如果两个集合的元素有一一对应的关系,那么我们就说两个集合是等价的.

集合的等价性研究对于了解集合至关重要. 例如,康托曾证明从两个同心圆圆心出发画射线,那么射线就在这两个圆的点与点之间建立了一一对应,说明这两个点集是等价的.

1.2.3　函数的基本概念

函数本质上是一个对象转化为另一个对象的规则.

定义 1　设 x 和 y 是两个变量,当 x 在实数 $\mathbf{R}$ 的一个子集 A 中取定一个数值时,变量 y 按照某一对应法则 f,总有唯一的一个实数与之对应,称 y 是 x 的函

数,记作 $y=f(x)$. 集合 A 称为函数 $f(x)$ 的定义域,通常记作 D_f,称

$$R_f=\{y\mid y=f(x),x\in D_f\}$$

为函数的值域. 称 x 为自变量,y 也称为因变量(图1.27).

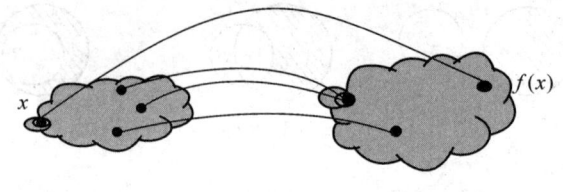

图1.27

构成函数的要素有两个:一是定义域 D_f,它指明了自变量的取值范围;二是对应法则 f,它指明了如何由自变量得到因变量的取值. 如果两个函数定义域相同,对应法则也相同,那么这两个函数就是相等的.

例1 求函数 $y=\ln(x+1)-\dfrac{1}{\sqrt{4-x^2}}$ 的定义域.

解 由题意,$4-x^2>0$ 且 $x+1>0$,所以 $-1<x<2$,即函数的定义域为 $(-1,2)$.

例2 判断函数 $f(x)=1$,$g(x)=\sec^2 x-\tan^2 x$ 是否是同一函数.

解 $D_f=\mathbf{R}$,$D_g=\left\{x\mid x\neq k\pi+\dfrac{\pi}{2},k\in\mathbf{Z}\right\}$,定义域不同,所以不是同一函数.

通常函数的表示方法有3种:表格法、图形法、解析法(公式法).

1. 表格法

表1.1中,如果用 n 表示月份,a_n 表示 n 月份的销售额(百万元),则表1.1反映了 a_n 与 n 的函数关系.

表1.1

月份	1月	2月	3月	4月	5月	6月	7月	8月	9月	10月	11月	12月
销售额(百万元)	3.7	4.6	1.7	2.1	3.2	4.4	4.6	4.4	3	4.1	2.5	2.7

2. 图形法

将函数 $y=f(x)$ 的自变量与因变量按顺序组成二元数对,所有这样的元素

可以构成一个平面点集.

$$\{(x, y) | y = f(x), x \in D_f\}.$$

称此集合为函数 $y = f(x)$ 的图象. 利用解析几何知识, 该图像通常为一条曲线, 从中可以直观地看出 x 与 y 的对应关系(图 1.28).

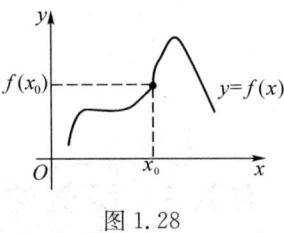

图 1.28

我们可以在坐标平面上随意画一条曲线, 但它可能不是任何一个函数的图象. 函数的图象有什么特别之处呢?

函数图象要能够满足垂线检验法. 函数 f 对于定义域中的每一个 x 只能对应一个值 $f(x)$, 所以没有一条垂直线可以与函数的图象相交一次以上.

如果 a 在 f 定义域中, 则垂线 $x = a$ 与 f 的图象相交于点 $(a, f(a))$. 用此方法可以看出圆 $x^2 + y^2 = 1$(图 1.29)不表示任何函数, 但是它包含两个函数 $y = \sqrt{1-x^2}$ 及 $y = -\sqrt{1-x^2}$ 的图象, 因此, 称这两个函数为 $x^2 + y^2 = 1$ 的单值分支.

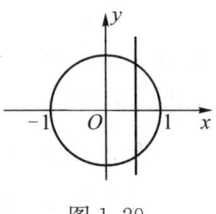

图 1.29

3. 解析法(公式法)

这是用解析式来表达自变量与因变量之间对应关系的方法, 如 $y = 3x^2 - 5$.

例3 某市分时电价(单价)为

$$E(x) = \begin{cases} 0.337, & 0 \leqslant x \leqslant 6, \\ 0.677, & 6 \leqslant x \leqslant 22, \\ 0.337, & 22 \leqslant x \leqslant 24, \end{cases}$$

这里的 x 表示不同时段.

例4 画出符号函数

$$y = \operatorname{sgn} x = \begin{cases} 1, & x > 0, \\ 0, & x = 0, \\ -1, & x < 0 \end{cases}$$

的图象.

解 如图 1.30 所示.

有时一个函数要用几个式子表示. 这种在自变量的不同变化范围中, 对应法则用不同式子来表示的函数, 通常称为分段函数. 例如, 绝对值函数

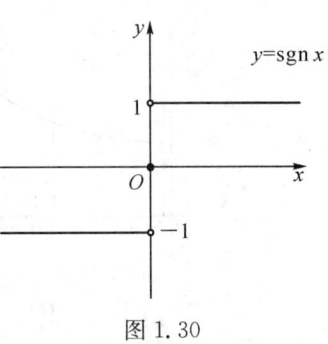

图 1.30

$$y = |x| = \begin{cases} x, & x \geqslant 0, \\ -x, & x < 0. \end{cases}$$

1.2.4　函数的几种特性

1. 有界性

对于函数 $y = f(x)$，如果存在正数 M 使得

$$|f(x)| \leqslant M, \ x \in I,$$

则称 $f(x)$ 为 I 上的有界函数. 否则称 $f(x)$ 在 I 上无界，这里 I 是实数集 **R** 的子集.

例如，在定义域内，$y = \sin x$ 是有界函数，$y = x$ 是无界函数.

可以通过对函数有界性的研究了解函数是否可以被控制在一定范围内.

2. 单调性

对于函数 $y = f(x)$，如果对于任意 $x_1, x_2 \in I$，当 $x_1 < x_2$ 时，都有

$$f(x_1) < f(x_2),$$

则称 $f(x)$ 在 I 上单调递增[图 1.31(a)]或称 $f(x)$ 在 I 上是增函数；若对于任意 $x_1, x_2 \in I$，当 $x_1 < x_2$ 时，都有

$$f(x_1) > f(x_2),$$

则称 $f(x)$ 在 I 上单调递减[图 1.31(b)]或称 $f(x)$ 在 I 上是减函数. 单调增、单调减统称为函数的单调性.

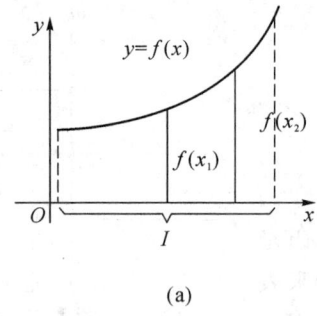
(a)

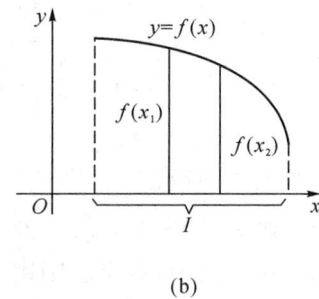
(b)

图 1.31

例如，$y=x^2$ 在 $(-\infty,+\infty)$ 不是单调函数．但它在 $(-\infty,0]$ 上是单调递减的，在 $[0,+\infty)$ 上是单调递增的．有时我们用不同区间精确刻画函数的单调性，这些区间称为函数的单调区间．

从左往右看函数图象，增函数的图象是不断向上升的，减函数的图象是向下降的，因此掌握函数的单调性在某种程度上可以预测函数的变化趋势．

3. 奇偶性

设函数 $y=f(x)$ 的定义域关于原点对称．若对于任意 $x\in D_f$，都有
$$f(-x)=f(x),$$
则称 $f(x)$ 为偶函数[图 1.32(a)]．若对于任意 $x\in D_f$，都有
$$f(-x)=-f(x),$$
则称 $f(x)$ 为奇函数[图 1.32(b)]．

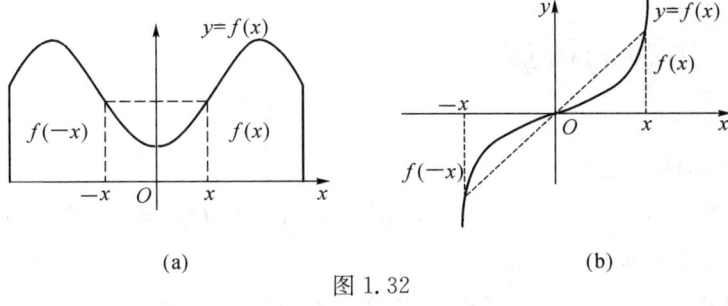

图 1.32

例如，$y=\operatorname{sgn} x$ 是奇函数，$y=x^2$ 是偶函数．

偶函数的图象关于 y 轴对称，奇函数的图象关于原点对称．如果 $f(x)$ 是奇函数（或偶函数），我们可以通过了解函数在 $x\geqslant 0$ 范围内的特征掌握它在整个定义域内的全部信息．

4. 周期性

设函数 $y=f(x)$ 的定义域为 D，如果存在一个不为零的常数 T，使得对于任一 $x\in D$ 都有 $(x+T)\in D$，且
$$f(x+T)=f(x),$$
则称 $f(x)$ 为周期函数．T 称为 $f(x)$ 的一个周期．若存在满足等式的最小正数 T_0，则称 T_0 为 $f(x)$ 的最小正周期，简称周期．

例5 证明狄利克雷函数

$$D(x) = \begin{cases} 1, & x \in \mathbf{Q}, \\ 0, & x \in \mathbf{R}\backslash\mathbf{Q} \end{cases}$$

是周期函数,但没有最小正周期.

证 设 T 为任一有理数,若 $x \in \mathbf{Q}$,则 $x+T \in \mathbf{Q}$. 若 $x \in \mathbf{R}\backslash\mathbf{Q}$,则 $x+T \in \mathbf{R}\backslash\mathbf{Q}$.

$$D(x) = D(x+T),$$

所以 $D(x)$ 是周期为 T 的函数. 由于没有最小的正有理数,故 $D(x)$ 没有最小的正周期.

对于一个周期函数,如果它有最小正周期,只要画出它在一个周期内的图形,然后向左、向右平移(以一个周期长度为单位)即可得到它在定义域内的完整图象.

1.2.5 函数的运算

1. 函数的四则运算

对于函数 $y=f(x)$,$y=g(x)$,如果 $D=D_f \cap D_g \neq \varnothing$,则在点集 D 上定义这两个函数的四则运算为

和(差) $f \pm g$ $(f \pm g)(x) = f(x) \pm g(x);$

积 $f \cdot g$ $(f \cdot g)(x) = f(x) \cdot g(x);$

商 $\dfrac{f}{g}$ $\left(\dfrac{f}{g}\right)(x) = \dfrac{f(x)}{g(x)}, g(x) \neq 0.$

例如,$f(x) = \sin x$,$g(x) = \ln x$,则它们的和为

$$(f+g)(x) = \sin x + \ln x, x \in (0, +\infty).$$

2. 反函数

设函数 $y=f(x)$,如果对于任意 $y \in R_f$,由函数 $y=f(x)$ 的关系总有唯一的 $x \in D_f$ 与之对应,则由 $y=f(x)$ 确定了一个 y 为自变量,x 为因变量的函数

$$x = \varphi(y), y \in R_f,$$

称此函数为 $y=f(x)$ 的反函数. 通常习惯用 x 表示自变量,y 为因变量,因此反

函数记作 $y=\varphi(x)$，还可记作 $y=f^{-1}(x)$.

例如，$y=x^3-1$ 的反函数为 $x=\sqrt[3]{y+1}$，通常记作 $y=\sqrt[3]{x+1}$.

函数 $y=f(x)$ 与反函数 $y=f^{-1}(x)$ 的图象关于直线 $y=x$ 对称(图 1.33).

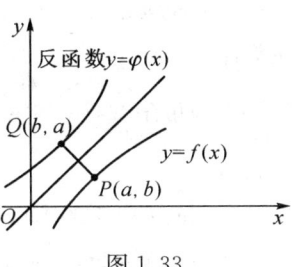

图 1.33

3. 复合函数

设函数 $y=f(u)$，$u=\varphi(x)$，且 $R_\varphi \cap D_f \neq \varnothing$，设 $D'_\varphi=\{x \mid \varphi(x) \in D_f\}$，则函数

$$y=f(\varphi(x)), \quad x \in D'_\varphi$$

称为由函数 $u=\varphi(x)$ 与 $y=f(u)$ 构成的复合函数，记为 $f \circ \varphi$，即

$$(f \circ \varphi)(x)=f(\varphi(x)), \quad x \in D'_\varphi,$$

变量 u 称为中间变量(图 1.34).

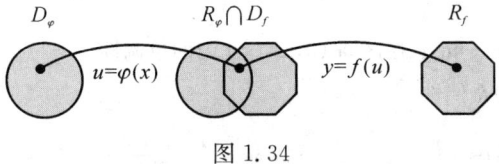

图 1.34

例 6 求复合函数 $y=\dfrac{1}{\sqrt{2-x^2}}$ 的定义域.

解 设 $f(x)=\dfrac{1}{x}$，$g(x)=\sqrt{2-x^2}$，则 $y=f \circ g$. 它的定义域可以通过 f 与 g 的定义域确定：

$$\sqrt{2-x^2} \neq 0, \text{且} 2-x^2 \geqslant 0, \text{即} |x|<\sqrt{2}.$$

故此复合函数的定义域为 $D=(-\sqrt{2}, \sqrt{2})$.

习题 1.2

1. 设集合 $A=\{x \mid x=\sqrt{2y^2-1}\}$，$B=\{y \mid y=\sqrt{2x^2-1}\}$，则它们的关系是( ).

  A. $A \cap B=\varnothing$ B. $A \subsetneq B$ C. $A=B$ D. $B \subsetneq A$

2. 设 $A = \{x \mid x^2 - 4x - 12 > 0\}$，$B = [-3, 5]$，用区间写出 $A \cap B$，$A \cup B$，$A \backslash B$，$A^C \cap B$.

3. 设全集为 $I = \{x \mid 2 \leqslant x < 10, x \in \mathbf{N}\}$，写出满足 $\{2, 4, 5, 6, 8\} \cap A^C = \{2, 6\}$ 的集合 A.

4. 若集合 $A = \left\{y \mid y = \left(\dfrac{1}{2}\right)^x - 1, x \in \mathbf{R}\right\}$，$B = \{y \mid y = \log_2(x+1), x > -1\}$，求 $A \cap B$.

5. 判断下列各题中，函数 $f(x)$，$g(x)$ 是否是同一函数.

(1) $f(x) = \lg x^2$，$g(x) = 2\lg x$；

(2) $f(x) = x$，$g(x) = \sqrt{x^2}$；

(3) $f(x) = 1$，$g(x) = \sin^2 x + \cos^2 x$

6. 画出函数 $\varphi(x) = \begin{cases} |\sin x|, & |x| < \dfrac{\pi}{3}, \\ 0, & |x| \geqslant \dfrac{\pi}{3} \end{cases}$ 的图象.

7. 讨论函数 $y = x + \ln x$ 在区间 $(0, +\infty)$ 内的单调性.

8. 讨论下列函数的奇偶性.

(1) $y = x \sin x - \cos x$； (2) $y = \dfrac{a^x + a^{-x}}{2}$；

(3) $y = \ln \dfrac{1-x}{1+x}$； (4) $y = \sin x - \tan x + 1$.

9. 下列函数中哪些是周期函数？对于周期函数，指出其周期，若有最小正周期，写出其最小正周期.

(1) $y = \cos(x - 2)$； (2) $y = \sin 4x$；

(3) $y = x \tan x$； (4) $y = \sin^2 x$.

10. 求下列函数的反函数.

(1) $y = 2\sin 3x \left(-\dfrac{\pi}{6} \leqslant x \leqslant \dfrac{\pi}{6}\right)$； (2) $y = \dfrac{2^x}{2^x + 1}$.

11. 设 $f(x)$ 的定义域 $D = [0, 1]$，求复合函数 $f(\sin x)$ 的定义域.

12. 设 $f(x) = \begin{cases} 0, & x \leqslant 0, \\ x, & x > 0, \end{cases}$ $g(x) = \begin{cases} 0, & x \leqslant 0, \\ -x^2, & x > 0, \end{cases}$ 求 $f[g(x)]$，$g[f(x)]$.

13. 设 $f(x) = 2x^2 - 4x$，$g(x) = 5 + x$，求

(1) $(f+g)(-2)$； (2) $(f \cdot g)(3)$； (3) $(f-g)(4)$； (4) $\left(\dfrac{f}{g}\right)(5)$.

1.3 初等函数

那些依赖于其他量的量……，即那些当其他量变化时随之改变的量，称为这些量的函数．这个定义适用的范围更宽，并且包含一个量可以由其他量确定的所有方式……变量的函数是由变量与数值或常量以任何方式构成的解析表达式．

——欧拉 《微分学原理》

欧拉(Euler,1707—1783)，瑞士数学家及自然科学家．欧拉对数学的各个领域都有广泛的兴趣，他一方面扩展了数论、代数学和几何学这些早已确立的数学分支的研究范围，同时又创建了图论、变分学等数学分支，他使数学发生了彻底的变革．现代著名数学家冯·诺依曼称欧拉为"他那个时代最杰出的数学家"．欧拉在1755年写了《微分学原理》这本教科书，在这本书中给出了微分学的一些常用概念和公式．上述表达的语句接近于现代数学中"初等函数"的定义．

1.3.1 五种基本初等函数

我们在中学数学中已经了解以下 5 种函数．

1. 幂函数

形如

$$y = x^\alpha \quad (\alpha \text{ 为常数}, \alpha \in \mathbf{R})$$

的函数称为幂函数，其中 α 称为幂．当 α 取值不同时，幂函数的定义域与性质不尽相同．

图 1.35 分别展示了函数 $y = x^{\frac{1}{2}}$，$y = x$，$y = x^2$，$y = x^3$ 及 $y = x^{-1}$ 在定义域内的函数图象．从中不难看出：当 $x \in (0, +\infty)$ 时，$\alpha > 0$ 时幂函数单调递增，$\alpha < 0$ 时幂函数单调递减．函数图象都经过点 $(1, 1)$．

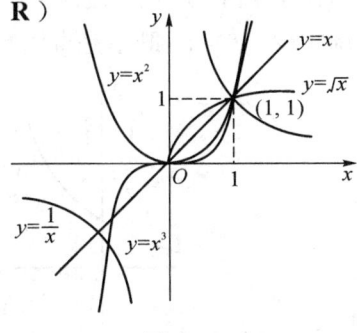

图 1.35

常用的幂运算规则：

(1) $x^{\frac{m}{n}} = \sqrt[n]{x^m}$ $(m, n \in \mathbf{N})$；

(2) $x^{-k} = \dfrac{1}{x^k}$ $(k \in \mathbf{R}^+)$；

(3) $x^r \cdot x^s = x^{r+s}$ $(r, s \in \mathbf{R})$；

(4) $(x^r)^s = x^{rs}$ $(r, s \in \mathbf{R})$；

(5) $(ab)^s = a^s b^s$ $(a > 0, b > 0, s \in \mathbf{R})$.

例1 不计算数值，比较各组数值的大小.

(1) $1.2^{\frac{4}{3}}$ 与 $1.5^{\frac{4}{3}}$；　　(2) $1.7^{-\frac{3}{5}}$ 与 $1.1^{-\frac{3}{5}}$.

解 (1) 设 $f(x) = x^{\frac{4}{3}}$，幂 $\alpha = \dfrac{4}{3} > 0$，故当 $x > 0$ 时 $f(x)$ 是增函数. 令 $x_1 = 1.2$, $x_2 = 1.5$，由 $x_1 < x_2$ 推得 $f(x_1) < f(x_2)$，即 $1.2^{\frac{4}{3}} < 1.5^{\frac{4}{3}}$.

(2) 设 $f(x) = x^{-\frac{3}{5}}$，幂 $\alpha = -\dfrac{3}{5} < 0$，故当 $x > 0$ 时 $f(x)$ 是减函数. 令 $x_1 = 1.7$, $x_2 = 1.1$，由 $x_1 > x_2$ 推得 $f(x_1) < f(x_2)$，即 $1.7^{-\frac{3}{5}} < 1.1^{-\frac{3}{5}}$.

2. 指数函数

形如
$$y = a^x \quad (a \text{ 为常数，且 } a > 0, a \neq 1)$$
的函数称为指数函数，其中 a 称为底数，x 称为指数或幂. 指数函数的定义域为 $(-\infty, +\infty)$.

图1.36展示的是当 $a > 1$ 及 $a < 1$ 时函数 $y = a^x$ 的图象，容易看出函数图象总在 x 轴上方，且经过点 $(0, 1)$. 当 $a > 1$ 时，函数单调增加，当 $a < 1$ 时，函数单调减少. $y = a^x$ 既不是奇函数，也不是偶函数.

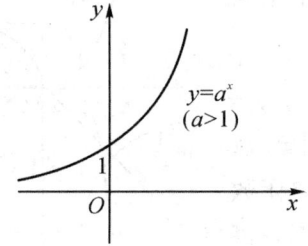
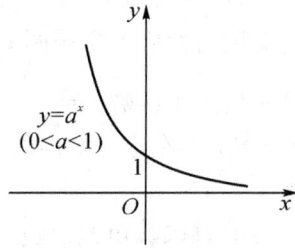

图1.36

例2 不计算数值,比较各组数值的大小.

(1) $3.78^{2.5}$ 与 3.78^3; (2) $0.26^{-0.1}$ 与 $0.26^{-0.2}$.

解 (1) 设 $f(x)=3.78^x$,底数 $a=3.78>1$,故 $f(x)$ 是增函数.令 $x_1=2.5$, $x_2=3$,由 $x_1<x_2$ 推得 $f(x_1)<f(x_2)$,即 $3.78^{2.5}<3.78^3$.

(2) 设 $f(x)=0.26^x$,底数 $a=0.26<1$,故 $f(x)$ 是减函数.令 $x_1=-0.1$, $x_2=-0.2$,由 $x_1>x_2$ 推得 $f(x_1)<f(x_2)$,即 $0.26^{-0.1}<0.26^{-0.2}$.

3. 对数函数

形如
$$y=\log_a x \quad (a \text{ 为常数,且 } a>0, a\neq 1)$$

的函数称为对数函数,其中 a 称为底数,x 称为真数,y 称为对数. a,x 和 y 满足 $a^y=x$. 对数函数的定义域为 $(0,+\infty)$,函数图象总在 y 轴右侧,且经过点 $(1,0)$. 当 $a>1$ 时函数单调递增,当 $a<1$ 时函数单调递减(图1.37). 特别地,当 $a=e$ 时,对数函数记作 $y=\ln x$,称为自然对数. 当 $a=10$ 时,对数函数记作 $y=\lg x$,称为常用对数.

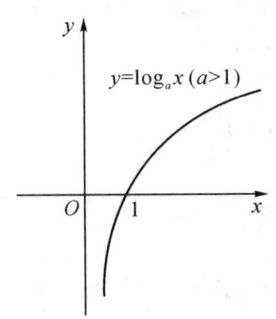
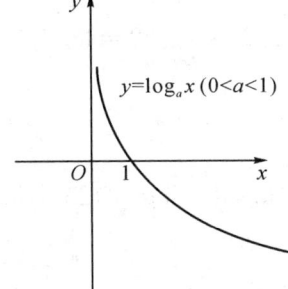

图 1.37

例3 计算满足下列式子的 x.

(1) $\log_8 x = \dfrac{3}{2}$; (2) $\log_x 16 = 6$.

解 (1) 由 $\log_8 x = \dfrac{3}{2}$ 知 $x = 8^{\frac{3}{2}}$,即 $x = 16\sqrt{2}$.

(2) 由 $\log_x 16 = 6$ 知 $x^6 = 16$,即 $x = 16^{\frac{1}{6}} = (2^4)^{\frac{1}{6}} = \sqrt[3]{4}$.

例4 不计算数值,比较各组数值的大小.

(1) $\log_{3.1} 0.5$ 与 $\log_{3.1} 0.15$; (2) $\log_{0.7} 2.5$ 与 $\log_{0.7} 3.3$.

解 (1) 设 $f(x)=\log_{3.1} x$，底数 $a=3.1>1$，故 $f(x)$ 是增函数. 令 $x_1=0.5, x_2=0.15$，由 $x_1>x_2$ 推得 $f(x_1)>f(x_2)$，即 $\log_{3.1} 0.5 > \log_{3.1} 0.15$.

(2) 设 $f(x)=\log_{0.7} x$，底数 $a=0.7<1$，故 $f(x)$ 是减函数. 令 $x_1=2.5, x_2=3.3$，由 $x_1<x_2$ 推得 $f(x_1)>f(x_2)$，即 $\log_{0.7} 2.5 > \log_{0.7} 3.3$.

常用的对数运算规则：

(1) $\log_a a = 1$；

(2) $\log_a 1 = 0$；

(3) $\log_a m + \log_a n = \log_a (m \cdot n)$；

(4) $\log_a m - \log_a n = \log_a \dfrac{m}{n}$；

(5) $\log_a b = \dfrac{\log_m b}{\log_m a}$；

(6) $(\log_a b) \cdot (\log_b a) = 1$；

(7) $\log_{a^m} b^n = \dfrac{n}{m} \log_a b$.

其中，公式(5)称为对数换底公式.

例 5 计算下列式子的值.

(1) $\log_{\frac{1}{4}} 27 \cdot \log_9 32$；

(2) $\log_4 3 \cdot \log_3 8 + \log_5 \sqrt{125}$.

解 (1) $\log_{\frac{1}{4}} 27 \cdot \log_9 32 = \log_{2^{-2}} 3^3 \cdot \log_{3^2} 2^5$

$$= \left(-\dfrac{3}{2}\right) \cdot (\log_2 3) \cdot \left(\dfrac{5}{2}\right) \cdot (\log_3 2) = -\dfrac{15}{4}.$$

(2) $\log_4 3 \cdot \log_3 8 + \log_5 \sqrt{125} = \log_{2^2} 3 \cdot \log_3 2^3 + \log_5 5^{\frac{3}{2}}$

$$= \dfrac{3}{2}(\log_2 3 \cdot \log_3 2) + \dfrac{3}{2}\log_5 5 = 3.$$

4. 三角函数

$y=\sin x$ 称为正弦函数，正弦函数的图象称为正弦曲线(图 1.38)，定义域为 $x \in (-\infty, +\infty)$，最大值为 1，最小值为 -1. 正弦函数是奇函数，且为周期函数，最小正周期是 2π. $y=\sin x$ 在 $\left[-\dfrac{\pi}{2}, \dfrac{\pi}{2}\right]$ 上是增函数，在 $\left[\dfrac{\pi}{2}, \dfrac{3\pi}{2}\right]$ 上是减函数.

$y=\cos x$ 称为余弦函数，其图象称为余弦曲线(图 1.39)，定义域为 $x \in (-\infty, +\infty)$，与正弦函数一样，最大值为 1，最小值为 -1. 余弦函数是偶函数，最小正周期也是 2π. $y=\cos x$ 在 $[0, \pi]$ 上是减函数，在 $[\pi, 2\pi]$ 上是增函数.

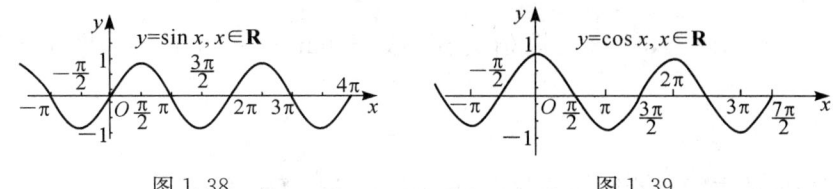

图1.38　　　　　　　　　图1.39

正切函数 $y=\tan x=\dfrac{\sin x}{\cos x}$，$x\neq(2k+1)\dfrac{\pi}{2}$，$k\in \mathbf{Z}$，函数图象如图1.40所示．容易看出 $y=\tan x$ 没有最大值，也没有最小值，为奇函数，最小正周期为 π．正切函数在 $\left(-\dfrac{\pi}{2},\dfrac{\pi}{2}\right)$ 上是增函数．

余切函数 $y=\cot x=\dfrac{\cos x}{\sin x}$，$x\neq k\pi$，$k\in\mathbf{Z}$，函数图象如图1.41所示．$y=\cot x$ 也没有最大值和最小值，为奇函数，最小正周期为 π，在 $(0,\pi)$ 上是减函数．

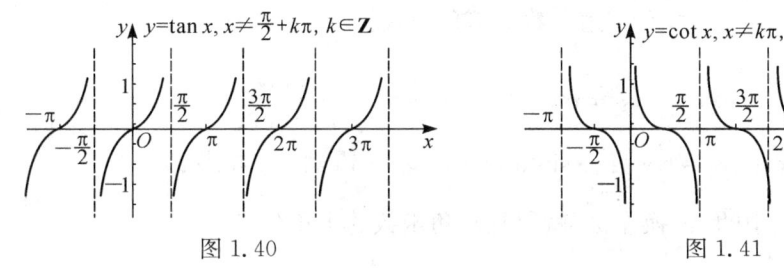

图1.40　　　　　　　　　图1.41

另外，我们称 $y=\sec x=\dfrac{1}{\cos x}$，$x\neq(2k+1)\dfrac{\pi}{2}(k\in\mathbf{Z})$ 为正割函数，$y=\csc x=\dfrac{1}{\sin x}$，$x\neq k\pi(k\in\mathbf{Z})$ 为余割函数．

例6　不计算数值，比较各组数值的大小．

(1) $\sin\dfrac{5\pi}{8}$ 与 $\sin\dfrac{19\pi}{7}$；　　(2) $\tan\dfrac{25\pi}{13}$ 与 $\tan\left(-\dfrac{18\pi}{5}\right)$．

解　(1) $\sin\dfrac{19\pi}{7}=\sin\left(2\pi+\dfrac{5\pi}{7}\right)=\sin\dfrac{5\pi}{7}$，且 $y=\sin x$ 在 $\left[\dfrac{\pi}{2},\pi\right]$ 上是减函数，由 $\dfrac{5\pi}{8}<\dfrac{5\pi}{7}$ 推得 $\sin\dfrac{5\pi}{8}>\sin\dfrac{19\pi}{7}$．

(2) $\tan\dfrac{25\pi}{13}=\tan\left(2\pi-\dfrac{\pi}{13}\right)=\tan\left(-\dfrac{\pi}{13}\right)=-\tan\dfrac{\pi}{13}$，

$\tan\left(-\dfrac{18\pi}{5}\right)=\tan\left(-4\pi+\dfrac{2\pi}{5}\right)=\tan\dfrac{2\pi}{5}$，

而 $y = \tan x$ 在 $\left[0, \dfrac{\pi}{2}\right]$ 上取值为正,故 $-\tan\dfrac{\pi}{13} < \tan\dfrac{2\pi}{5}$,即 $\tan\dfrac{25\pi}{13} < \tan\left(-\dfrac{18\pi}{5}\right)$.

三角函数之间有着密切的联系,常用的三角恒等式有
$$\sin^2 x + \cos^2 x = 1; \qquad 1 + \tan^2 x = \sec^2 x; \qquad 1 + \cot^2 x = \csc^2 x.$$
此外,两个角 α, β 之和 $\alpha + \beta$ 的三角函数值可以利用 α 与 β 的三角函数值来计算.

$$\sin(\alpha \pm \beta) = \sin\alpha\cos\beta \pm \cos\alpha\sin\beta;$$
$$\cos(\alpha \pm \beta) = \cos\alpha\cos\beta \mp \sin\alpha\sin\beta;$$
$$\tan(\alpha \pm \beta) = \dfrac{\tan\alpha \pm \tan\beta}{1 \mp \tan\alpha\tan\beta}.$$

特别地,当 $\alpha = \beta$ 时,有三角函数的倍角公式:
$$\sin 2\alpha = 2\sin\alpha\cos\beta; \qquad \tan 2\alpha = \dfrac{2\tan\alpha}{1 - \tan^2\alpha};$$
$$\cos 2\alpha = \cos^2\alpha - \sin^2\alpha = 2\cos^2\alpha - 1 = 1 - 2\sin^2\alpha.$$

将倍角公式中的 2α 换作 α,就得到三角函数的半角公式:
$$\sin\alpha = 2\sin\dfrac{\alpha}{2}\cos\dfrac{\alpha}{2}; \qquad \tan\alpha = \dfrac{2\tan\dfrac{\alpha}{2}}{1 - \tan^2\dfrac{\alpha}{2}};$$
$$\cos\alpha = \cos^2\dfrac{\alpha}{2} - \sin^2\dfrac{\alpha}{2} = 2\cos^2\dfrac{\alpha}{2} - 1 = 1 - 2\sin^2\dfrac{\alpha}{2}.$$

例7 计算 $\cos\dfrac{\pi}{12}$ 的值.

解 $\cos\dfrac{\pi}{12} = \cos\left(\dfrac{\pi}{3} - \dfrac{\pi}{4}\right) = \cos\dfrac{\pi}{3}\cos\dfrac{\pi}{4} + \sin\dfrac{\pi}{3}\sin\dfrac{\pi}{4}$
$= \dfrac{1}{2} \times \dfrac{\sqrt{2}}{2} + \dfrac{\sqrt{3}}{2} \times \dfrac{\sqrt{2}}{2} = \dfrac{\sqrt{2} + \sqrt{6}}{4}.$

和差化积与积化和差公式也是简化三角函数计算中常用的公式.

(1) $\sin\alpha + \sin\beta = 2\sin\dfrac{\alpha+\beta}{2}\cos\dfrac{\alpha-\beta}{2};$

(2) $\sin\alpha - \sin\beta = 2\cos\dfrac{\alpha+\beta}{2}\sin\dfrac{\alpha-\beta}{2}$;

(3) $\cos\alpha + \cos\beta = 2\cos\dfrac{\alpha+\beta}{2}\cos\dfrac{\alpha-\beta}{2}$;

(4) $\cos\alpha - \cos\beta = -2\sin\dfrac{\alpha+\beta}{2}\sin\dfrac{\alpha-\beta}{2}$;

(5) $\sin\alpha \cdot \cos\beta = \dfrac{1}{2}[\sin(\alpha+\beta) + \sin(\alpha-\beta)]$;

(6) $\cos\alpha \cdot \sin\beta = \dfrac{1}{2}[\sin(\alpha+\beta) - \sin(\alpha-\beta)]$;

(7) $\cos\alpha \cdot \cos\beta = \dfrac{1}{2}[\cos(\alpha+\beta) + \cos(\alpha-\beta)]$;

(8) $\sin\alpha \cdot \sin\beta = -\dfrac{1}{2}[\cos(\alpha+\beta) - \cos(\alpha-\beta)]$.

5. 反三角函数

反正弦函数 $y = \arcsin x$ 是正弦函数 $y = \sin x$，$x \in \left[-\dfrac{\pi}{2}, \dfrac{\pi}{2}\right]$ 的反函数. 它的定义域为 $[-1,1]$，值域为 $\left[-\dfrac{\pi}{2}, \dfrac{\pi}{2}\right]$. 反正弦函数是奇函数，在定义域内为增函数(图 1.42).

反余弦函数 $y = \arccos x$ 是余弦函数 $y = \cos x$，$x \in [0, \pi]$ 的反函数. 它的定义域为 $[-1,1]$，值域为 $[0, \pi]$，在定义域内为减函数(图 1.43).

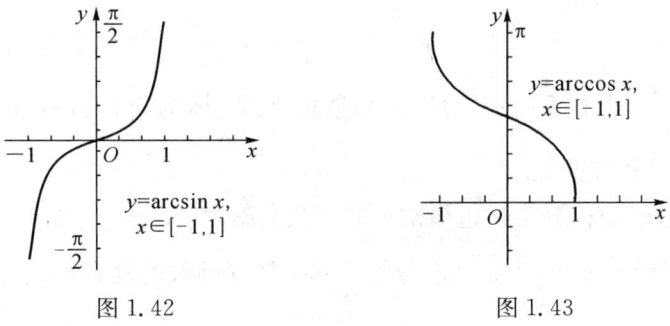

图 1.42　　　　　图 1.43

反正切函数 $y = \arctan x$ 是正切函数 $y = \tan x$，$x \in \left(-\dfrac{\pi}{2}, \dfrac{\pi}{2}\right)$ 的反函数.

它的定义域为 $(-\infty,+\infty)$，值域为 $\left(-\dfrac{\pi}{2},\dfrac{\pi}{2}\right)$，为奇函数，在定义域内为增函数（图 1.44）.

反余切函数 $y=\operatorname{arccot} x$ 是余切函数 $y=\cot x$，$x\in(0,\pi)$ 的反函数. 它的定义域为 $(-\infty,+\infty)$，值域为 $(0,\pi)$，在定义域内为减函数（图 1.45）.

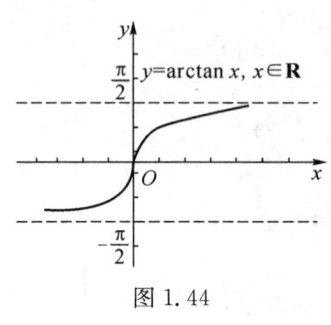

图 1.44

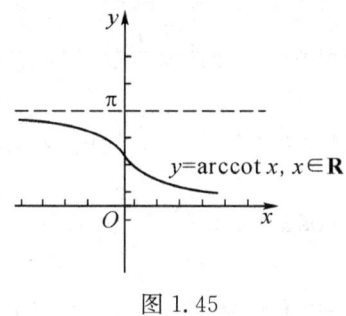

图 1.45

以上 5 种函数统称为基本初等函数.

1.3.2 初等函数

由常数、基本初等函数经过有限次的四则运算和复合构成的可用一个式子表达的函数称为初等函数.

例如，$y=kx+b$ 是初等函数，我们把它称为一次函数或线性函数. $y=ax^2+bx+c$ 称为二次函数.

形如 $f(x)=a_n x^n+a_{n-1}x^{n-1}+\cdots+a_1 x+a_0$ 的函数称为多项式函数，$F(x)=\dfrac{P(x)}{Q(x)}$［其中 $P(x)$，$Q(x)$ 都是多项式］称为有理分式函数（或有理函数）. 这些都是初等函数.

初等函数是微积分中讨论最常见的函数类型之一.

例 8 将函数 $y=\sqrt{\ln\sin^2 x}$ 分解为基本初等函数的复合形式，并求此函数的定义域.

解 令 $y=\sqrt{u}$，$u=\ln v$，$v=w^2$，$w=\sin x$，则 $y=\sqrt{\ln\sin^2 x}$ 是由上述函数经四次复合而成的函数，因而是初等函数.

由 $y=\sqrt{u}$ 的定义域推得 $\ln\sin^2 x \geqslant 0$,再由 $u=\ln v$ 的性质确定 $\sin^2 x \geqslant 1$,而 $|\sin x|\leqslant 1$,故要求 $|\sin x|=1$,即定义域为 $\left\{x \mid x=k\pi+\dfrac{\pi}{2}, k\in \mathbf{Z}\right\}$.

任取以 $x=k\pi+\dfrac{\pi}{2}$ 为中心,半径为 1 的邻域,发现里面除 $x=k\pi+\dfrac{\pi}{2}$ 以外没有定义域中其他点,我们把这样的点称为定义域中的孤立点.

1.3.3 多元函数

我们把建立了直角坐标系的平面称为坐标平面,记作
$$\mathbf{R}^2=\mathbf{R}\times\mathbf{R}=\{(x,y)\mid x,y\in\mathbf{R}\}.$$
坐标平面上具有某种性质 P 的点的集合,称为平面点集. 记作
$$E=\{(x,y)\mid (x,y)\text{ 具有性质 } P\}.$$

设 $P_0(x_0,y_0)$ 是 xOy 平面上的一个点,δ 是某一正数,与点 $P_0(x_0,y_0)$ 距离小于 δ 的点 $P(x,y)$ 的全体,称为点 P_0 的 δ 邻域,记为 $U(P_0,\delta)$.
$$U(P_0,\delta)=\{P\mid |PP_0|<\delta\}=\{(x,y)\mid \sqrt{(x-x_0)^2+(y-y_0)^2}<\delta\}.$$
在几何上,$U(P_0,\delta)$ 就是 xOy 平面上以点 $P_0(x_0,y_0)$ 为中心,δ 为半径的圆内部的点的全体.

如果存在某一个正数 r,使得 $E\subset U(O,r)$,其中 O 是坐标原点,则称 E 为有界集. 否则,称之为无界集. 例如,点集
$$\{(x,y)\mid 1\leqslant x^2+y^2\leqslant 4\}$$
是有界集,点集
$$\{(x,y)\mid x+y>0\}$$
是无界集.

定义 1 设 D 是 $\mathbf{R}^2$ 的一个非空子集,如果对于 D 内的任一点 (x,y),按照某种法则 f 都有唯一确定的实数 z 与之对应,则称 f 是 D 上的二元函数,记作
$$z=f(x,y),\quad (x,y)\in D,$$

或
$$z = f(P), \quad P \in D.$$
点集 D 称为该函数的定义域，x 和 y 称为自变量，z 称为因变量. 数值 $f(x,y)$ 的全体所构成的集合称为函数 f 的值域，记作 $f(D)$，即
$$f(D) = \{z \mid z = f(x,y), (x,y) \in D\}.$$

约定：如果一个用算式表示的函数没有明确指出定义域，则该函数的定义域理解为使算式有意义的所有点 (x,y) 所成的集合，称为自然定义域.

例9 求二元函数 $f(x,y) = \dfrac{\arcsin(2-x^2-y^2)}{\sqrt{x-y^2}}$ 的定义域.

解 由函数解析式可知自变量需满足
$$\begin{cases} |2-x^2-y^2| \leqslant 1, \\ x-y^2 > 0, \end{cases}$$
即
$$\begin{cases} 1 \leqslant x^2+y^2 \leqslant 3, \\ x > y^2. \end{cases}$$
故所求定义域为 $D = \{(x,y) \mid 1 \leqslant x^2+y^2 \leqslant 3, x > y^2\}$.

定义 2 设函数 $z = f(x,y)$ 的定义域为 D，对于任意取定的 $P(x,y) \in D$，对应的函数值为 $z = f(x,y)$，这样，以 x 为横坐标、y 为纵坐标、z 为竖坐标在空间就确定一点 $M(x,y,z)$，当 (x,y) 取遍 D 上所有点时，得一个空间点集
$$\{(x,y,z) \mid z = f(x,y), (x,y) \in D\},$$
这个点集称为二元函数 $z = f(x,y)$ 的图形.

二元函数的图形通常是一张曲面(图 1.46).

类似地，可定义三元及三元以上的函数. 当 $n \geqslant 2$ 时，n 元函数统称为多元函数.

多元函数也有所谓初等函数的概念，它是指可用一个式子表示的多元函数，这个式子要由常数及具有不同自变量的一元基本初等函数经过有限次的四则运算和复合运算得到. 例如，$z = \dfrac{x^2 \ln y}{\sin(3x-2y)}$ 就是二元初等函数.

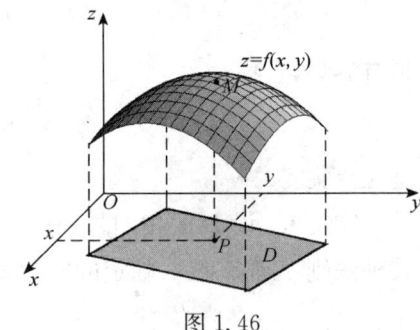

图 1.46

习题 1.3

1. 不具体计算，利用函数单调性判断以下各组数值的大小.

   (1) $27^{0.0033}$ 与 $28^{0.0033}$；　　　　(2) $0.98^{\frac{4}{3}}$ 与 $0.98^{\frac{6}{5}}$；

   (3) $\log_{0.75} 1.53$ 与 $\log_{0.75} 1.01$；　　(4) $\ln 56.54$ 与 $\ln 46.88$；

   (5) $\cos \dfrac{23\pi}{9}$ 与 $\cos\left(-\dfrac{19\pi}{11}\right)$；　　(6) $\cot \dfrac{13\pi}{7}$ 与 $\cot \dfrac{11\pi}{6}$.

2. 计算数值.

   (1) $2\log_5 10 + \log_5 0.25$；

   (2) $(\lg 11) \cdot (\log_{11} 1\,000) - (\log_{0.125} 9) \cdot (\log_3 64)$.

3. 计算 $2\cos \dfrac{\pi}{2} - \tan \dfrac{\pi}{4} + \dfrac{3}{4} \tan^2 \dfrac{\pi}{6} - \sin \dfrac{\pi}{6} + \cos^2 \dfrac{\pi}{6} + \sin \dfrac{3\pi}{2}$.

4. 已知 $\sin \alpha = -\dfrac{5}{13}, \alpha \in \left(\pi, \dfrac{3\pi}{2}\right)$，求 $\cos \alpha$, $\tan \alpha$, $\cot \alpha$, $\sec \alpha$, $\csc \alpha$.

5. 化简 $\cos \dfrac{7\pi}{30} \cdot \cos \dfrac{\pi}{15} + \sin \dfrac{7\pi}{30} \cdot \sin \dfrac{\pi}{15}$ 的结果为（　　）.

   A. $\dfrac{\sqrt{3}}{2}$　　　　B. $\cos \dfrac{3\pi}{10}$　　　　C. $\dfrac{1}{2}$　　　　D. $\sin \dfrac{3\pi}{10}$

6. 计算 $\dfrac{1 + \tan \dfrac{5\pi}{12}}{1 - \tan \dfrac{5\pi}{12}}$.

7. 求下列初等函数的定义域.

   (1) $y = e^{\sqrt{2-x-x^2}}$；　　　　　(2) $y = \arcsin(x-3)$；

   (3) $y = \sqrt{3-x} + \ln \dfrac{x-1}{x}$；　　(4) $y = \ln(x+1) + e^{\frac{1}{x}}$.

8. 试指出下列函数由哪些基本初等函数复合而成.

   (1) $y = \sqrt{\cos \ln x}$；　　　　(2) $y = \ln \sec x^2$；

   (3) $y = e^{\arctan^2 x}$；　　　　(4) $y = \sin x^{\sqrt{e^2 - 1}}$.

9. 设二元函数 $F(x, y) = \ln y + \sqrt{3 - x^2 - y}$，计算 $F(-1, 1)$，并求 $F(x, y)$ 的定义域.

10. 设三元函数 $f(x, y, z) = \sqrt{x} + \sqrt{y} + \sqrt{z} + \ln(4 - x^2 - y^2 - z^2)$，计算 $f(1, 1, 1)$，并求 $f(x, y, z)$ 的定义域.

1.4 极限思想萌芽

在数学领域中,提出问题的艺术远比解答问题的艺术更重要.

——康托

康托(Georg Cantor,1845—1918),德国数学家,19 世纪数学伟大成就之一——集合论的创始人.康托在 1871—1884 年间集中于实数不可数性质及线性连续统的研究,相继发表了一系列文章,建立了集合论的一些重要结果,其中包括集合论在函数论等方面的应用.1883 年,康托将它们以"集合论基础"为题作为专著单独出版.

极限是微积分的理论基石,也是用辩证思想研究函数的重要方法和工具.精确的极限定义是在 19 世纪后半叶才得以完善,但极限的思想早在古希腊时期就出现了.古希腊数学家芝诺曾提出这样一个问题:阿基里斯[①]和海龟赛跑,他的速度是海龟的十倍,海龟在前面 1 000 m 跑,他在后面追.根据常识,阿基里斯一定会超过海龟.但是,芝诺认为,"阿基里斯永远不会追上海龟".所谓"追上"要求二者在同一时间到达同一地点.为了"追上"海龟,阿基里斯必须先跑出让给海龟的 1 000 m,而这期间,海龟已经跑出 100 m,当阿基里斯追回这 100 m 时,海龟又跑出 10 m(图 1.47),也就是说,海龟仍然在阿基里斯前面,由此可知,阿基里斯每次追回海龟领先的距离,在这段时间内,海龟都会再往前跑,再度拉开差距.悖论由此产生.

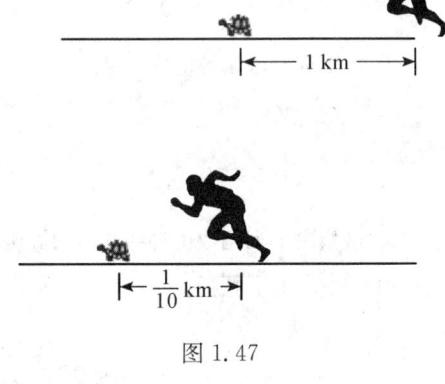

图 1.47

[①] 出自《荷马史诗》,是擅长长跑的英雄.

芝诺悖论还有一个更简单的版本:赛跑者要跑完全程,到达终点,首先必须跑完一半的路程;到达中点后,赛跑者又必须跑完剩下的一半路程;每跑到一个新位置,赛跑者都将一次又一次面临类似的情况——必须先跑完所在位置与终点线之间的前一半路程,故赛跑者只能离终点线越来越近,却始终无法超越终点线(图 1.48).

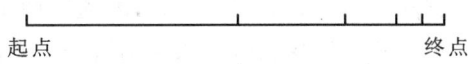

图 1.48

芝诺当然知道阿基里斯能够捉住海龟,跑步者肯定也能跑到终点. 我们也同样知道这个事实. 只要算一算追赶阿基里斯和海龟跑完全程所花的时间,还有什么理由说阿基里斯追不上海龟呢?然而问题出在这里:我们事先假定阿基里斯最终追上了乌龟,才求出了跑完总路程所需的时间. 这种解决办法,是从结果推往过程的. 但是芝诺悖论的实质在于,要求我们先证明为何阿基里斯能追上海龟. 所以,悖论本身的逻辑并没有错,它之所以与实际相差甚远,在于芝诺与我们采取了不同的时间系统. 我们现在习惯将运动看作时间的连续函数,而芝诺采取的是离散的,"一颗颗"的时间系统. 这其中需要一个转换,即把时间间隔取得任意小,芝诺仍将整个时间轴理解为是由有限的时间点组成的,而我们却理解为无限点的"极限". 换句话说,要想消除芝诺悖论,需要连续时间是离散时间将时间间隔取为无穷小的"极限"思想.

中国古代也有类似的悖论. 惠施(公元前 390—公元前 317 年),又称惠子(图 1.49),是战国中期著名的政治家、哲学家,是名家①思想的开山鼻祖和主要代表人物. 他将当时的"名辩学说"推向极致,并为中国古代逻辑思维的发展和认识,哲学的"形而上学"的判断提供了方式、方法. 惠施学识渊博,口才惊人,喜欢与天下辩士辩论是非,有时还提出一些当时人们难以接受的论点,如"矩不方,规不可以为圆",意思是规矩不可能绝对方圆,不同的规矩,不能做出同一的方圆,故孟子所提倡的"规矩为方圆之至"是不可信的;"飞鸟之

图 1.49

---

① 名家是先秦时期以思维的形式、规律以及名实关系作为研究对象的学派,战国时称为"辩者",西汉始称"名家".

景未尝动也",意思是飞鸟在飞,但影子是不动的,因为影子是由光产生的,飞鸟的运动使得每一刻都有新的影子出现,光线所到之处旧的影子已经消失了,否则会永远地留在原处;"镞矢之疾,而有不行、不止之时",意思是疾飞的箭头有不走也有不停的时候,箭在飞的过程中经过许多点,每一瞬间都停留在某一点上,许多静止的点集合起来,仍然可以看作是静止的;"一尺之棰,日取其半,万世不竭",意思是一尺长的木棍,每天截掉一半,永远也截不完①,因为即使是有限的物体,它也可以被无限地分割下去,这一观点与芝诺悖论非常相似. 从上述理论我们能够看出古代学者"有限与无限""离散与连续""变与不变""近似与精确"的困惑,以及呼之欲出的"极限"思想.

公元前5世纪古希腊人开始用"穷竭法"计算圆的面积,这里的"穷竭法"指的是假定量无限可分,且"从任何量中减去不小于一半的一部分,从余部再减去不小于一半的一部分,以此类推,则最后留下的部分可以小于任意给定的量". 阿基米德曾计算过一个由曲线所围成的不规则平面的面积,采用现代的数学语言叙述如下:平面上由曲线 $y=x^2$,x 轴及直线 $x=1$ 围成的一个曲边三角形,求此三角形的面积 S.

阿基米德是如何计算的呢?

他把闭区间 $[0,1]$ n 等分,分点依次设为

$$\frac{1}{n},\frac{2}{n},\cdots,\frac{i}{n},\cdots,\frac{n-1}{n},\frac{n}{n},$$

将曲面三角形分成 n 个窄条,而每个窄条用矩形来近似(图 1.50),小矩形的面积之和为

$$\begin{aligned}S_n^1&=\left(\frac{1}{n}\right)^2\cdot\frac{1}{n}+\left(\frac{2}{n}\right)^2\cdot\frac{1}{n}+\cdots+\left(\frac{n}{n}\right)^2\cdot\frac{1}{n}\\&=\frac{1}{n^3}[1^2+2^2+\cdots+(n)^2]\\&=\frac{1}{n^3}\cdot\frac{1}{6}\cdot n\cdot(n+1)\cdot(2n+1)\\&=\frac{1}{6}\left(1+\frac{1}{n}\right)\left(2+\frac{1}{n}\right).\end{aligned}$$

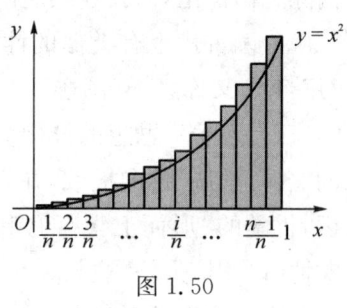

图 1.50

---

① 选自《庄子·天下》(第三十三篇),原文为:"火不热,山出口,轮不碾地,目不见,指不至,物不绝,龟长于蛇,矩不方,规不可以为圆,凿不围枘,飞鸟之景未尝动也,镞矢之疾而有不行不止之时,狗非犬,黄马、骊牛三,白狗黑,孤驹未尝有母,一尺之棰,日取其半,万世不竭."

随着 n 增加,S_n^1 单调减小,越来越逼近 $\frac{1}{3}$,且 $S < S_n^1$.

同样地,如果选择分割出来的小区间左端点的函数值作为矩形的高,则

$$S_n^2 = 0 \cdot \frac{1}{n} + \left(\frac{1}{n}\right)^2 \cdot \frac{1}{n} + \cdots + \left(\frac{n-1}{n}\right)^2 \cdot \frac{1}{n}$$

$$= \frac{1}{n^3}[1^2 + 2^2 + \cdots + (n-1)^2]$$

$$= \frac{1}{n^3} \cdot \frac{1}{6} \cdot n \cdot (n-1) \cdot (2n-1)$$

$$= \frac{1}{6}\left(1 - \frac{1}{n}\right)\left(2 - \frac{1}{n}\right).$$

S_n^2 单调增加,越来越逼近 $\frac{1}{3}$,$S_n^2 < S$. 阿基米德发现:S_n^1,S_n^2 的发展趋势一致. 用现代数学来说明,即当 n 趋向无穷时,S_n^1 与 S_n^2 的极限都是 $\frac{1}{3}$,因此 $S = \frac{1}{3}$.

我国数学家刘徽在公元 263 年注释《九章算术》时,为了求圆周率提出了"割圆术",即用内接正 n 边形的面积作为圆面积的近似值(图 1.51). 刘徽先画出圆内接正六边形,在把圆周等分为六条弧的基础上,继续等分,把每段弧再分割为二,做出一个圆内接正十二边形,这个正十二边形的面积不是就比正六边形的面积更接近圆的面积了吗?如果把圆周再继续分割,做成一个圆内接正二十四边形,那么这个正二十四边形的面积必然又比正十二边形的面积更接近圆的面积. 这就表明,把圆周分割得越细,误差就越小,其内接正多边形的面积就越接近圆面积. 如此不断地分割下去,一直到圆周无法再分割为止,也就是到了圆内接正多边形的边数无限多的时候,它的面积就与圆面积完全一致了. 刘徽将此过程概括为"割之弥细,所失弥小. 割之又割,以至于不可割,则与圆周合体,而无所失矣". 事实上,这种方法与阿基米德的求面积思想一脉相承. 他们使用的处理问题的方法也让我们看到极限思想萌芽早在牛顿、莱布尼茨生活的那个时代之前就已经出现了.

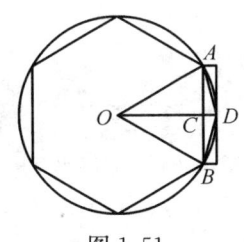

图 1.51

我们自然会问:为什么建立在"极限"之上的微积分没有更早地出现?

首先,人们需要理解有限与无限的不同与联系. 无限是有限的发展,而不是无数个"有限"简单的代数和,它们在性质上有极大的不同. 事实上,无限和本质上是

有限和的"极限",也就是说我们必须借用"极限"的思想方法,由有限来理解无限.而这一点 16 世纪前的人们还无法做到,甚至没有想到.直到 16 世纪荷兰数学家斯泰文在考察三角形重心时改进了古希腊人的"穷竭法",他利用几何直观,第一次相对明确地运用了极限思想思考问题,并在无意中指出了把极限方法发展成一个应用概念的方向.此外,在 19 世纪德国数学家康托建立集合论之前,人们甚至对无限个数所构成的集合还不能清晰地认识.

常量与变量也是人们需要了解的一对矛盾,它们分别对应于事物发展的"相对静止"与"运动变化"的两种不同状态.二者之间同样有关联,但又有本质差别.变量在某一特定情形下可以看成常量,如研究变速运动时,我们可以在一段较短时间内把它看成匀速运动.而研究变量时则需要把它看成无限个常量的"变化趋势",即借助极限思想由常量了解变量.函数反映了变量之间的依赖关系,在 17 世纪之前,人们对函数的理解还停留在定值所对应的函数值,即常量的状态.

当以上知识结构在欧洲文艺复兴时代背景下,陆续由萌芽发展成相对成熟的思想方法时,微积分的创立才变得水到渠成了.

1.5 数学方法

如果认为只有在几何证明里或者在感觉的证据里才有必然,那会是一个严重的错误.……人必须确信,如果他是在给科学添加许多新的术语而让读者接着研究那摆在他们面前的奇妙难尽的东西,那他已经使科学获得了巨大的进展.

——柯西

柯西(Augustin Louis Cauchy,1789—1857),法国数学家、物理学家. 柯西在数学的诸多领域都取得了巨大的成就. 他是复变函数论的奠基人,是第一个认识到无穷级数论并非多项式理论的平凡推广而应当以极限为基础建立其完整理论的数学家. 在他手上微积分变成了由定义、定理及其证明和有关的各种应用组成的逻辑上紧密联系的体系. 柯西在数学上的最大贡献是在微积分中引入了极限概念,并以极限为基础建立了逻辑清晰的分析体系.

数学常用的研究方法有三种:类比、归纳和演绎.类比是指根据两个对象在某些方面有相同或相似之处,从而推得它们在其他方面也是相同或相似的方法.归纳是由个别的特殊命题推出一般命题的思维方法.演绎是由一般到特殊的推理,常表现为三段论的形式.三段论由三部分组成:

(1) 大前提(概括性的一般原理);

(2) 小前提(对个别事物的判断);

(3) 结论.

如果大前提正确,小前提正确,那么结论就一定是正确的.例如,三角形的内角和是 $180°$(大前提),直角三角形是三角形(小前提),所以其内角和也是 $180°$,两个锐角互余(结论).

演绎推理最早出现在两千多年以前,是由古希腊哲学家提出来的.事实上在提出此概念之前,代表古希腊数学最高成就的著作《欧几里得几何原本》(简称《原本》)就已经大量使用这种方法证明其中的平面及立体几何命题了.后经《原本》在欧洲的广泛流传,演绎推理在数学上的地位变得愈发重要,以至于大多数人甚至是很多数学家都认为,演绎法是最能反映数学的逻辑严密性和结论可靠性的研究方法,任何命题如果不是从一系列的公理、公设、陈述出发,并通过逻辑论证,用推理的方法得到的某个结论,那么它是不能被接受和承认的.但这些人忽略了一个事实,那就是在演绎推理下不会产生超出大前提的新知识,即所有推断出的命题都蕴含在公理之中.通俗地讲,演绎法是在已经划定范围的圈子里玩的思维游戏,只是以往已经建立了定义、公理、定理的数学圈子足够大,让人们忽略了它的局限性.但当那些勇敢的天才想建立数学新领域时,一味要求用旧规则下的演绎法解释新思想,就会限制数学的发展.这一点在微积分的发展史中显得尤为明显.

17 世纪下半叶,英国数学家牛顿、德国数学家莱布尼茨在直观无穷小量基础上创立了微积分.创立之初,牛顿、莱布尼茨都没有清楚地理解,也没有严密地定义"直观无穷小量"的基础概念,而是根据一些简单函数的图象,无穷级数(不讨论收敛性)的运算进行判断.事实上,翻看他们发表的论文及通信资料,你会发现牛顿与莱布尼茨在讨论导数和微分时总是含混、犹豫不决,从而使得早期的微积分显得非常粗糙,让人生疑.即使是牛顿自己也因选用了自己并不喜欢的代数和坐标几何作为研究手段而忐忑不安.因为,他认为研究微积分的最好方法应该是纯几何的自然延展,应该像他推崇的希腊几何学家一样,在严密性的几何证明方向上前行,因此他迟迟不敢发表他的观点.

与此同时微积分在计算技术上展示出来的卓越力量,使此前一切传统数学都相形见绌,越来越多的科学家投入在新科学、新技术的研究与应用中. 整个 17、18 世纪,几乎所有的欧洲数学家都对微积分表现出极大的兴趣和积极的奉献. 这一时期的数学家在几乎没有逻辑支持的前提下,把微积分应用于天文学、力学、光学、热学等各个领域,并获得了丰硕的成果. 期间他们发掘并增进了微积分的威力,大刀阔斧地拓展数学的新领地:微分方程、无穷级数、微分几何、变分法、复变函数等,最终建立起现在数学中最广阔的领域——数学分析.

微积分的强大实力并没有获得所有人的认可. 大多数科学家包括两位创立人在应用微积分时依然对此学科中的"直观无穷小量"不满意,感觉证明不充分. 首先的批评来自荷兰的物理学家和几何学家尼文泰,他批评新方法的含糊,抱怨无法理解无穷小量和 0 有什么区别,并质问在推理的过程中为何能随意舍弃无穷小量.

莱布尼茨对此作了回答,他承认无穷小不是简单的、绝对的零,而是相对的零. 就是说,它是一个消失的量,但仍保持着它那正在消失的特征. 莱布尼茨强调不管所用符号的意义怎样可疑,他所创造的东西在做法上或算法上有着无与伦比的价值.

对有缺陷的基础最强有力的批评来自一位非数学家,这就是著名的唯心主义哲学家贝克莱主教. 他坚持:微积分的发展包含了偷换假设的逻辑错误①.

牛顿在 1704 年发表的《曲线的求积》中计算了 x^3 的导数(他当时称为流数). 牛顿的方法意译如下:

当 x 增长为 $x+\Delta x$, 幂 x^3 变为

$$(x+\Delta x)^3 = x^3 + 3x^2 \cdot \Delta x + 3x(\Delta x)^2 + (\Delta x)^3;$$

它们的增量分别为 Δx 和 $3x^2 \cdot \Delta x + 3x(\Delta x)^2 + (\Delta x)^3$;

这两个增量的比为 $3x^2 + 3x \cdot \Delta x + (\Delta x)^2$;

让增量消失,则 x^3 对 x 的变化率为 $3x^2$.

在贝克莱看来,偷换假设的错误是十分明显的. 在论证的前一部分,Δx 是非零的,而在后一部分,它又被取为零,数学史称之为"贝克莱悖论".

现在我们知道利用极限处理一下,这一困难和缺陷可以克服. 但当时即使是

---

① 出自乔治·贝克莱大主教 1734 年以"渺小的哲学家"为笔名出版的书《分析学家;或一篇致一位不信神数学家的论文》,审查近代分析学的对象、原则及论断是不是比宗教的神秘、信仰的要点有更清晰的表达,或更明显的推理.

数学巨匠欧拉也不能给出合理的解释. 因此, 在 18 世纪结束之际, 微积分和建立在微积分基础上的其他数学分支的逻辑处于一种完全混乱的状态之中. 进入 19 世纪, 数学陷入更加矛盾的境地. 虽然它在描述和预测物理现象方面所取得的成就远远超出人们的预料, 但是大量的数学结构没有逻辑基础, 因此给人的感觉是"数学不能保证是正确无误的". 这一时期被称为是"第二次数学危机".

历史要求给微积分以严格的基础.

第一个为补救提出真正有见地意见的是达朗贝尔. 他在 1754 年指出, 必须用可靠的极限理论代替当时使用的粗糙的"直观无穷小"理论. 但他本人未能提供这样的理论. 同一时代以欧拉为首的数学家为绕开微积分的严密性缺陷, 尝试采用代数纯形式的方式处理问题, 高超的研究技巧使得他们自身都忽略了微积分需要为极限修补逻辑基础. 他们采用的代数方法在当时虽然不能被已有正确的数学思想证明, 但有直观和物理见解做指引和鉴证, 因此这些形式上的努力经受住了来自各个学科的批判性检验, 并产生了新的思想线索, 为进一步在实数集上建立微积分基础理论开辟了道路.

最早使微积分严谨化的是拉格朗日, 但他也因以代数方法为工具未能彻底解决.

分析学的奠基人公认是法国多产的数学家柯西. 柯西在数学分析和置换群理论方面做了开创性的工作, 是最伟大的近代数学家之一. 他在 1821—1823 年间出版的《分析教程》和《无穷小计算讲义》是数学史上划时代的著作. 在书中他给出了精确的极限定义, 然后用极限定义了连续性、导数、微分、定积分及无穷级数的收敛性, 从而使得微积分也可以实现严格的演绎推理了. 后来德国数学家维尔斯特拉斯对此又做了进一步的严格化, 极限理论自此成为了微积分的坚定基础. 微积分理论基础的严密化, 使得微积分跃进和扩展成为现代数学的重要领域. 1900 年, 在巴黎举行的第二届国际数学大会上, 著名数学家庞加莱不无自豪地赞叹道: "今天在分析中, 如果我们不厌其烦地严格的话, 就会发现只有三段论或归结于纯数的直觉是不可能欺骗我们的……今天我们可以宣称绝对的严密已经实现了."

演绎法仿佛又重新站在了数学方法山脉的顶峰, 直到"四色问题"出现.

四色问题又叫作四色猜想. 1852 年, 英国业余数学家弗南西斯·格里思做地图着色工作时, 发现"每幅地图好像都可以用四种颜色着色, 使得有共同边界的国家都涂着上不同的颜色"(图 1.52). 这个现象能不能从数学

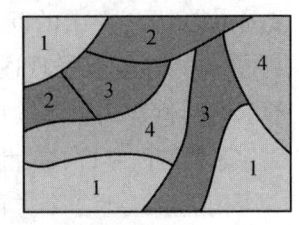

图 1.52

上加以严格证明呢？格里思请教了当时著名学者德·摩根，摩根没有找到解决这个问题的途径，于是写信向数学家哈密尔顿爵士请教．但直到哈密尔顿逝世，问题也没有能够解决．1872 年，英国数学家凯利正式向伦敦数学学会提出了这个问题，四色猜想从此成为世界数学界关注的问题．

一开始研究四色问题的人都有个先入为主的观念，那就是这个问题是可以用传统方法来证明的．越来越多的数学家投身于此，但却一无所获，于是人们开始认识到，这个看似容易的题目，也许是一个可以和"化圆为方"等问题相媲美的难题．数学家们后来发现如果把地图上的国家缩为一个顶点，相邻两个国家在两顶点间连线，就可以得到一个数学意义上的"图"．四色问题即可表述为"平面图（图 1.53）中相邻四点是否四色可染？"．为解决此问题，数学家们引入了全新的研究对象和全新的研究方式，并取得了一系列成果．1890 年，英国的珀西·约翰·西沃德证明了"五色可染"．1939 年，美国的弗兰克林证明 22 国以下的地图都可以用四色着色．1950 年，美国的温恩将 22 国提高至 35 国．1968 年，别克霍夫系数（即地图满足四色可染的国家上限数）又被提高到了 40 国．

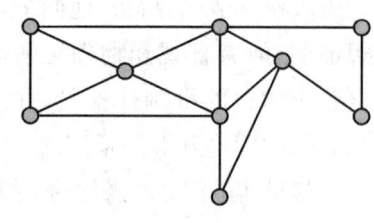

图 1.53

至此，归纳演绎的人工证明方法对"四色问题"的解决陷于缓慢前行，数学家开始尝试使用当时新出现的计算机作为处理这一问题的辅助手段．首先，人们利用传统的数学证明方法将四色问题归结为近 2 000 种情形的归纳问题．然后，借助高速数字计算机的强大运算能力，终于在 1976 年 6 月，美国伊利诺大学的哈肯与阿佩尔合作编制一个很好的程序，用了 1 200 个小时，在两台不同的电子计算机上，作了 100 亿次的判断，用"穷举法"完成了四色定理的证明，轰动了世界．可是，利用计算机进行的"四色问题"穷举证明无法像传统的数学证明方法那样可以重复得到检验，没有一整套定理、推导过程支撑它的结论，所以不少数学家认为只要是数学语言提出的问题，就应该有合适的数学理论来解决，现在无法严谨的证明，是因为还没有发现适当的数学方法．直到现在，仍有不少数学家和数学爱好者不承认哈肯与阿佩尔的证明，并不懈寻找更简洁的证明方法．

其实，早在 17、18 世纪微积分的创立时代，数学从概念的产生、验证的方式、应用拓展形式等各个方面就已经发生与古希腊时期传统数学截然不同甚至是决裂般的转变．研究数学的方法随时代的需求一直在进步，只是以往不同寻常的"证明"方法出现,事后数学家总能用传统方法验证其结论是"经得住推敲的". 法国数学家柯西早已说过:"如果认为只有在几何证明里或者在感觉的证据里才有必然,那会是一个严重的错误. ……人必须确信,如果他是在给科学添加许多新的术语而让读者接着研究那摆在他们面前的奇妙难尽的东西,那他已经使科学获得了巨大的进展."对于数学的研究我们也要抱有如此包容的态度,不拘泥于陈规,毕竟数学更多时候意味着思想,而不仅仅是解决问题的技巧. 纵观微积分的发展历程,会发现如果数学家都束缚于数学的传统,羁绊于细节的严谨与精确,也许改变人类文明的微积分根本不会有机会诞生.

下章寄语

本章从不同角度说明了与微积分有关的一些重要概念和理论是如何产生、发展的. 从第 2 章开始,将介绍微积分的基础理论,从中体味它们对微积分发展起到的举足轻重的影响作用.

总测试题一

1. 设集合 $A = \{x \mid |x-3| \leqslant 4\}$,$B = \{y \mid y = \sqrt{2+y} + \sqrt{3-y}\}$,求 $A \cap B$,$A^C \setminus B$.
2. 已知点 $A(4,0,5)$ 与 $B(7,1,3)$,求与 $\overrightarrow{AB}$ 方向相同的单位向量.
3. 已知点 $A(1,-3,4)$,$B(-2,1,-1)$ 和 $C(-3,-1,1)$,求 $\angle ABC$.
4. 设 $\boldsymbol{a} = 3\boldsymbol{i} - 2\boldsymbol{j} + \boldsymbol{k}$,$\boldsymbol{b} = -\boldsymbol{i} + m\boldsymbol{j} - 5\boldsymbol{k}$,且 $\boldsymbol{a} \perp \boldsymbol{b}$,求 m.
5. 求平行于向量 $\boldsymbol{a} = (0,1,2)$ 和 $\boldsymbol{b} = (1,2,-1)$ 且过点 $(1,2,3)$ 的平面方程.
6. 求平行于 y 轴且过点 $(1,4,1)$ 的直线方程.
7. 设平面 $x + y + kz + 1 = 0$ 与直线 $\dfrac{x}{2} = \dfrac{y}{-1} = \dfrac{z}{1}$ 平行,求 k.
8. 设 $f(x) = x^3$,则 $y = f(-x)$ 在其定义域内是( ).

A. 单调递增的奇函数   B. 单调递增的偶函数

C. 单调递减的奇函数   D. 单调递减的偶函数

9. 已知 $f(x) = \log_{(a^2-a-1)} x$ 在 $(0, +\infty)$ 上是增函数,则 a 的取值范围是(   ).

A. $(-2, 1)$ 　　　　　　　　　　B. $(-\infty, -1) \cup (2, +\infty)$

C. $\left(\dfrac{1-\sqrt{5}}{2}, \dfrac{1+\sqrt{5}}{2}\right)$ 　　　　　　D. $(-1, 2)$

10. 设 $a = \dfrac{1}{2}\cos 6° - \dfrac{\sqrt{3}}{2}\sin 6°$, $b = \dfrac{2\tan 13°}{1+\tan^2 13°}$, $c = \sqrt{\dfrac{1-\cos 50°}{2}}$, 则(   ).

A. $a > b > c$ 　　　　　　　　　B. $a < b < c$

C. $b < c < a$ 　　　　　　　　　D. $a < c < b$

11. 已知 $\tan\alpha = -\dfrac{3}{4}$, $\alpha \in \left(\dfrac{\pi}{2}, \pi\right)$, $\cos(\beta-\alpha) = \dfrac{5}{13}$, $\beta \in \left(0, \dfrac{\pi}{2}\right)$, 求 $\sin\beta$.

12. 下列四个命题中,正确的个数是(   ).

(1) $y = 1$ 既是奇函数又是偶函数;

(2) $y = \arctan x$, $x \in (-1, 1)$ 是奇函数;

(3) 若在 $(-\infty, +\infty)$ 上 $f(x)$ 是奇函数, $g(x)$ 是偶函数, 则 $F(x) = f(x) \cdot g(x)$ 一定是奇函数;

(4) 函数 $y = f(|x|)$ 的图象关于 y 轴对称.

A. 1 　　　　　B. 2 　　　　　C. 3 　　　　　D. 4

13. 设 $f(x)$ 的定义域 $D = [-2, 1]$, 求下列函数的定义域.

(1) $f(x^2)$; 　　　　　　　　　(2) $f(x+1) + f(x-1)$.

14. 讨论函数 $y = \dfrac{1+e^{-x}}{1-e^{-x}}$ 的奇偶性.

15. 比较下列各组数值的大小.

(1) $9.8^{0.57}$ 与 $0.57^{9.8}$; 　　　　　(2) $\log_{3.1} 4.5$ 与 $\log_{1.3} 4.5$;

(3) $\sin 21°$ 与 $\cos 431°$; 　　　　　(4) $\arctan\sqrt{5}$ 与 $\arctan\sqrt{6}$.

16. 讨论下列初等函数的复合过程,将其写成尽可能简单函数的复合形式.

(1) $y = (1+\sin^2 x)^4$; 　　　　　(2) $y = \tan\dfrac{1}{\sqrt{x-1}}$;

(3) $y = \ln(2x-3)^3$; 　　　　　　(4) $y = \sqrt{x + \sqrt{x + \sqrt{x}}}$.

17. 求二元函数 $f(x, y) = \sqrt{36 - 9x^2 - 4y^2}$ 的定义域,并画出此平面点集.

第 2 章

极限与连续

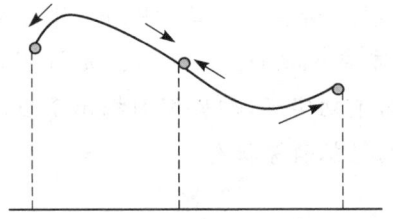

初等数学即常量的数学,是在形式逻辑的范围内活动的,而高等数学的研究对象是变动的量.函数反映了变量之间的依赖关系,极限是研究变量、研究函数的一种基本方法."取极限"蕴含着变量数学中丰富的辩证逻辑思维.它可以使得常量与变量、近似与精确、变与不变等矛盾的对立双方相互转化,从而把未知化为已知,体现了对立统一法则.本章将介绍极限、连续及级数等基本概念以及它们的一些性质.

2.1 数列极限

一尺之棰,日取其半,万世不竭.

——《庄子·天下篇》

庄子(公元前369—公元前286),名周,字子休,战国时期著名的思想家、哲学家、文学家,道家学派的代表人物.

《天下篇》全篇分七段,是批判先秦各家学派思想的论文. 上句是《天下篇》所载"辩者二十一事"中的一个命题(图2.1),出自庄子的好友惠施之口. 庄子原意是批判名家思想思辨技巧的诡异与不切实际,却从侧面揭示了当时我国自然科学诸多理论的思想萌芽状态.

图2.1

2.1.1 数列极限的定义

从庄子的这句话中可以发现如果把每天截取的木头长度按照天数排列,可以排成一个序列(图2.2),这正是数列.

一般来说,按照一定顺序排列的一组数

$$x_1, x_2, x_3, \cdots, x_n, \cdots,$$

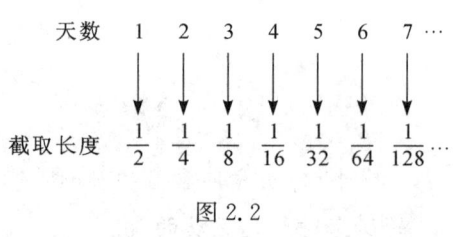

图2.2

称为数列,记作 $\{x_n\}$,其中 x_n 称为数列的第 n 项、一般项或通项,n 称为 x_n 的下标或序号. 表达式 $x_n = f(n)$ 称为数列的通项公式.

数列可以看作定义在非负整数集上的函数."一尺之棰,日取其半"现在可以用数列 $x_n = \dfrac{1}{2^n}$,$n = 1, 2, 3, \cdots$ 清晰地刻画了.

数列也可以看作数轴上按照通项公式依次取值跳跃的一个动点(图 2.3).

图 2.3

例 1 写出数列的通项公式,使它的前 4 项为下列各数,并画出数列图象.

(1) $3, 4, 5, 6, \cdots$; (2) $\dfrac{1}{2}, \dfrac{1}{4}, \dfrac{1}{8}, \dfrac{1}{16}, \cdots$;

(3) $1, -1, 1, -1, \cdots$; (4) $1, \dfrac{1}{2}, \dfrac{1}{3}, \dfrac{1}{4}, \cdots$.

解 (1) $x_n = n+2$ [图 2.4(a)]; (2) $x_n = \dfrac{1}{2^n}$ [图 2.4(b)];

(3) $x_n = (-1)^{n-1}$ [图 2.4(c)]; (4) $x_n = \dfrac{1}{n}$ [图 2.4(d)].

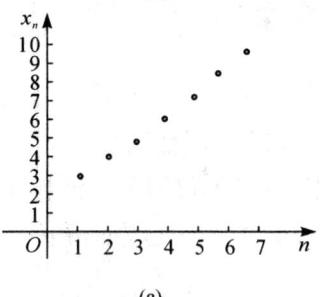
(a)

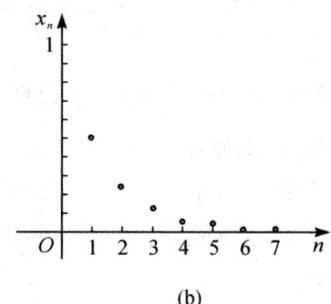
(b)

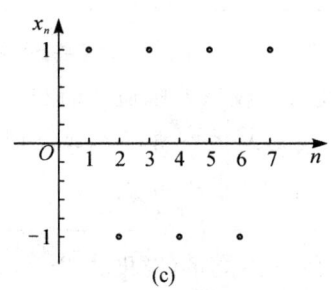
(c)

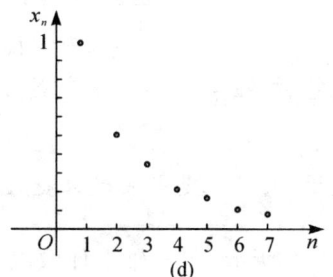
(d)

图 2.4

若视数列为函数,则其定义域是非负整数集,所以它的图像是由无限个"孤立"的点构成的①.

从《天下篇》中的"万世不竭"我们还发现,我国古代不仅有数列的意识,同时

---

① 有时数列的定义域还可以取值为零.

还有对数列变化趋势的分析,即随着天数 n 越来越大,要截取的长度 $\frac{1}{2^n}$ 会越来越接近 0,但永远不等于 0. 这说明我国当时已经具有无限细分的思想了,而这一思想是正确理解极限的理论基石.

定义 1 如果数列 $\{x_n\}$ 的通项 x_n 在 n 越来越大时,能逐渐无限逼近某个常数 a,则称 a 是数列 $\{x_n\}$ 当 n 趋于无穷大时的极限,记作

$$\lim_{n\to\infty} x_n = a \quad 或 \quad x_n \to a\ (n \to \infty),$$

这时也称数列 $\{x_n\}$ 是收敛的. 如果这样的常数 a 不存在,则称数列 $\{x_n\}$ 无极限或发散. 收敛与发散统称为数列的敛散性.

> 如何判断当 n 越来越大时,x_n "无限逼近"于常数 a?

观察数列 $x_n = (-1)^{n-1}$,数列的奇数项都等于 1,是否说明 1 就是数列的极限呢?显然,1 并不是 $x_n = (-1)^{n-1}$ 当 n 趋于无穷大时数列统一的变化趋势,因为所有的偶数项都等于 -1. 因此这里的 "无限逼近" 不仅需要保证当 n 越来越大时,x_n 与 a 的距离能够任意小,同时还要保证这样的变化趋势是数列 "统一" 而非部分满足的.

> 正确掌握极限中 "无限逼近" 的概念需要两个要素,一个能用来帮助衡量数列与极限无限逼近的程度,即 x_n 与 a "想有多接近,就能有多接近",另一个可以用来说明这一 "逼近" 的过程是当 n 越来越大时数列 "一致" 的变化趋势.

如图 2.5 所示,在 y 轴上任取以 a 为中心的一条宽带(宽度为 2ε),如果无论我们取的半径 ε 如何小,都可以找到从某一项(下标为 N)起使得以后的项 x_n 都落在以 a 为中心的这条宽带内,这样就可以通过 ε 的任意性说明 x_n 与 a 的距离可以任意小,同时通过由 ε 找到的 N 说明 $|x_n - a| < \varepsilon$ 是 $n > N$ 时所有项 x_n 都满足的结论. 令 $\varepsilon = 1, \varepsilon = \frac{1}{10}, \cdots, \varepsilon = 10^{-k}, \cdots$,我们可以感受

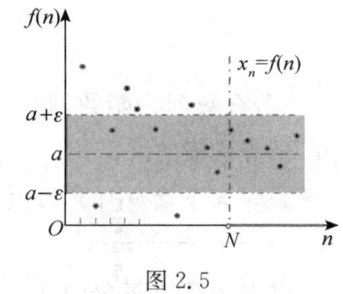

图 2.5

图 2.5 中的数列当 n 趋于无穷大时 x_n 与 a 越来越接近的程度.

上述用要素 ε, N 来刻画数列极限的理论称为**数列极限的"ε-N"定义**,又可简称为**数列极限的宽带理论**. 此理论强调的是对于任意小的宽带,是否能找到某一个下标 N 使得数列以后的项都落入宽带内. 对于 $n \leqslant N$ 的项是否在宽带内并无要求,因此我们很容易看出添加或删除数列的有限项,不影响数列的敛散性.

例 2 判断下列数列的敛散性,如果收敛,写出它的极限.

(1) $x_n = \dfrac{1}{n}$; (2) $x_n = q^n$,其中 $|q| < 1$;

(3) $x_n = c$ (c 是常数).

解 (1) 由图 2.4(d) 容易猜测 $\lim\limits_{n\to\infty}\dfrac{1}{n}=0$. 猜测是否正确,我们可以用宽带理论验证. 任取 $\varepsilon = 10^{-k}$ 用于衡量 $\dfrac{1}{n}$ 与 0 的距离 ($k \in \mathbf{Z}^+$),发现要使得

$$\left|\dfrac{1}{n} - 0\right| < 10^{-k},$$

只须 $n > 10^k$. 说明数列从第 $10^k + 1$ 项开始都会落在宽带内,即 $n \to \infty$ 时,$\dfrac{1}{n}$ 与 0 无限逼近,故有

$$\lim_{n\to\infty}\dfrac{1}{n}=0.$$

(2) 猜测 $\lim\limits_{n\to\infty} q^n = 0$,用宽带理论验证,计算 $|q^n - 0| < 10^{-k}$,两边取对数得

$$n\ln|q| < -k\ln 10.$$

由于 $|q| < 1$,$\ln|q| < 0$,从而有当

$$n > -k\log_{|q|} 10.$$

令 N 为大于 $-k\log_{|q|} 10$ 的第一个正整数,则 $n > N$ 时上述不等式成立. 即 $n \to \infty$ 时,q^n 与 0 无限接近,故

$$\lim_{n\to\infty} q^n = 0.$$

(3) 无论 n 取何值,$|x_n - c| = |c - c| = 0$,说明

$$\lim_{n\to\infty} c = c.$$

2.1.2 收敛数列的性质

借助宽带理论,我们可以得出收敛数列具有以下性质:

性质 1(极限的唯一性) 如果数列 $\{x_n\}$ 收敛,那么它的极限唯一.

证 用反证法,如果 $\lim\limits_{n\to\infty} x_n = a$,且 $\lim\limits_{n\to\infty} x_n = b$,$a \neq b$,令 $\varepsilon = \dfrac{|b-a|}{3}$,分别取以 a,b 为中心,ε 为半径的两个宽带(两宽带交集是空集),则由极限的定义可知,从某一个下标 N 开始,以后的项 x_n 一定会落在两宽带的交集内,从而产生矛盾.

定义 2 数列 $x_1, x_2, x_3, \cdots, x_n, \cdots$,取下标为奇数的数构成一个新数列,称其为数列 $\{x_n\}$ 的奇数子列,简称奇子列;下标为偶数的数构成的新数列称为数列 $\{x_n\}$ 的偶数子列,简称偶子列.

性质 2(收敛数列与子数列之间的关系) 若数列 $\{x_n\}$ 收敛,则它的奇子列、偶子列的极限存在并相等. 反之若 $n \to \infty$ 时,数列 $\{x_n\}$ 的奇子列和偶子列的极限不相同,或至少有一个极限不存在,则数列 $\{x_n\}$ 发散.

证明可参照性质 1.

例 3 判断数列 $x_n = (-1)^{n-1}$ 是否收敛.

解 当 n 增大时,$x_n = (-1)^{n-1}$ 在 1 与 -1 之间摆动. 若 n 为奇数,$x_n = 1$,由例 2(3) 知 $n \to \infty$ 时奇子列极限为 1;同理,若 n 为偶数,$x_n = -1$,$n \to \infty$ 时偶子列极限为 -1,由性质 2 知 $x_n = (-1)^{n-1}$ 发散.

性质 2 还可以推广至更普遍的情形. 在数列 $\{x_n\}$ 中任意抽取无穷多项并保持这些项在原数列中的先后次序排成一列,这样得到的新数列称为原数列的一个子数列,简称子列. 数列的子列有无数个,通常记为 $\{x_{n_k}\}$,其中 k 是子列中每一项的序号,而 n_k 是此项在原数列中的下标. 类似性质 2 我们有

如果数列 $\{x_n\}$ 收敛于 a,那么它的任一子列也收敛到 a. 反之,若 $n \to \infty$ 时,数列 $\{x_n\}$ 有两个子列极限不相同,或至少有一个子列极限不存在,则数列 $\{x_n\}$ 发散.

定义 3 对于数列 $\{x_n\}$,如果存在正数 M 使得对于 x_n 都满足不等式

$$|x_n| \leqslant M,$$

则称数列 $\{x_n\}$ 是有界的,否则就说数列 $\{x_n\}$ 是无界的.

例如,数列 $\left\{\dfrac{1}{n}\right\}$ 是有界的. 因为取 $M=1$,

$$\left|\dfrac{1}{n}\right|\leqslant 1$$

对于一切正整数 n 都成立.

性质 3(收敛数列的有界性) 如果数列 $\{x_n\}$ 收敛,那么数列 $\{x_n\}$ 一定有界.

证 如果 $\lim\limits_{n\to\infty}x_n=a$,取以 a 为中心,$\varepsilon=1$ 为半径的宽带,一定可以找到下标 N 使得以后的项 x_n 一定会落在宽带内,说明 $n>N$ 时有 $|x_n-a|<1$,即

$$-|a|-1\leqslant a-1<x_n<a+1\leqslant |a|+1,$$

说明 $n>N$ 时 $|x_n|\leqslant |a|+1$. 令 $M=\max\{|x_1|,|x_2|,\cdots,|x_N|,|a|+1\}$,则对于任意 n 都有 $|x_n|\leqslant M$.

其逆命题不一定成立. 例如,数列 $\{(-1)^{n-1}\}$ 有界,但却是发散的. 所以,数列有界只是数列收敛的必要条件,不是充分条件.

性质 4(收敛数列的保号性) 如果 $\lim\limits_{n\to\infty}x_n=a$,且 $a>0$(或 $a<0$),那么存在某一个下标 N,使得以后的项 x_n 都满足 $x_n>0$(或 $x_n<0$).

证 设 $a>0$. 取以 a 为中心,半径为 $\dfrac{a}{3}$ 的宽带,宽带内的实数都是正数. 则由极限定义,一定可以找到某一个下标 N,使得以后的项 x_n 都落在宽带内,故而有 $x_n>0$.

$a<0$ 的情形类似可证.

性质 4 说明这样一个道理,如果数列极限存在,极限的符号会提示我们数列中无限逼近极限的那些项的符号. 反之,收敛数列每一项的符号是否能提示极限的符号呢?

推论 若数列 $\{x_n\}$ 从某一项开始有 $x_n\geqslant 0$(或 $x_n\leqslant 0$),且 $\lim\limits_{n\to\infty}x_n=a$,那么 $a\geqslant 0$(或 $a\leqslant 0$).

证 用反证法. 若 $a<0$,则由性质 4 知从某项开始 $x_n<0$,此与题设矛盾.

习题 2.1

1. (1) 设 $a_n = \dfrac{2+n}{1+3n}$，求 a_3；　　(2) 设 $a_n = \sqrt{\dfrac{n^3}{2+n^2}}$，求 a_4；

   (3) 设 $a_n = \dfrac{3}{n!}$，其中 $n! = 1 \times 2 \times \cdots \times n$，求 a_5。

2. 请根据数列的前 5 项，写出数列的通项公式。

   (1) $-2, -1, 0, 1, 2, \cdots$；　　(2) $-1, 1, -1, 1, -1, \cdots$；

   (3) $1, -4, 9, -16, 25, \cdots$；　　(4) $3, 1, -1, -3, -5, \cdots$。

3. 观察 $\{x_n\}$ 的变化趋势判断下列数列的敛散性。若数列收敛，写出它们的极限。

   (1) $x_n = \dfrac{(-1)^n}{2^n}$；　　(2) $x_n = 2 + \dfrac{1}{n^2}$；

   (3) $x_n = \dfrac{n-1}{n+1}$；　　(4) $x_n = \dfrac{(-1)^n}{n}$；

   (5) $x_n = (-1)^n n$；　　(6) $x_n = [1+(-1)^n]\dfrac{n+1}{n}$；

   (7) $x_n = n - \dfrac{1}{n}$；　　(8) $x_n = 0.999\cdots 9$（此处出现 n 个 9）；

   (9) $x_n = \dfrac{3^n}{3^{n+2}}$；　　(10) $x_n = \dfrac{\sin n}{n}$。

* 4. 利用宽带理论验证上题中收敛数列的极限。

5. 判断下列陈述是否正确，如果正确，请给出理由；如果错误，请举出反例。

   (1) 有界数列一定收敛；

   (2) 无界数列一定发散；

   (3) 非负数列的极限有可能是正数。

2.2 函数极限

极限，极限论是微积分的真正抽象。

——达朗贝尔 《科学、艺术和工艺的百科全书》

18世纪法国启蒙运动为法国彻底的资产阶级革命创造了思想成熟的条件,而启蒙运动的标志就是1751年《科学、艺术和工艺的百科全书》的问世. 当时,狄德罗、达朗贝尔等人受到1728年英国伦敦出版的《百科全书,技术与科学通用辞典》的启发,决定用法文编写一本百科全书,总结人类历史上科学与艺术的发展成果,从而对法国人作大规模的思想启蒙,以改变人们的思考方式.

百科全书派的核心人物之一就是达朗贝尔(Jean d'Alembert, 1717—1783),他负责撰写并编辑数学和自然科学的词条. 达朗贝尔是著名的哲学家,也是极有声望的数学家、物理学家、天文学家. 他在与微积分的产生及应用密切相关的级数领域取得了杰出的成就.

2.2.1 $x \to \infty$ 时的函数极限

把数列看作定义在非负整数集上的函数 $x_n = f(n)$,数列极限 $\lim\limits_{n \to \infty} x_n = a$ 可以理解为,当自变量 $n \to \infty$ 时函数 $f(n)$ 无限逼近常数 a,由此自然可以引出当自变量 $x \to \infty$ 时函数 $f(x)$ 极限的概念.

定义1 设函数 $f(x)$ 在 $(a, +\infty)$ 有定义,如果当 x 越来越大时,函数 $f(x)$ 能无限逼近一个常数 A,则称 A 为函数 $f(x)$ 当 $x \to +\infty$ 时的极限,记作

$$\lim_{x \to +\infty} f(x) = A, \quad \text{或} \quad f(x) \to A (x \to +\infty).①$$

我们可以如数列极限一般用宽带理论理解上述函数极限.

在 y 轴上任取以 A 为中心的一条宽带,如果无论我们取的半径 ε 如何小,都可以找到某个 $X > 0$ 使得自变量 x 满足 $x > X$ 时所对应的函数值 $f(x)$ 都落在以 A 为中心的这条宽带内,从而说明 x 越来越大时函数 $f(x)$ 与常数 A 无限逼近. 这里的 ε 用于刻画 $f(x)$ 与常数 A 的距离可以任意小,X 用于刻画这样无限逼近的发展形势是自变量无限增大时"一致"的变化趋势.

不同于数列的自变量只能越来越大的发展趋势,函数 $f(x)$ 的自变量变化还有可能越来越小.

定义2 设函数 $f(x)$ 在 $(-\infty, b)$ 有定义,如果当 x 越来越小时,函数 $f(x)$

---

① 对于数列极限而言,由于自变量是非负整数,且数列的项随下标的增大而排列,故自变量的变化趋势只能越来越大,即 $n \to +\infty$,简记为 $n \to \infty$.

能无限逼近一个常数 A,则称 A 为函数 $f(x)$ 当 $x \to -\infty$ 时的极限,记作

$$\lim_{x \to -\infty} f(x) = A \quad \text{或} \quad f(x) \to A(x \to -\infty).$$

类似可以得到相应的宽带理论. 任取以 A 为中心的一条宽带,如果无论我们取的半径 ε 如何小,都可以找到某个正数 X 使得自变量 x 满足 $x < -X$ 时所对应的函数值 $f(x)$ 都落在以 A 为中心的这条宽带内,从而说明 x 越来越小时函数 $f(x)$ 与常数 A 的距离可以任意小.

定义 3 设函数 $f(x)$ 在 $(-\infty, b)$ 及 $(a, +\infty)$ 有定义,如果 $\lim\limits_{x \to -\infty} f(x) = A$,且 $\lim\limits_{x \to +\infty} f(x) = A$,我们称 A 为函数 $f(x)$ 当 $x \to \infty$ 时的极限,记作

$$\lim_{x \to \infty} f(x) = A \quad \text{或} \quad f(x) \to A(x \to \infty).$$

此时,任取以 A 为中心,ε 为半径的一条宽带,由 $\lim\limits_{x \to +\infty} f(x) = A$ 我们可以找到 $X_1 > 0$,使得 $x > X_1$ 时,$|f(x) - a| < \varepsilon$. 由 $\lim\limits_{x \to -\infty} f(x) = A$ 同样可以找到 $X_2 < 0$,使得 $x < X_2$ 时,$|f(x) - a| < \varepsilon$. 令 $X = \max\{X_1, |X_2|\}$,则当 $|x| > X$ 时,对应函数值 $f(x)$ 都落在所取宽带内. 由此,可以得出当 $|x|$ 越来越大时函数值 $f(x)$ 与 A 无限逼近的结论(图 2.6).

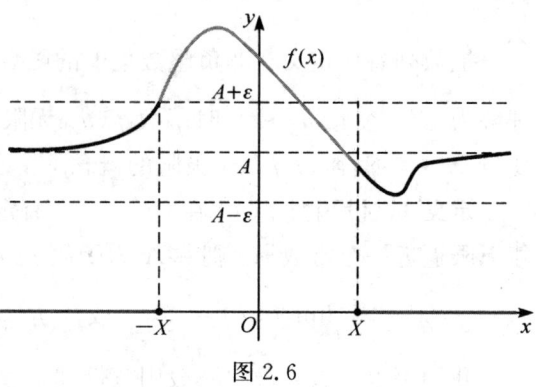

图 2.6

例 1 证明:当 $x \to \infty$ 时,函数 $f(x) = \dfrac{1}{x}$ 的极限为 0.

证 计算 $f(x) = \dfrac{1}{x}$ 与 0 的距离 $\left|\dfrac{1}{x} - 0\right|$,发现若 $\left|\dfrac{1}{x} - 0\right| < 10^{-k}$($k$ 为任意正整数),即函数值落在以 0 为中心,10^{-k} 为半径的宽带内,只须 $|x| > 10^k$. 令 $X = 10^k$,当 $|x| > X$ 时,函数值 $f(x) = \dfrac{1}{x}$ 与 0 的距离小于 10^{-k},即 $x \to \infty$ 时,$\dfrac{1}{x}$ 与 0 无限接近,故有

$$\lim_{x \to \infty} \dfrac{1}{x} = 0.$$

由图 2.7 知，当 $x \to \infty$ 时，曲线 $f(x) = \dfrac{1}{x}$ 与 x 轴(直线 $y=0$)距离趋近零，即 x 轴是此函数图象的渐近线.

定义 4 若函数 $f(x)$ 满足
$$\lim_{x \to \infty} f(x) = b,$$
则称直线 $y = b$ 为曲线 $y = f(x)$ 的水平渐近线. 特别地，若函数 $f(x)$ 满足
$$\lim_{x \to -\infty} f(x) = b \quad \text{或} \quad \lim_{x \to +\infty} f(x) = b,$$
也称直线 $y = b$ 为曲线 $y = f(x)$ 的水平渐近线.

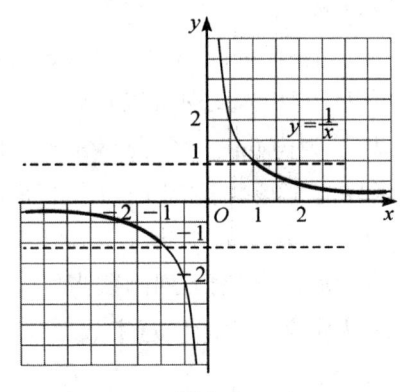

图 2.7

函数图象的水平渐近线最多只有两条. 利用函数 $y = \arctan x$ 的图象(参看第 1.3 节图 1.44)可以证明
$$\lim_{x \to -\infty} \arctan x = -\dfrac{\pi}{2}, \quad \lim_{x \to +\infty} \arctan x = \dfrac{\pi}{2},$$
故 $y = \dfrac{\pi}{2}$ 和 $y = -\dfrac{\pi}{2}$ 都是反正切函数曲线的水平渐近线.

2.2.2 $x \to x_0$ 时的函数极限

想象一下，我们把数轴的左右两端看作两点，分别记作 $-\infty$，$+\infty$，然后粘连变为一个点记作 ∞. 那么 $x \to \infty$ 时 $f(x) \to A$ 就可以理解为，当自变量趋于一个定点时函数 $f(x)$ 的极限，由此引出当自变量趋于定点时函数极限的概念.

定义 5 设函数 $f(x)$ 在点 x_0 的某个邻域内有定义(x_0 点可以除外)，如果自变量 x 趋于 x_0 ($x \neq x_0$)时①，函数 $f(x)$ 的值无限接近于一个确定的常数 A，则称 A 为函数 $f(x)$ 当 $x \to x_0$ 时的极限，记作
$$\lim_{x \to x_0} f(x) = A \quad \text{或} \quad f(x) \to A \,(\text{当 } x \to x_0).$$

仿照图 2.5，我们可以利用宽带理论如下理解 x 趋于有限值 x_0 时 A 为函数的

---

① 当 $x \to x_0$ 时，$f(x)$ 的极限与 $f(x)$ 在点 x_0 处的函数值可以毫无关联.

极限:

如果任取以 A 为中心, ε 为半径的一条宽带(ε 可以任意小),发现可以找到 x_0 附近的区域(通常取以 x_0 为中心的一个去心邻域)(图 2.8),使得对应函数值都落到宽带内,则说明 x_0 附近的 x 满足 $|f(x)-A|<\varepsilon$,即 $f(x)$ 与 A 的距离可以任意小.

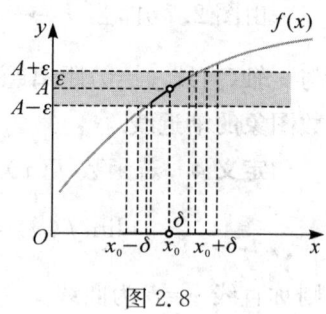

图 2.8

例 2 讨论下列函数当 $x \to x_0$ 时的极限,其中 x_0 为定义域内的任意实数.

(1) $f(x)=k$; (2) $f(x)=x$; (3) $f(x)=\sqrt{x}$.

解 (1) 任取以 $y=k$ 为中心的宽带,发现任一以 x_0 为中心的对称开区间内的 x 都满足对应函数值在宽带内,事实上 $|f(x)-k|=0$,从而有 $\lim\limits_{x \to x_0} k = k$ [图 2.9(a)].

(2) 任取以 $y=x_0$ 为中心,ε 为半径的宽带,可以找到以 x_0 为中心,ε 为半径的对称开区间,里面的 x 都满足 $|f(x)-x_0|<\varepsilon$,从而有 $\lim\limits_{x \to x_0} x = x_0$ [图 2.9(b)].

(3) 类似可证明 $\lim\limits_{x \to x_0} \sqrt{x} = \sqrt{x_0}$ [图 2.9(c)].

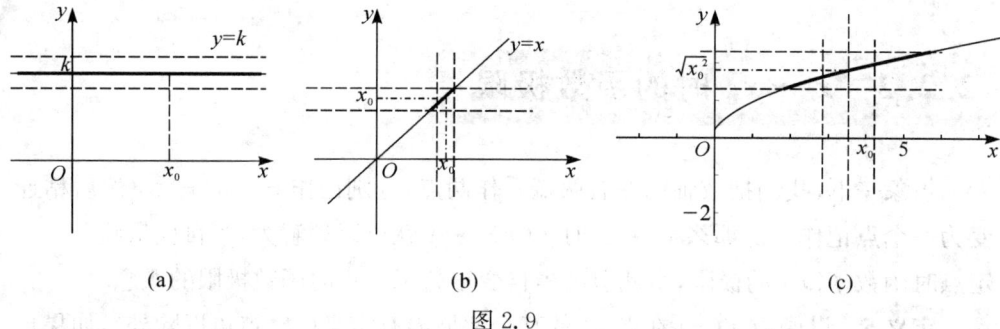

图 2.9

事实上,利用宽带理论我们可以证明得到这样的结论: 5 种基本初等函数在定义域内任一点 x_0 处的极限值都等于该点的函数值.

若动点 x 只从 x_0 的一侧趋近于 x_0,此时 $f(x)$ 的变化趋势同样值得研究.

定义 6 当 x 从左(右)侧趋于 x_0 时,函数 $f(x)$ 能无限接近于一个常数 A

(图 2.10),则称 A 为函数 $f(x)$ 当 $x \to x_0$ 时的左(右)极限,记作

$$\lim_{x \to x_0^-} f(x) = A \ (\lim_{x \to x_0^+} f(x) = A) \quad 或 \quad f(x_0^-) \ (f(x_0^+))$$

左极限、右极限统称为单侧极限.

我们可以用宽带理论理解 $\lim_{x \to x_0^-} f(x) = A$,即任取以 A 为中心,ε 为半径的一条宽带,都有 x_0 附近的某一左侧区域 $(x_0 - \delta, x_0)$(其中 $\delta > 0$),使得对应函数值都落到宽带内. $\lim_{x \to x_0^+} f(x) = A$ 情形类似.

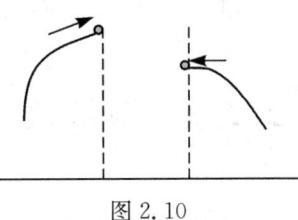

图 2.10

? 函数极限与单侧极限有何关联?

定理 1 函数 $f(x)$ 在点 x_0 处极限存在的充分必要条件是 $f(x)$ 在点 x_0 处的左、右极限存在并相等(图 2.11),即

$$\lim_{x \to x_0} f(x) = A \Leftrightarrow \lim_{x \to x_0^-} f(x) = \lim_{x \to x_0^+} f(x) = A.$$

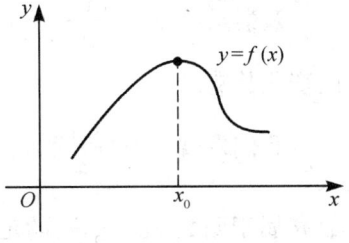

图 2.11

证 充分性. 若 $\lim_{x \to x_0^-} f(x) = A$,说明任取以 A 为中心,ε 为半径的一条宽带,都有 x_0 附近的左侧区域 $(x_0 - \delta_1, x_0)$,使得对应函数值都落到宽带内. 同理由 $\lim_{x \to x_0^+} f(x) = A$,对于上述同一条宽带,都有 x_0 附近的右侧区域 $(x_0, x_0 + \delta_2)$,使得对应函数值都落到宽带内. 令 $\delta = \min\{\delta_1, \delta_2\}$,则当 $0 < |x - x_0| < \delta$ 时,$|f(x) - A| < \varepsilon$,即 $\lim_{x \to x_0} f(x) = A$.

必要性证明类似.

例 3 假设磁铁放在 x 轴上移动,铁人的脚会在函数 $y = g(x)$ 的图象上做相应运动. 观察图 2.12 写出

(1) $\lim_{x \to 3^-} g(x)$; (2) $\lim_{x \to 3^+} g(x)$;

(3) $\lim_{x \to 3} g(x)$; (4) $g(3)$.

解 (1) $\lim_{x \to 3^-} g(x) = 1$;

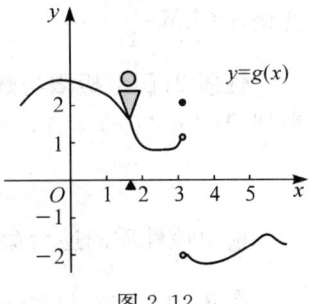

图 2.12

(2) $\lim\limits_{x \to 3^+} g(x) = -2$;

(3) 由于 $\lim\limits_{x \to 3^-} g(x) \neq \lim\limits_{x \to 3^+} g(x)$,所以 $\lim\limits_{x \to 3} g(x)$ 不存在;

(4) $g(3) = 2$,说明函数在一点的极限可以与它的函数值无关.

2.2.3 函数极限的性质

数列极限与函数极限的本质是一致的,因而函数极限也有如同数列极限的以下性质:

性质 1(唯一性) 如果 $\lim\limits_{x \to x_0} f(x)$ 存在,那么此极限唯一.

证明同数列极限情形,故略去(下同).

观察函数 $y = \dfrac{\sin x}{2x}$ 当 $x \to +\infty$ 时的变化趋势及数列 $x_n = \dfrac{\sin n}{2n}$ 当 $n \to \infty$ 时的变化趋势.

我们发现 $\lim\limits_{x \to +\infty} \dfrac{\sin x}{2x} = 0$,正整数 n 属于函数 $y = \dfrac{\sin x}{2x}$ 的定义域,因而当 $x \to +\infty$ 时, $x_n = \dfrac{\sin n}{2n}$ 的变化趋势与 $\dfrac{\sin x}{2x}$ 的变化趋势是"特殊"与"一般"的关系(图 2.13),函数的变化趋势"限制"了数列的变化,故 $\lim\limits_{n \to \infty} \dfrac{\sin n}{2n} = 0$.

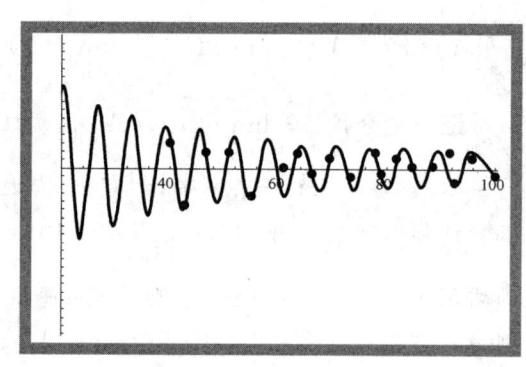

图 2.13

性质 2(函数极限与数列极限的相关性) 设 $\{x_n\}$ 是当 $n \to \infty$ 时极限为 a 的数列,且 $\lim\limits_{x \to a} f(x) = A$,则

$$\lim\limits_{n \to \infty} f(x_n) = A.$$

借由该性质的逆否命题我们可以利用数列的敛散性判定函数极限的存在性.

例 4 设函数 $f(x) = \sin \dfrac{1}{x}$,讨论当 $x \to 0$ 时的函数极限.

解 令 $x_n = \dfrac{1}{2n\pi}$, $\widetilde{x}_n = \dfrac{1}{2n\pi + \dfrac{\pi}{2}}$, $n = 1, 2, 3, \cdots$. 因而 $\lim\limits_{n\to\infty} x_n = \lim\limits_{n\to\infty} \widetilde{x}_n = 0$,

$$\lim_{n\to\infty} f(x_n) = \lim_{n\to\infty} \sin 2n\pi = 0,$$

$$\lim_{n\to\infty} f(\widetilde{x}_n) = \lim_{n\to\infty} \sin\left(2n\pi + \dfrac{\pi}{2}\right) = 1,$$

故 $\lim\limits_{x\to 0} f(x)$ 不存在.

性质 3(局部有界性) 如果 $\lim\limits_{x\to x_0} f(x) = A$,则一定可以找到正数 M 及以 x_0 为中心的对称开区间,使得对应函数值都满足 $|f(x)| \leqslant M$.

反之却不成立. 例如函数 $f(x) = \begin{cases} \sin\dfrac{1}{x}, & x \neq 0 \\ 0, & x = 0 \end{cases}$,是有界函数,但 $\lim\limits_{x\to 0} \sin\dfrac{1}{x}$ 不存在.

性质 4(局部保号性) 如果 $\lim\limits_{x\to x_0} f(x) = A$,且 $A > 0$(或 $A < 0$),那么存在以 x_0 为中心的对称开区间,使得对应函数值都满足 $f(x) > 0$(或 $f(x) < 0$).

推论 如果在 x_0 的某一去心邻域内 $f(x) \geqslant 0$(或 $f(x) \leqslant 0$),且 $\lim\limits_{x\to x_0} f(x) = A$,那么 $A \geqslant 0$(或 $A \leqslant 0$).

其他极限过程如 $x \to x_0^+$, $x \to x_0^-$, $x \to \infty$, $x \to +\infty$, $x \to -\infty$,上述性质同样成立.

习题 2.2

1. 观察函数 $f(x)$ 的图象(图 2.14)求下列极限,或说明极限不存在的理由.
   (1) $\lim\limits_{x\to 1} f(x)$;　(2) $\lim\limits_{x\to 2} f(x)$;　(3) $\lim\limits_{x\to 3} f(x)$.

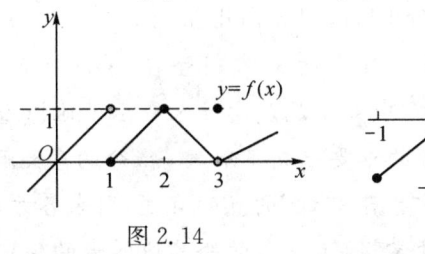

图 2.14　　　　　图 2.15

2. 观察函数 $g(x)$ 的图象(图 2.15),判断下列命题哪些成立,哪些不成立?

(1) $\lim\limits_{x\to 0}g(x)$ 不存在；　　(2) $\lim\limits_{x\to 0}g(x)=0$；　　(3) $\lim\limits_{x\to 0}g(x)=1$；

(4) $\lim\limits_{x\to 1}g(x)=1$；　　(5) $\lim\limits_{x\to 1}g(x)=0$；

(6) $\lim\limits_{x\to x_0}g(x)$ 在 $(-1,1)$ 中的每个点 x_0 存在.

3. 讨论：

(1) 已知 $f(x)$ 在定义域内部的一点 $x=a$ 处的右极限 $\lim\limits_{x\to a^+}f(x)$，左极限 $\lim\limits_{x\to a^-}f(x)$ 都存在，是否可以确定 $\lim\limits_{x\to a}f(x)$，说明判断的理由；

(2) 已知 $f(x)$ 是奇函数，且 $\lim\limits_{x\to 0^+}f(x)=-2$，$\lim\limits_{x\to 0^-}f(x)$ 及 $\lim\limits_{x\to 0}f(x)$ 是否存在，说明判断的理由；

(3) 已知 $f(x)$ 是偶函数，且 $\lim\limits_{x\to 0^+}f(x)=-3$，$\lim\limits_{x\to 0^-}f(x)$ 及 $\lim\limits_{x\to 0}f(x)$ 是否存在，说明判断的理由；

(4) 已知 $f(x)$ 是偶函数，且 $\lim\limits_{x\to 2^+}f(x)=17$，$\lim\limits_{x\to 2^-}f(x)$ 及 $\lim\limits_{x\to 2}f(x)$ 是否存在，说明判断的理由.

4. 试分析数列极限与函数极限的关联性.

2.3　无穷小与无穷大

考虑这样一种无穷小量是有用的，当寻找它们的比时，不能把它们当成是零，但是只要和无法相比的大量一起出现，就可以舍弃它们，误差将小于任何有限的量.

——莱布尼茨

德国数学家莱布尼茨(Gottfried Wilhelm Leibniz,1646—1716),是微积分的创立人之一. 他在微积分方面首次发表的文章刊登在 1684 年的《教师学报》(Math. Schriften)上. 在这篇文章中莱布尼茨向世人展示了他惊人的数学才华及卓著的成果. 但此时他对微积分的重要组成部分——微分的意义解释得还不是很清楚,他把切线定义为连接两个"无限邻近"的点的直线,引来各方学者的质疑. 因此,莱布尼茨于 1690 年在《教师学报》上发表的给其他学者的信中说了以上一段话,旨在消除他的思想批评者的质疑. 遗憾的是,莱布尼茨关于无穷小与 0 的区别解释得依旧含糊,以至于文章发表后又有知名学者质问他为什么无穷小量的和是有限量,在推理的过程中为何可以舍弃无穷小量.

2.3.1 无穷小

如果 $\lim\limits_{x \to x_0} g(x) = A$,意味着任取以 A 为中心,ε 为半径的宽带(ε 可以任意小),都可以找到以 x_0 为中心的一个去心邻域,使得对应函数值都落到宽带内,即 $|g(x) - A| < \varepsilon$. 令 $f(x) = g(x) - A$,此时 $|f(x) - 0| < \varepsilon$,说明 $\lim\limits_{x \to x_0} f(x) = 0$,即当 $x \to x_0$ 时 $|f(x)|$ 想有多小就可以有多小(图 2.16).

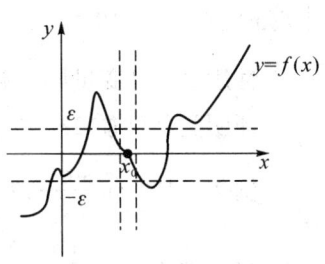

图 2.16

定义 1 若

$$\lim_{x \to x_0} f(x) = 0 \quad (\text{或} \lim_{x \to \infty} f(x) = 0),$$

则称函数 $f(x)$ 为 $x \to x_0$(或 $x \to \infty$)时的无穷小. 单侧极限情形亦成立.

例 1 因为 $\lim\limits_{x \to 3} \sqrt{x} = \sqrt{3}$,则 $\lim\limits_{x \to 3} (\sqrt{x} - \sqrt{3}) = 0$,所以 $\sqrt{x} - \sqrt{3}$ 是 $x \to 3$ 时的无穷小.

因为 $\lim\limits_{x \to \infty} \dfrac{1}{x} = 0$,所以 $\dfrac{1}{x}$ 是 $x \to \infty$ 时的无穷小.

无穷小可以帮助我们更好地阐明函数与极限之间的关系.

定理 1 当 $x \to x_0$ 时,函数 $f(x)$ 的极限为 A 的充分必要条件是:在 x_0 附近(可以不包括 x_0)$f(x)$ 可以表示成极限 A 与一个无穷小之和,即

$$\lim_{x \to x_0} f(x) = A \Leftrightarrow f(x) = A + \alpha,$$

其中,α 是 $x \to x_0$ 时的无穷小.

证 $\lim\limits_{x \to x_0} f(x) = A \Leftrightarrow \lim\limits_{x \to x_0} [f(x) - A] = 0$,即 $\alpha = f(x) - A$ 是 $x \to x_0$ 时的无穷小,从而得证.

对于其他极限过程这一结论同样成立.

有了无穷小概念,$\lim\limits_{x \to x_0} f(x) = A$ 意味着 $f(x)$ 与 A 的关系不仅可以用"无限

逼近"来含糊说明,还可以用等式关系来精确刻画①.

利用宽带理论可推出无穷小具有以下性质:

性质 1 有界函数与无穷小的乘积依然是无穷小②.

证 设 $|g(x)| \leqslant M$,$\lim\limits_{x \to x_0} f(x) = 0$,则任取以 0 为中心,$\varepsilon = \dfrac{10^{-k}}{M}$($k$ 为正整数)为半径的宽带,一定可以找到 x_0 的某一去心邻域使得 $|f(x)| < \varepsilon$,因而 $|f(x)g(x)| < 10^{-k}$,即 $\lim\limits_{x \to x_0} f(x)g(x) = 0$.

性质 2 自变量同一趋近过程中,有限个无穷小的和、差、乘积依然是无穷小. 证明类似性质 1.

例 2 求 $\lim\limits_{x \to \infty} \dfrac{\sin x}{x}$.

解 因为 $\lim\limits_{x \to \infty} \dfrac{1}{x} = 0$,且 $|\sin x| \leqslant 1$,故 $\dfrac{\sin x}{x}$ 是 $x \to \infty$ 的无穷小,即

$$\lim\limits_{x \to \infty} \dfrac{\sin x}{x} = 0.$$

2.3.2 无穷大

> 如果 $x \to x_0$ 时函数的绝对值可以小于任意正数,那么它的倒数具有什么特点?

定义 2 若 $f(x) \neq 0$,且

$$\lim\limits_{x \to x_0} \dfrac{1}{f(x)} = 0,$$

则称函数 $f(x)$ 为 $x \to x_0$ 时的无穷大,记作 $\lim\limits_{x \to x_0} f(x) = \infty$.

图 2.16 说明"无穷大"意味着对于任意指定正数 M,令 $\varepsilon = \dfrac{1}{M}$,总可以找到

---

① 17 世纪中叶,牛顿与莱布尼茨当初建立的极限理论又称为"直观无穷小理论".
② 从证明过程看,这里的"有界"只要求在 x_0 附近成立(可以不包括 x_0).

x_0 附近某一去心邻域使得 $\left|\dfrac{1}{f(x)}\right|<\varepsilon$,即 $|f(x)|>M$,说明当 $x\to x_0$ 时 $|f(x)|$ 可以大于任意正数.

特别地,若 $x\to x_0$ 时对于任意给定的正数 M,都可以找到 x_0 的某个邻域使得 $f(x)>M$,则记作 $\lim\limits_{x\to x_0}f(x)=+\infty$;类似地,若 $x\to x_0$ 时对于任意给定的正数 M,都可以找到 x_0 的某个邻域使得 $f(x)<-M$,则我们记作 $\lim\limits_{x\to x_0}f(x)=-\infty$.

例 3 证明: $\lim\limits_{x\to 1}\dfrac{1}{x-1}=\infty$.

证 因为 $\lim\limits_{x\to 1}(x-1)=0$,且 $x\neq 1$ 时,$(x-1)\neq 0$,故

$$\lim_{x\to 1}\dfrac{1}{x-1}=\infty.$$

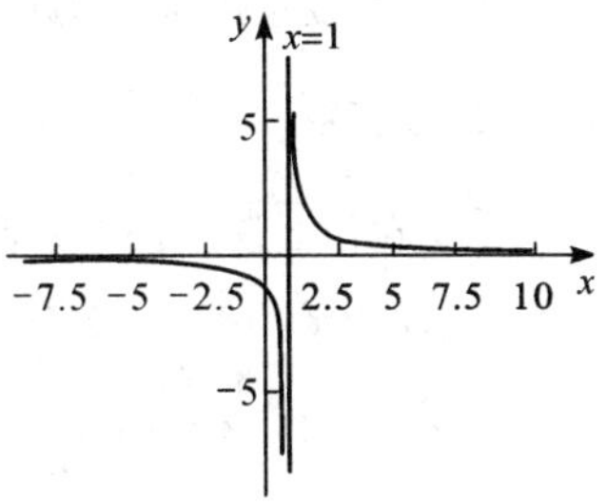

注意曲线 $y=\dfrac{1}{x-1}$ 与直线 $x=1$ 的距离(图 2.17),会发现当 $x\to 1$ 时此距离逐渐趋于零.

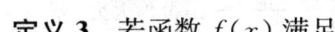

图 2.17

定义 3 若函数 $f(x)$ 满足

$$\lim_{x\to a}f(x)=\infty,$$

则称直线 $x=a$ 为曲线 $y=f(x)$ 的铅直渐近线.

定义中的"$x\to a$"可以换成 $x\to a^+$ 或 $x\to a^-$,对应直线依然表示曲线的铅直渐近线.

例 4 求曲线 $y=\dfrac{2x-2}{x^2-5x+4}$ 的铅直渐近线.

解 当 $x\neq 1$ 时,$\dfrac{x^2-5x+4}{2x-2}=\dfrac{x-4}{2}$,$\lim\limits_{x\to 4}\dfrac{x^2-5x+4}{2x-2}=\lim\limits_{x\to 4}\dfrac{x-4}{2}=0$,说明

$$\lim_{x\to 4}\dfrac{2x-2}{x^2-5x+4}=\infty,$$

故直线 $x=4$ 为所求的铅直渐近线.

 无穷大与无穷小有密切联系,无穷大是否有类似于无穷小的性质?

例 5 当 $x \to x_0$ 时 $f(x)$ 是无穷大,$\lim\limits_{x \to x_0} \dfrac{-1}{f(x)} = 0$,则 $g(x) = -f(x)$ 也是无穷大,但 $f(x) + g(x) = 0$ 不是无穷大,说明自变量同一趋近过程中,两个无穷大的和不一定是无穷大.

习题 2.3

1. 在自变量的同一趋近过程中,两个无穷小的商是否一定是无穷小?举例说明.

2. 设函数 $y = \dfrac{x+3}{x^2-9}$,讨论

   (1) 在什么条件下函数为无穷小; (2) 在什么条件下函数为无穷大.

3. 设 $\alpha(x)$,$\beta(x)$ 是自变量同一趋近过程的无穷小,且以下函数分母不为零,判断

   (1) $3\alpha(x) + 4\beta(x)$ 是否为无穷小; (2) $\dfrac{2}{\beta(x)}$ 是否为无穷小;

   (3) $\dfrac{1}{\alpha(x) - 2\beta(x)}$ 是否为无穷小; (4) $\alpha^2(x) - 0.0001$ 是否为无穷小;

   (5) $\alpha^3(x)\beta^2(x)$ 是否为无穷小; (6) $\dfrac{\alpha(x) - \beta(x)}{\alpha(x) + \beta(x)}$ 是否为无穷小.

4. 求极限.

   (1) $\lim\limits_{x \to \infty} \dfrac{\arctan x}{x}$; (2) $\lim\limits_{x \to 0} x\cos \dfrac{1}{x}$.

5. 求曲线 $y = \dfrac{x+2}{x^2-4}$ 的铅直渐近线.

6. 当 $x \to x_0$ 时,$f(x)$,$F(x)$ 是无穷大,$g(x)$ 是有界函数,判断

   (1) 若 k 为常数,$kf(x)$ 是否为无穷大? (2) $f(x)g(x)$ 是否为无穷大?

   (3) $f(x)F(x)$ 是否为无穷大?

2.4 极限的运算规则

魏尔斯特拉斯以其酷爱批判的精神和深邃的洞察力,为数学分析建立了坚实的基础.通过澄清极小、极大、函数、导数等概念,他排除了在微积分中仍在出现的

各种错误提法,扫清了关于无穷大、无穷小等各种混乱观念,决定性地克服了源于无穷大、无穷小朦胧思想的困难.今天,分析学能达到这样和谐可靠和完美的程度本质上应归功于魏尔斯特拉斯的科学活动.

——希尔伯特

卡尔·魏尔斯特拉斯(Karl Weierstrass,1815—1897),德国数学家,被誉为"现代分析之父".他在数学分析领域中的最大贡献,是和柯西、阿贝尔等人一起开创数学分析的严格化潮流,系统建立了实分析和复分析的基础,严谨梳理了关于极限、导数、积分等一系列概念及运算性质,完成了分析的算术化.大卫·希尔伯特(David Hilbert,1862—1943),德国数学家,19世纪末20世纪初最具影响力的数学家之一.

2.4.1 极限的四则运算法则

将磁铁放在 x 轴上,铁人的脚放在轨道 $y = \dfrac{x^2-1}{x-1}$ 上做相应运动(图2.18),可以看出

$$\lim_{x \to 1} \frac{x^2-1}{x-1} = \lim_{x \to 1}(x+1) = 2,$$

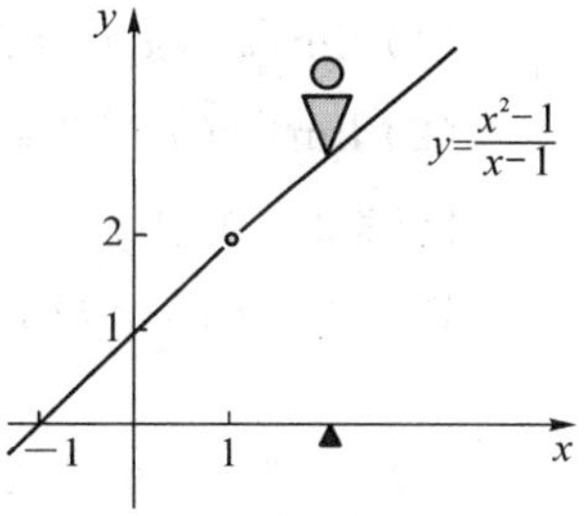

同时由2.2节例2知

$$(\lim_{x \to 1} x) + (\lim_{x \to 1} 1) = 1 + 1 = 2,\text{即}$$

$$\lim_{x \to 1}(x+1) = (\lim_{x \to 1} x) + (\lim_{x \to 1} 1).$$

图2.18

由此是否可以猜想:

$$\lim_{x \to x_0}[f(x) \pm g(x)] = \lim_{x \to x_0}[f(x)] \pm \lim_{x \to x_0}[g(x)]?$$

在下面的定理中,记号"lim"没有标明自变量的变化过程,表示此定理对 $x \to x_0$,$x \to \infty$ 及单侧极限均成立.

定理1(四则运算法则)

如果 $\lim f(x) = A$,$\lim g(x) = B$,那么

(1) $\lim[f(x) \pm g(x)] = \lim f(x) \pm \lim g(x) = A \pm B$（和差法则）；

(2) $\lim[f(x) \cdot g(x)] = \lim f(x) \cdot \lim g(x) = A \cdot B$（积法则）；

(3) 若 $B \neq 0$，则 $\lim \dfrac{f(x)}{g(x)} = \dfrac{\lim f(x)}{\lim g(x)} = \dfrac{A}{B}$（商法则）.

证 证明(1)，其他情形可类似证明.

因 $\lim f(x) = A$，$\lim g(x) = B$，由 2.3 节定理 1 知，在自变量的趋近变化过程中，

$$f(x) = A + \alpha,\ g(x) = B + \beta,$$

其中 α, β 为无穷小. 于是

$$f(x) \pm g(x) = (A + \alpha) \pm (B + \beta) = (A \pm B) + (\alpha \pm \beta).$$

由无穷小的性质 2 可以推得 $\alpha \pm \beta$ 依然是无穷小，则①

$$\lim[f(x) \pm g(x)] = A \pm B.$$

推论 如果 $\lim f(x) = A$，k 为实数，n 为正整数，则

(1) $\lim[kf(x)] = k \lim f(x) = kA$；

(2) $\lim[f(x)]^n = [\lim f(x)]^n = A^n$.

定理 2 如果 $f(x) \geqslant g(x)$，且 $\lim f(x) = A$，$\lim g(x) = B$，那么 $A \geqslant B$.

证 令 $u(x) = f(x) - g(x)$，则 $u(x) \geqslant 0$，由定理 1 及函数极限的保号性得

$$\lim u(x) = A - B \geqslant 0,$$

故② $A \geqslant B$.

数列也有类似的极限四则运算法则.

定理 3 设 $\lim\limits_{n \to \infty} x_n = A$，$\lim\limits_{n \to \infty} y_n = B$，则

(1) $\lim\limits_{n \to \infty}(x_n \pm y_n) = A \pm B$；

(2) $\lim\limits_{n \to \infty}(x_n \cdot y_n) = A \cdot B$；

(3) $\lim\limits_{n \to \infty} \dfrac{x_n}{y_n} = \dfrac{A}{B}$，其中 $B \neq 0$.

---

① 极限的四则运算法则说明：由"简单函数"通过四则运算得到的"复杂函数"的极限可以"拆"成"简单函数"的极限的四则运算，但"拆"的前提是每个"简单函数"的极限需存在.

② 此定理又称为函数极限的保不等式性质.

例1 求 $\lim_{x\to 1}(x^2+3x-1)$.

解 $\lim_{x\to 1}(x^2+3x-1) = \lim_{x\to 1} x^2 + \lim_{x\to 1} 3x - \lim_{x\to 1} 1$（和差法则）
$$= (\lim_{x\to 1} x)^2 + 3\lim_{x\to 1} x - \lim_{x\to 1} 1 \text{（积法则）}$$
$$= 1^2 + 3\times 1 - 1 = 3.$$

事实上，设多项式
$$f(x) = a_n x^n + a_{n-1} x^{n-1} + \cdots + a_1 x + a_0,$$
则
$$\lim_{x\to x_0} f(x) = \lim_{x\to x_0}(a_n x^n + a_{n-1} x^{n-1} + \cdots + a_1 x + a_0)$$
$$= a_n (\lim_{x\to x_0} x)^n + a_{n-1}(\lim_{x\to x_0} x)^{n-1} + \cdots + a_1(\lim_{x\to x_0} x) + \lim_{x\to x_0} a_0$$
$$= a_n x_0^n + a_{n-1} x_0^{n-1} + \cdots + a_1 x_0 + a_0 = f(x_0).$$

例2 求 $\lim_{x\to 2} \dfrac{x^3+1}{2x^2-5}$.

解 $\lim_{x\to 2} \dfrac{x^3+1}{2x^2-5} = \dfrac{\lim_{x\to 2}(x^3+1)}{\lim_{x\to 2}(2x^2-5)}$（商法则）
$$= \dfrac{2^3+1}{2\times 2^2 - 5} = 3.$$

例3 求 $\lim_{x\to 1} \dfrac{4x-1}{x^2+2x-3}$.

解 由于 $\lim_{x\to 1}(4x-1)=3$，$\lim_{x\to 1}(x^2+2x-3)=0$，知
$$\lim_{x\to 1} \dfrac{x^2+2x-3}{4x-1} = \dfrac{0}{3} = 0,$$
由无穷大的定义可推得
$$\lim_{x\to 1} \dfrac{4x-1}{x^2+2x-3} = \infty.$$

例4 求 $\lim_{x\to 1} \dfrac{x^2-1}{3x^2-x-2}$.

解 由于 $x\to 1$，但 $x\neq 1$，
$$\lim_{x\to 1} \dfrac{x^2-1}{3x^2-x-2} = \lim_{x\to 1} \dfrac{(x-1)(x+1)}{(x-1)(3x+2)}$$
$$= \lim_{x\to 1} \dfrac{x+1}{3x+2} = \dfrac{2}{5}.$$

设有理分式函数

$$F(x) = \frac{P(x)}{Q(x)},$$

其中 $P(x)$,$Q(x)$ 都是多项式.

如果 $Q(x_0) \neq 0$,则

$$\lim_{x \to x_0} F(x) = \lim_{x \to x_0} \frac{P(x)}{Q(x)} = \frac{\lim\limits_{x \to x_0} P(x)}{\lim\limits_{x \to x_0} Q(x)} = \frac{P(x_0)}{Q(x_0)} = F(x_0).$$

如果 $Q(x_0) = 0$,但 $P(x_0) \neq 0$,则

$$\lim_{x \to x_0} F(x) = \infty.$$

如果 $Q(x_0) = P(x_0) = 0$,则 $F(x)$ 可通过分子分母因式分解消除公因式再求极限.

例5 求 $\lim\limits_{x \to \infty} \dfrac{2x^3 + 3x^2 + 5}{7x^3 + 4x^2 - 1}$.

解 先用 x^3 去除分子和分母①,再取极限

$$\lim_{x \to \infty} \frac{2x^3 + 3x^2 + 5}{7x^3 + 4x^2 - 1} = \lim_{x \to \infty} \frac{2 + \dfrac{3}{x} + \dfrac{5}{x^3}}{7 + \dfrac{4}{x} - \dfrac{1}{x^3}} = \frac{2}{7}.$$

类似可以证明,若 $a_n \neq 0$,$b_m \neq 0$,n 和 m 都是非负整数,则

$$\lim_{x \to \infty} \frac{a_n x^n + a_{n-1} x^{n-1} + \cdots + a_1 x + a_0}{b_m x^m + b_{m-1} x^{m-1} + \cdots + b_1 x + b_0} = \begin{cases} \dfrac{a_n}{b_m}, & n = m, \\ 0, & n < m, \\ \infty, & n > m. \end{cases}$$

由此借助极限的四则运算法则,多项式及有理分式的极限问题已经得到解决.

---

① 如果分式函数的分子和分母都是无穷大,可以找到其中趋于 ∞ "最快"的那一项,分子分母同时除以这一项,则分子分母的每一项就变为常数或无穷小,这种方法称为"无穷小分出法".

2.4.2 复合函数的极限运算法则

利用函数极限的宽带理论我们可以证明

定理 4 如果 $\lim\limits_{x \to x_0} g(x) = u_0$，$\lim\limits_{u \to u_0} f(u) = A$，且在 x_0 的某一去心邻域[①]内 $g(x) \neq u_0$，则

$$\lim_{x \to x_0} f[g(x)] = \lim_{u \to u_0} f[u] = A.$$

应用这一法则我们求极限时可以使用数学中常用的变量替换，即

$$\lim_{x \to x_0} f[g(x)] \xlongequal{\diamondsuit u = g(x)} \lim_{u \to u_0} f[u] = A.$$

上述定理又称为极限的换元法或变量代换法.

推论 1 若 $\lim\limits_{x \to x_0} g(x) = u_0$，$f(u)$ 是基本初等函数，u_0 在 $f(u)$ 的定义域内，则

$$\lim_{x \to x_0} f[g(x)] = f\left[\lim_{x \to x_0} g(x)\right].$$

证 由 2.2 节知，$\lim\limits_{u \to u_0} f(u) = f(u_0)$，且 $\lim\limits_{x \to x_0} g(x) = u_0$，则

$$\lim_{x \to x_0} f[g(x)] = f(u_0) = f\left[\lim_{x \to x_0} g(x)\right].$$

若 $u(x)$ 是取值为正数的函数，则称 $u(x)^{v(x)}$ 为幂指函数.

推论 2 设 $\lim\limits_{x \to x_0} u(x) = a > 0$，$\lim\limits_{x \to x_0} v(x) = b$，则 $\lim\limits_{x \to x_0} u(x)^{v(x)} = a^b$.

证 $u(x)^{v(x)} = e^{v(x) \ln u(x)}$，由复合函数极限运算法则知

$$\lim_{x \to x_0} u(x)^{v(x)} = \lim_{x \to x_0} e^{v(x) \ln u(x)} = e^{\lim\limits_{x \to x_0} v(x) \ln u(x)},$$

而 $\lim\limits_{x \to x_0} v(x) \ln u(x) = \lim\limits_{x \to x_0} v(x) \cdot \lim\limits_{x \to x_0} \ln u(x)$

$$= \lim_{x \to x_0} v(x) \cdot \ln\left[\lim_{x \to x_0} u(x)\right]$$

$$= b \cdot \ln a = \ln a^b.$$

[①] 需要注意的是，若 $f(u)$ 在 u_0 有定义，则定理中的条件"在 x_0 的某一去心邻域内 $g(x) \neq u_0$"将不再需要.

例6 求 $\lim\limits_{x\to 0}e^{\frac{1}{x}}$.

解 令 $t=\dfrac{1}{x}$，当 $x\to 0$ 时，$t\to\infty$，则 $\lim\limits_{x\to 0}e^{\frac{1}{x}}=\lim\limits_{t\to\infty}e^t$.

当 $t\to +\infty$ 时，$e^t\to +\infty$，当 $t\to -\infty$ 时，$e^t\to 0$. 故 $\lim\limits_{x\to 0}e^{\frac{1}{x}}$ 不存在.

例7 求 $\lim\limits_{x\to -1}\sqrt{7-2x^3}$.

解
$$\lim\limits_{x\to -1}\sqrt{7-2x^3}=\sqrt{\lim\limits_{x\to -1}(7-2x^3)}\text{（复合函数极限运算法则）}$$
$$=\sqrt{\lim\limits_{x\to -1}7-\lim\limits_{x\to -1}2x^3}\text{（和差法则）}$$
$$=\sqrt{7-2\times(-1)^3}=3\text{（积法则）}.$$

例8 求 $\lim\limits_{x\to 0}\dfrac{\sqrt{x^2+4}-2}{x^2}$.

解
$$\lim\limits_{x\to 0}\dfrac{\sqrt{x^2+4}-2}{x^2}=\lim\limits_{x\to 0}\dfrac{(x^2+4-4)}{x^2(\sqrt{x^2+4}+2)}$$
$$=\lim\limits_{x\to 0}\dfrac{1}{\sqrt{x^2+4}+2}=\dfrac{1}{4}.$$

习题 2.4

1. 设 $\lim\limits_{x\to 1}a(x)=4$，$\lim\limits_{x\to 1}b(x)=3$ 及 $\lim\limits_{x\to 1}c(x)=-2$，求下列极限.

(1) $\lim\limits_{x\to 1}[3a(x)+5b(x)-c(x)]$；

(2) $\lim\limits_{x\to 1}a^2(x)\cdot b^3(x)\cdot c(x)$；

(3) $\lim\limits_{x\to 1}\dfrac{[-4a(x)+7b(x)]}{c(x)}$；

(4) $\lim\limits_{x\to 1}\sqrt{\dfrac{a(x)+b(x)}{c(x)+b(x)}}$.

2. 求下列数列极限.

(1) $\lim\limits_{n\to\infty}\dfrac{n+(-1)^n}{n}$；

(2) $\lim\limits_{n\to\infty}\dfrac{1-4\sqrt{n}}{3+2n}$；

(3) $\lim\limits_{n\to\infty}\dfrac{4+6n^2-3n^5}{8-7n^5+n}$；

(4) $\lim\limits_{n\to\infty}\dfrac{2+n+3n^2}{1-5n}$；

(5) $\lim\limits_{n\to\infty}\left(1+\dfrac{1}{3^n}\right)\left(2-\dfrac{5}{3^n}\right)$；

(6) $\lim\limits_{n\to\infty}\sqrt{\dfrac{n}{6n+1}}$；

(7) $\lim\limits_{n\to\infty}\dfrac{4}{\sqrt{n^2+3n}-\sqrt{n^2+1}}$；

(8) $\lim\limits_{n\to\infty}(1+x)(1+x^2)\cdots(1+x^{2^n})$，$|x|<1$.

3. 设 $f(x) = \begin{cases} \dfrac{x+2}{x-1}, & x < -1, \\ \sqrt{1-x^2}, & -1 \leqslant x \leqslant 1, \\ \dfrac{1+\cos \pi x}{2}, & x > 1, \end{cases}$ 计算

(1) $\lim\limits_{x \to -1^-} f(x)$; (2) $\lim\limits_{x \to -1^+} f(x)$;

(3) $\lim\limits_{x \to 1^-} f(x)$; (4) $\lim\limits_{x \to 1^+} f(x)$;

(5) $\lim\limits_{x \to -1} f(x)$; (6) $\lim\limits_{x \to 1} f(x)$;

(7) $\lim\limits_{x \to -5} f(x)$; (8) $\lim\limits_{x \to \frac{11}{4}} f(x)$.

4. 求函数极限.

(1) $\lim\limits_{x \to -2^+} \left(\dfrac{x}{x+1}\right)\left(\dfrac{2x+5}{x^2+x}\right)$; (2) $\lim\limits_{h \to 0^+} \dfrac{\sqrt{h^2+4h+5}-\sqrt{5}}{h}$;

(3) $\lim\limits_{x \to 1^+} \dfrac{\sqrt{2}x(x-1)}{|x-1|}$; (4) $\lim\limits_{x \to -3^-} \dfrac{x^2-9}{|x+3|}$;

(5) $\lim\limits_{x \to \infty} \dfrac{5e^x+1}{3e^x+4}$; (6) $\lim\limits_{x \to \infty} \dfrac{3+2^x}{2^x-18}$;

(7) $\lim\limits_{x \to 0^+} \dfrac{3^{\frac{1}{x}}}{2+3^{\frac{1}{x}}}$; (8) $\lim\limits_{x \to 0^-} \dfrac{3^{\frac{1}{x}}}{2+3^{\frac{1}{x}}}$.

5. 求函数极限.

(1) $\lim\limits_{x \to -2}(x^3-2x^2+4x+8)$; (2) $\lim\limits_{x \to 2} \dfrac{x+2}{x+6}$;

(3) $\lim\limits_{t \to 6} 8(t-5)(t-7)$; (4) $\lim\limits_{y \to 0} \dfrac{y+3}{\sqrt{3y+1}+1}$;

(5) $\lim\limits_{x \to \infty} \dfrac{2x+3}{4x-5}$; (6) $\lim\limits_{x \to \infty} \dfrac{3x^2-x+6}{2x^3+x-3}$;

(7) $\lim\limits_{u \to 1} \dfrac{u^4-1}{u^3-1}$; (8) $\lim\limits_{v \to 4} \dfrac{4-v}{5-\sqrt{v^2+9}}$;

(9) $\lim\limits_{x \to 0} \dfrac{3\sin x+4}{5-\cos x+3\sec^2 x}$; (10) $\lim\limits_{x \to 1} \dfrac{\arctan x}{x^2+1}$.

6. 设 $f(x)$ 为如下函数,分别计算 $f(1+h)$ 及极限 $\lim\limits_{h \to 0} \dfrac{f(1+h)-f(1)}{h}$.

(1) $f(x) = 3x-1$; (2) $f(x) = x^2+2$;

(3) $f(x) = \dfrac{1}{x}$; (4) $f(x) = \sqrt{x}$.

7. (1) 如果 $\lim\limits_{x\to 4}\dfrac{2f(x)-7}{x+2}=3$，求 $\lim\limits_{x\to 4}f(x)$；

(2) 如果 $\lim\limits_{x\to -2}\dfrac{2f(x)-7}{x+2}=3$，求 $\lim\limits_{x\to -2}f(x)$.

8. 求曲线 $f(x)=\dfrac{x^2-x+1}{6x^2+x-15}$ 的水平渐近线和铅直渐近线.

9. 判断以下陈述是否正确，如果正确，请给出理由；如果错误，请举出反例.

(1) 如果 $\lim\limits_{x\to x_0}f(x)$ 存在，但 $\lim\limits_{x\to x_0}g(x)$ 不存在，则 $\lim\limits_{x\to x_0}[f(x)+g(x)]$ 一定不存在；

(2) 如果 $\lim\limits_{x\to x_0}f(x)$ 存在，但 $\lim\limits_{x\to x_0}g(x)$ 不存在，则 $\lim\limits_{x\to x_0}[f(x)-g(x)]$ 有可能存在；

(3) 如果 $\lim\limits_{x\to x_0}f(x)$ 及 $\lim\limits_{x\to x_0}g(x)$ 都不存在，则 $\lim\limits_{x\to x_0}[f(x)+g(x)]$ 一定不存在；

(4) 如果 $\lim\limits_{x\to x_0}f(x)$ 存在，但 $\lim\limits_{x\to x_0}g(x)$ 不存在，则 $\lim\limits_{x\to x_0}[f(x)\cdot g(x)]$ 一定不存在.

(5) 如果 $\lim\limits_{x\to x_0}\dfrac{f(x)}{g(x)}$ 存在，且 $g(x)$ 是 $x\to x_0$ 时的无穷小，则 $f(x)$ 也是 $x\to x_0$ 时的无穷小.

2.5 两个重要极限

数学家解决的每一个问题都会带来新的知识和发现.

——欧拉

欧拉(Euler, 1707—1783)，瑞士数学家及自然科学家，18 世纪最伟大的数学家之一，他在数学的各个领域都做出重要贡献. 1731 年欧拉在与友人的通信中首次使用了符号 e，并在 1748 年的著作《无穷小分析引论》中正式定义了 e. 欧拉做了大量的工作研究复利问题及指数函数的性质，由此推导了 e 的极限表示.

2.5.1 $\lim\limits_{x\to 0}\dfrac{\sin x}{x}=1$

本节介绍对于微积分理论来说非常重要的两个极限，以及得到这两个极限所需要的判定极限存在的两个准则.

定理 1(数列极限的夹逼准则)

如果数列 $\{x_n\}$、$\{y_n\}$ 及 $\{z_n\}$ 满足以下条件:

(1) 从某一项起,$y_n \leqslant x_n \leqslant z_n$;

(2) $\lim\limits_{n \to \infty} y_n = \lim\limits_{n \to \infty} z_n = a$,

则
$$\lim_{n \to \infty} x_n = a.$$

证 设从第 N_0 项起,$y_n \leqslant x_n \leqslant z_n$. 任取以 a 为中心,$\varepsilon = 10^{-k}$(k 为任意正整数)为半径的宽带,由 $\lim\limits_{n \to \infty} y_n = a$ 知,第 N_1 项以后的项 y_n 落在宽带内,即 $a - \varepsilon < y_n < a + \varepsilon$. 同理,由 $\lim\limits_{n \to \infty} z_n = a$ 知,第 N_2 项以后的项 z_n 满足 $a - \varepsilon < z_n < a + \varepsilon$. 令 $N = \max\{N_0, N_1, N_2\}$,则第 N 项以后的项 x_n 满足
$$a - \varepsilon < y_n \leqslant x_n \leqslant z_n < a + \varepsilon, \text{即} |x_n - a| < \varepsilon.$$

定理 2(函数极限的夹逼准则)

如果对于 x_0 的某个去心邻域内的所有 x,有
$$g(x) \leqslant f(x) \leqslant h(x),$$
且
$$\lim_{x \to x_0} g(x) = \lim_{x \to x_0} h(x) = A,$$
则
$$\lim_{x \to x_0} f(x) = A.$$

利用宽带理论可参照数列极限情形类似说明.

图 2.19 中,$g(x)$,$f(x)$,$h(x)$ 的关系仿佛"三明治夹心",故定理 2 又称为"三明治准则".

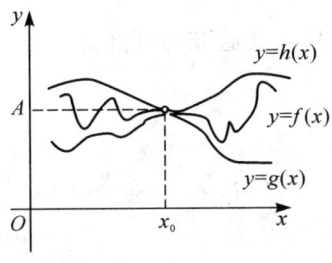

图 2.19

此结论对于其他极限过程也成立.

例 1 若对于所有 $x \neq 0$ 有 $1 - \dfrac{x^2}{4} \leqslant u(x) \leqslant 1 + \dfrac{x^2}{2}$,求 $\lim\limits_{x \to 0} u(x)$.

解 计算不等式两端的函数极限,得
$$\lim_{x \to 0}\left(1 - \frac{x^2}{4}\right) = \lim_{x \to 0}\left(1 + \frac{x^2}{2}\right) = 1,$$

由夹逼准则知
$$\lim_{x \to 0} u(x) = 1.$$

例 2 求 $\lim\limits_{x \to 0} \dfrac{\sin x}{x}$，并利用此极限计算 $\lim\limits_{x \to 0} \dfrac{\arcsin x}{x}$.

解 （1）观察图 2.20 中的单位圆，在 $\left(0, \dfrac{\pi}{2}\right)$ 内

三角形 OAB 的面积 $<$ 扇形 OAB 的面积 $<$ 三角形 OAC 的面积，即有不等式

$$\sin x \leqslant x \leqslant \tan x,$$

每项都除以 $\sin x$，得

$$1 \leqslant \frac{x}{\sin x} \leqslant \frac{1}{\cos x},$$

即

$$\cos x \leqslant \frac{\sin x}{x} \leqslant 1.$$

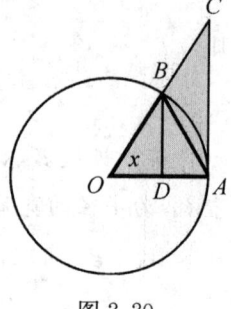

图 2.20

由于以上三个函数都是偶函数，因此在 $\left(-\dfrac{\pi}{2}, 0\right)$ 内上述不等式依然成立，且由 2.2 节知

$$\lim_{x \to 0} \cos x = 1,$$

故由夹逼准则可推得

$$\lim_{x \to 0} \frac{\sin x}{x} = 1.$$

（2）令 $t = \arcsin x$，当 $x \to 0$ 时 $t \to 0$，则

$$\lim_{x \to 0} \frac{\arcsin x}{x} = \lim_{t \to 0} \frac{t}{\sin t} = \frac{1}{\lim\limits_{t \to 0} \dfrac{\sin t}{t}} = 1.$$

例 3 求 $\lim\limits_{x \to 0} \dfrac{\tan x}{x}$.

解 $\lim\limits_{x \to 0} \dfrac{\tan x}{x} = \lim\limits_{x \to 0} \dfrac{\sin x}{x} \cdot \dfrac{1}{\cos x} = \lim\limits_{x \to 0} \dfrac{\sin x}{x} \cdot \dfrac{1}{\lim\limits_{x \to 0} \cos x} = 1.$

利用此结论还可以证明 $\lim\limits_{x \to 0} \dfrac{\arctan x}{x} = 1.$

例4 求 $\lim\limits_{x\to 0}\dfrac{1-\cos x}{x^2}$.

解 $\lim\limits_{x\to 0}\dfrac{1-\cos x}{x^2}=\lim\limits_{x\to 0}\dfrac{2\left(\sin\dfrac{x}{2}\right)^2}{x^2}=\dfrac{1}{2}\lim\limits_{x\to 0}\dfrac{\left(\sin\dfrac{x}{2}\right)^2}{\left(\dfrac{x}{2}\right)^2}=\dfrac{1}{2}.$

2.5.2 $\lim\limits_{x\to\infty}\left(1+\dfrac{1}{x}\right)^x=\mathrm{e}$

定义1 如果数列 $\{x_n\}$ 满足 $x_1\leqslant x_2\leqslant x_3\leqslant\cdots\leqslant x_n\leqslant x_{n+1}\leqslant\cdots$，则称 $\{x_n\}$ 单调递增；如果数列 $\{x_n\}$ 满足 $x_1\geqslant x_2\geqslant x_3\geqslant\cdots\geqslant x_n\geqslant x_{n+1}\geqslant\cdots$，则称 $\{x_n\}$ 单调递减. 单调递增和单调递减的数列统称为单调数列.

定理3(单调有界准则)

如果 $\{x_n\}$ 是单调且有界的数列，则 $\{x_n\}$ 一定收敛.

视数列为数轴上依次跳动的点，若 $\{x_n\}$ 单调递增，则点只能向右移动. 若 $\{x_n\}$ 有上界，则当 $n\to\infty$ 时，动点在不能超越上界的前提下只能无限逼近于某一个定点 A（图2.21）.①

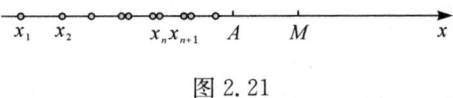

图 2.21

利用此定理可以证明在诸多领域被广泛使用的一个重要极限.

考察数列 $\{x_n\}$，其中 $x_n=\left(1+\dfrac{1}{n}\right)^n$，$n=1,2,3,\cdots$，由于 $x_1=2$，$x_2=2.25$，$\cdots$，$x_{10}=2.59374,\cdots$，$x_{100}=2.70481,\cdots$，$x_{1\,000}=2.71692$，可见 x_n 随 n 的增加而增大②，且都小于3，故 $\{x_n\}$ 有极限，记

$$\lim_{n\to\infty}\left(1+\dfrac{1}{n}\right)^n=\mathrm{e},$$

---

① 类似可得到单调递减有下界的数列必有极限.
② 严格证明可参考 4.3 节例 6.

其中 e 为无理数,e = 2.718 281 828 45….

例 5 (1) 某人在银行存 1 万元,假设年利率为 100%,一年后本利共得多少? (2) 假设月利率为 (100%)/12,银行同意每次利息并入本金计算下一次利息(即计算复利),一年后本利共得多少? (3) 假设银行允许分分秒秒计算利息,一年后本利共得多少?

解 (1) $1 \times (1 + 100\%) = 2$(万元);

(2) $1 \times \left(1 + \dfrac{1}{12}\right)^{12} = 2.613$(万元);

(3) $\lim\limits_{n \to \infty} \left(1 + \dfrac{1}{n}\right)^n = e$(万元).

利用夹逼准则①及函数极限的运算法则②,我们还可证明

$$\lim_{x \to \infty} \left(1 + \frac{1}{x}\right)^x = e.$$

例 6 计算 (1) $\lim\limits_{x \to \infty} \left(1 - \dfrac{1}{x}\right)^x$; (2) $\lim\limits_{x \to 0}(1 + x)^{\frac{1}{x}}$.

解 (1) $\lim\limits_{x \to \infty} \left(1 - \dfrac{1}{x}\right)^x = \lim\limits_{x \to \infty} \left[\left(1 + \dfrac{1}{-x}\right)^{-x}\right]^{-1}$

$\xlongequal{t = -x} \left[\lim\limits_{t \to \infty} \left(1 + \dfrac{1}{t}\right)^t\right]^{-1} = e^{-1}.$

(2) 令 $t = \dfrac{1}{x}$,则

$$\lim_{x \to 0}(1 + x)^{\frac{1}{x}} = \lim_{t \to \infty}\left(1 + \frac{1}{t}\right)^t = e.$$

例 7 计算 $\lim\limits_{x \to 0} \dfrac{\ln(1 + x)}{x}$.

---

① 设 $n \leqslant x < n+1$,则 $\left(1 + \dfrac{1}{n+1}\right)^n < \left(1 + \dfrac{1}{x}\right)^x < \left(1 + \dfrac{1}{n}\right)^{n+1}$,因

$\lim\limits_{n \to \infty}\left(1 + \dfrac{1}{n+1}\right)^n = \lim\limits_{n \to \infty}\left(1 + \dfrac{1}{n}\right)^{n+1} = e.$

则 $\lim\limits_{n \to +\infty}\left(1 + \dfrac{1}{x}\right)^x = e.$

② 令 $x = -(t+1)$,则 $\lim\limits_{n \to \infty}\left(1 + \dfrac{1}{x}\right)^x = \lim\limits_{t \to +\infty}\left(1 + \dfrac{1}{t}\right)^{t+1} = e.$

解 $\lim\limits_{x\to 0}\dfrac{\ln(1+x)}{x}=\lim\limits_{x\to 0}\ln(1+x)^{\frac{1}{x}}$

$\qquad\qquad\qquad =\ln\left[\lim\limits_{x\to 0}(1+x)^{\frac{1}{x}}\right]=\ln\mathrm{e}=1.$

例 8 计算 $\lim\limits_{x\to 0}\dfrac{a^x-1}{x}$.

解 令 $t=a^x-1$, 当 $x\to 0$ 时 $t\to 0$, 则

$$\lim_{x\to 0}\frac{a^x-1}{x}=\lim_{t\to 0}\frac{t}{\log_a(1+t)}=\lim_{t\to 0}\frac{t\ln a}{\ln(1+t)}=\ln a.$$

特别地, $\lim\limits_{x\to 0}\dfrac{\mathrm{e}^x-1}{x}=1.$

习题 2.5

1. 求下列函数极限.

(1) $\lim\limits_{x\to 0}\dfrac{\sin 2x}{3x}$;

(2) $\lim\limits_{t\to 0}\dfrac{5t}{\tan t}$;

(3) $\lim\limits_{x\to \frac{\pi}{2}}\dfrac{\cos x}{x-\frac{\pi}{2}}$;

(4) $\lim\limits_{v\to 0^-}\dfrac{8v}{\sin 7v}$;

(5) $\lim\limits_{x\to 0}\dfrac{\sin 5x}{\tan 8x}$;

(6) $\lim\limits_{y\to 0}\dfrac{\sin 3y\cot 5y}{y\cot 4y}$;

(7) $\lim\limits_{y\to 0}y^2(\cot 3y)(\csc 5y)$;

(8) $\lim\limits_{x\to 0}\dfrac{x\csc 3x}{1+\cos 5x}$;

(9) $\lim\limits_{x\to 0}\dfrac{x(2+\cos x)}{\sin x\cos x}$;

(10) $\lim\limits_{x\to 0}\dfrac{3x^2-x+\tan 5x}{x}$;

(11) $\lim\limits_{x\to 0}\dfrac{1-\cos 2x}{x\sin x}$;

(12) $\lim\limits_{x\to 0}\dfrac{x\tan 7x}{1-\cos x}$;

(13) $\lim\limits_{x\to 0}\dfrac{4x}{\arctan x}$;

(14) $\lim\limits_{x\to 0}\dfrac{\arcsin 2x}{11x}$;

(15) $\lim\limits_{x\to \infty}\dfrac{\sin 2x}{3x}$;

(16) $\lim\limits_{x\to \frac{\pi}{2}}\dfrac{\cos x}{\frac{\pi}{2}-x}$.

2. 求下列函数极限.

(1) $\lim\limits_{x\to 0}(1-2x)^{\frac{3}{x}}$;

(2) $\lim\limits_{x\to \infty}\left(\dfrac{x+2}{x+6}\right)^{3x}$;

(3) $\lim\limits_{x\to \infty}\left(1+\dfrac{1}{x}\right)^{2x+3}$;

(4) $\lim\limits_{x\to 0}(1+4x)^{\frac{5+x}{x}}$;

(5) $\lim\limits_{t\to 0}\dfrac{\ln(1+2t)}{9t}$;

(6) $\lim\limits_{y\to 0}\dfrac{e^{3y}-1}{4y}$;

(7) $\lim\limits_{x\to 0}\dfrac{\tan 2x}{2^x-1}$;

(8) $\lim\limits_{x\to 0}\dfrac{\sin 4x}{\ln(1-3x)}$;

(9) $\lim\limits_{x\to\infty}\left(\cot\dfrac{1}{x}\right)(3^{\frac{1}{x}}-1)$;

(10) $\lim\limits_{x\to 0}\dfrac{e^{4x^2}-1}{x\tan 5x}$.

3. 求下列数列极限.

(1) $\lim\limits_{n\to\infty}2^n\sin\dfrac{x}{2^n}$;

(2) $\lim\limits_{n\to\infty}\dfrac{3^n}{2}\sin\dfrac{5}{3^n}$;

(3) $\lim\limits_{n\to\infty}\left(\dfrac{n-3}{n+2}\right)^{7n}$;

(4) $\lim\limits_{n\to\infty}\left(\dfrac{3+7n}{7n+1}\right)^{4n}$;

(5) $\lim\limits_{n\to\infty}\left(\dfrac{1}{n^2+1}+\dfrac{2}{n^2+2}+\cdots+\dfrac{n}{n^2+n}\right)$.

4. 若对于 $-1\leqslant x\leqslant 1$,有 $\sqrt{4-3x^2}\leqslant f(x)\leqslant \sqrt{4-x}$,求 $\lim\limits_{x\to 0}f(x)$.

5. 若对于 $-\dfrac{1}{3}\leqslant x\leqslant \dfrac{1}{3}$,有 $\dfrac{1}{2}-\dfrac{x^2}{24}\leqslant g(x)\leqslant \dfrac{1-\cos x}{x^2}$,求 $\lim\limits_{x\to 0}g(x)$.

6. 若对于 $-\dfrac{\pi}{2}\leqslant x\leqslant \dfrac{\pi}{2}$,有 $1-\dfrac{x^2}{6}\leqslant h(x)\leqslant \dfrac{x\sin x}{2-2\cos x}$,求 $\lim\limits_{x\to 0}h(x)$.

7. 求曲线 $f(x)=\left(\dfrac{2+x}{x+1}\right)^{2x}$ 的水平渐近线.

*8. 数列 $\{x_n\}$ 满足(1) $x_n\leqslant x_{n+1}$;(2) $0\leqslant x_1\leqslant 2$;(3) $x_{n+1}=\sqrt{2+x_n}$,证明:$\lim\limits_{n\to\infty}x_n$ 存在,并求此极限.

2.6 无穷小的比较

  毫无疑问,任何量都可以减小直到完全消失,以至于最后不复存在. 但是一个无穷小量是一种不断减小的量,因此,它在事实上等于 0…… 同其他普通的思想一样,在这种思想中其实并没有隐含什么高深莫测的奥秘,使得无穷小的演算变得如此疑难重重.

——欧拉 《微分学原理》

  欧拉(Euler,1707—1783),瑞士数学家及自然科学家. 他在 1755 年写了《微分学原理》这本教科书,书中的很多概念和公式都建立在"无穷小量"概念基础上,欧拉对这一概念的特征做了诸多阐述,其中特别指出,像$(dx)^2$和$(dx)^3$这样的无穷小量的乘方比同样是无穷小量的dx还要小,在必要时可以随意丢弃.

2.6.1 无穷小的比较

新"龟兔赛跑"

我们已经知道,当$x \to 0$时,$3x$,x^2,$\sin x$都是无穷小,即当$x \to 0$时,三个函数都趋于0,那么,谁在此过程中趋于0的"速度"更快呢?

计算这些无穷小之比的极限

$$\lim_{x \to 0} \frac{x^2}{3x} = 0, \quad \lim_{x \to 0} \frac{3x}{x^2} = \infty, \quad \lim_{x \to 0} \frac{\sin x}{3x} = \frac{1}{3}.$$

我们由极限的各种不同情况可以看出这些无穷小趋于零时"快慢"不同的程度. 在$x \to 0$的过程中,$x^2 \to 0$比$3x \to 0$的速度"快",$3x \to 0$比$x^2 \to 0$的速度"慢",$\sin x \to 0$与$3x \to 0$"快慢差不多".

定义 1 设α,β是同一自变量变化过程中的无穷小,且$\alpha \neq 0$,

如果$\lim \frac{\beta}{\alpha} = 0$,则称$\beta$是比$\alpha$高阶的无穷小,记作$\beta = o(\alpha)$;

如果$\lim \frac{\beta}{\alpha} = \infty$,则称$\beta$是比$\alpha$低阶的无穷小;

如果$\lim \frac{\beta}{\alpha} = c \neq 0$,则称$\beta$与$\alpha$是同阶无穷小;

如果$\lim \frac{\beta}{\alpha} = 1$,则称$\beta$与$\alpha$是等价无穷小,记作$\alpha \sim \beta$;

如果$\lim \frac{\beta}{\alpha^k} = c \neq 0$,$k > 0$,则称$\beta$是(关于)$\alpha$的$k$阶无穷小.

显然,等价无穷小是同阶无穷小的特殊情形,即$c = 1$的情形.

例 1 证明:当$x \to 0$时,$5x\sin^3 x$是x的4阶无穷小.

证 因为

$$\lim_{x \to 0} \frac{5x \sin^3 x}{x^4} = 5 \lim_{x \to 0} \left(\frac{\sin x}{x} \right)^3 = 5,$$

故当 $x \to 0$ 时，$5x\sin^3 x$ 是 x 的 4 阶无穷小.

例 2 证明：当 $x \to 0$ 时，$\sqrt[n]{1+x} - 1 \sim \dfrac{1}{n}x$.

证 令 $t = \sqrt[n]{1+x} - 1$，

$$\lim_{x \to 0} \frac{\sqrt[n]{1+x} - 1}{\dfrac{1}{n}x} = \lim_{t \to 0} \frac{t}{\dfrac{1}{n}[(1+t)^n - 1]}$$

$$= \lim_{t \to 0} \frac{nt}{nt + \dfrac{n(n-1)}{2}t^2 + \cdots + t^n} = 1,$$

故

$$\sqrt[n]{1+x} - 1 \sim \frac{1}{n}x \quad (x \to 0).$$

类似可以证明当 $x \to 0$ 时，$(1+x)^\alpha - 1 \sim \alpha x$，这里 $\alpha \in \mathbf{R}$.

事实上利用 2.5 节的例题我们可以证明当 $x \to 0$ 时，

$$\sin x \sim x; \qquad \arcsin x \sim x; \qquad 1 - \cos x \sim \frac{x^2}{2};$$

$$\tan x \sim x; \qquad \arctan x \sim x; \qquad (1+x)^\alpha - 1 \sim \alpha x;$$

$$e^x - 1 \sim x; \qquad \ln(1+x) \sim x; \qquad a^x - 1 \sim x\ln a.$$

 划重点啦~

若有 $t = \omega(x)$ 满足当 $x \to x_0$ 时，$t \to 0$，借助极限的换元法，还可以推得

$$\sin\omega(x) \sim \omega(x), \qquad \arcsin\omega(x) \sim \omega(x), \qquad 1 - \cos\omega(x) \sim \frac{\omega^2(x)}{2},$$

$$\tan\omega(x) \sim \omega(x), \qquad \arctan\omega(x) \sim \omega(x), \qquad [1+\omega(x)]^\alpha - 1 \sim \alpha\omega(x),$$

$$\ln[1+\omega(x)] \sim \omega(x), \qquad e^{\omega(x)} - 1 \sim \omega(x), \qquad a^{\omega(x)} - 1 \sim \omega(x)\ln a.$$

例 3 当 $x \to 0$ 时，请将下列无穷小按照从高阶到低阶的顺序排列.

$$e^{\sqrt{x}} - 1, \ 1 - \cos x^2, \ \arctan 4x.$$

解 当 $x \to 0$ 时,$e^{\sqrt{x}} - 1 \sim \sqrt{x}$,所以 $e^{\sqrt{x}} - 1$ 是 x 的 $\frac{1}{2}$ 阶无穷小.

同理,$1 - \cos x^2 \sim \dfrac{x^4}{2}$,$\arctan 4x \sim 4x$,分别为 x 的 4 阶和 1 阶无穷小. 故从高阶到低阶正确的排列顺序为

$$1 - \cos x^2, \quad \arctan 4x, \quad e^{\sqrt{x}} - 1.$$

2.6.2 等价无穷小的替换定理

定理 1 设在同一自变量的趋近过程中,$\alpha \sim \tilde{\alpha}$,$\beta \sim \tilde{\beta}$,且 $\lim \dfrac{\tilde{\beta}}{\tilde{\alpha}}$ 存在,则

$$\lim \frac{\beta}{\alpha} = \lim \frac{\tilde{\beta}}{\tilde{\alpha}}.$$

证 $\lim \dfrac{\beta}{\alpha} = \lim \dfrac{\beta}{\tilde{\beta}} \cdot \dfrac{\tilde{\beta}}{\tilde{\alpha}} \cdot \dfrac{\tilde{\alpha}}{\alpha} = \lim \dfrac{\beta}{\tilde{\beta}} \cdot \lim \dfrac{\tilde{\beta}}{\tilde{\alpha}} \cdot \lim \dfrac{\tilde{\alpha}}{\alpha} = \lim \dfrac{\tilde{\beta}}{\tilde{\alpha}}.$

这一定理表明,求商式极限时,分子、分母用等价无穷小替换,极限保持不变. 类似还可以证明,求乘积形式的极限时,等价无穷小替换也不改变极限值. 在满足条件的前提下使用等价无穷小替换,可以大大简化极限运算. 但商式极限中分子(或分母)涉及和差形式,使用等价无穷小替换却有可能改变原来的极限值.

例 4 求 $\lim\limits_{x \to 0} \dfrac{1 - \cos x}{3x^2}$.

解 当 $x \to 0$ 时,$1 - \cos x \sim \dfrac{1}{2} x^2$. 则

$$\lim_{x \to 0} \frac{1 - \cos x}{3x^2} = \lim_{x \to 0} \frac{\frac{1}{2} x^2}{3x^2} = \frac{1}{6}.$$

例 5 求 $\lim\limits_{x \to 0} \dfrac{(1+x)^3 - 1}{\arctan 2x}$.

解 当 $x \to 0$ 时,$(1+x)^3 - 1 \sim 3x$,$\arctan 2x \sim 2x$. 因而

$$\lim_{x \to 0} \frac{(1+x)^3 - 1}{\arctan 2x} = \lim_{x \to 0} \frac{3x}{2x} = \frac{3}{2}.$$

例 6 求 $\lim\limits_{x\to 0}\dfrac{\tan x - \sin x}{x^3}$.

解 $\tan x - \sin x = \sin x\left(\dfrac{1}{\cos x} - 1\right) = \sin x \cdot (1 - \cos x) \cdot \dfrac{1}{\cos x}$, 当 $x \to 0$ 时, $\tan x - \sin x \sim x \cdot \dfrac{x^2}{2}$. 故

$$\lim_{x\to 0}\frac{\tan x - \sin x}{x^3} = \lim_{x\to 0}\frac{\dfrac{1}{2}x^3}{x^3} = \frac{1}{2}.$$

此处如果对 $\lim\limits_{x\to 0}\dfrac{\tan x - \sin x}{x^3}$ 中涉及和差形式的分子部分直接使用等价无穷小替换

$$\lim_{x\to 0}\frac{\tan x - \sin x}{x^3} = \lim_{x\to 0}\frac{x - x}{x^3} = \lim_{x\to 0}\frac{0}{x^3} = 0,$$

则结论是错误的.

习题 2.6

1. 当 $x \to 1$ 时, $x^2 - 2x + 1$ 是 $x^2 - 1$ 的高阶、低阶还是同阶无穷小?
2. 当 $x \to 0^+$ 时, 若以下函数是 x 的 k 阶无穷小, 求 k.

   (1) $\sin 3\sqrt{x}$;

   (2) $\tan x^3$;

   (3) $e^{3x^4} - 1$;

   (4) $\arctan \dfrac{\sqrt[5]{x}}{2}$;

   (5) $\ln(1 + x^{\frac{3}{4}})$;

   (6) $\arcsin 5x^2$;

   (7) $1 - \cos\sqrt[3]{x^4}$;

   (8) $1 - \sqrt[5]{1 - x^6}$;

   (9) $9^{x\sqrt{x}} - 1$;

   (10) $\ln(1 + x) + 2x$.

3. 当 $x \to 0$ 时, 请将函数 $\sqrt[3]{1+x^2} - 1$, $3x - x^2$, $1 - \cos\dfrac{x^2}{2}$ 及 $x^3 - x^4$ 按照无穷小的由高到低阶的顺序排列.

4. 求下列函数的极限.

   (1) $\lim\limits_{x\to 0}\dfrac{\tan 3x}{5x}$;

   (2) $\lim\limits_{x\to 0}\dfrac{\sin x}{x^2 + 6x}$;

(3) $\lim\limits_{x\to 0} \dfrac{\sqrt[3]{1+x}-1}{2x}$;

(4) $\lim\limits_{x\to 0} \dfrac{1-\mathrm{e}^{-x}}{\sin x}$;

(5) $\lim\limits_{x\to 0} \dfrac{(1-\sqrt[5]{1+4x})x}{1-\cos x}$;

(6) $\lim\limits_{x\to 0} \dfrac{\tan x - \sin x}{\sin^3 x}$;

(7) $\lim\limits_{x\to 0} \dfrac{\tan(2x)\sin x}{\mathrm{e}^{3x^2}-1}$;

(8) $\lim\limits_{x\to 0} \dfrac{(1-\cos x)}{x\ln(1+x)}$;

(9) $\lim\limits_{x\to 1} \dfrac{\arcsin(1-x)}{2x(x-1)}$;

(10) $\lim\limits_{x\to \frac{\pi}{2}} \dfrac{1-\sin x}{\cos x}$.

5. 证明同阶无穷小具有以下性质:

(1) 反身性:α 是 α 的同阶无穷小;

(2) 对称性:α 是 β 的同阶无穷小,则 β 也是 α 的同阶无穷小;

(3) 传递性:α 是 β 的同阶无穷小,β 是 γ 的同阶无穷小,则 α 是 γ 的同阶无穷小.

2.7 连续性

君子慎始,差若毫厘,谬以千里.

——《礼记·经解》

古人认为慎始是走向成功的第一步,出发上差一点,目的地就会差千里,甚至南辕北辙.《礼记》尊为儒家根本经典的六经(诗、书、乐、易、礼、春秋)之一,是由孔子整理的. 这句话载于《礼记》中的《经解》一文,记录了孔子有关六经得失的论述,这些精要的论述,是后来世人理解六经的重要参考.

2.7.1 连续的定义及性质

定义 1 设 x_0 是函数 $f(x)$ 定义域中的一点,让自变量从 x 变化到 x_0,我们称 $x-x_0$ 为自变量的增量,记作 Δx,$f(x)-f(x_0)$ 称为对应的函数增量,记作 Δy.

"差若毫厘,谬以千里"意为"开始时虽然相差很微小,结果却会造成很大的谬误". 如果函数的自变量增量 Δx 与对应函数增量 Δy 是这样的关系,那么我们将不方便通过自变量的变化研究函数的变化趋势. 我们更喜欢相反情形,即函数的 Δx, Δy 是"差之毫厘,谬以毫厘",这样的函数具有什么特点?

这种函数应该满足:当 $|\Delta x|$ 很小时,$|\Delta y|$ 也很小. 用极限的语言刻画,就是当 $\Delta x \to 0$ 时,Δy 也是无穷小,即

$$\lim_{\Delta x \to 0} \Delta y = 0.$$

借用 $\Delta x = x - x_0$,$\Delta y = f(x) - f(x_0)$ 的定义,这个极限还可以换个形式,即

$$\lim_{x \to x_0} f(x) = f(x_0).$$

$\lim_{x \to x_0} f(x) = f(x_0)$ 要求函数在点 x_0 处的左极限等于右极限且等于这一点的函数值. 对函数图象作进一步分析(图 2.22):左极限就是函数在点 x_0 左侧的变化趋势,右极限就是右侧的变化趋势. 如果函数在点 x_0 处的极限正好等于函数在点 x_0 处的函数值,那么函数图象在点 x_0 附近可以做到"一笔画". 生活中我们把"一笔画"的曲线称为什么?连续曲线!因此,在数学中我们也把满足上述性质的函数称为在该点连续的函数,从而得到函数连续性的严格定义.

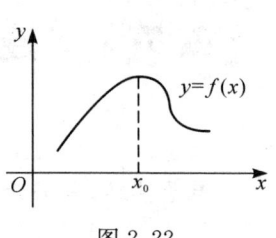

图 2.22

定义 2 设 x_0 是函数 $f(x)$ 定义域中的一点,若

$$\lim_{x \to x_0} f(x) = f(x_0),$$

则称 $f(x)$ 在点 x_0 处连续,x_0 是 $f(x)$ 的连续点,否则称 $f(x)$ 在点 x_0 处间断(或不连续),x_0 是间断点.

特别地,若 $\lim_{x \to x_0^-} f(x) = f(x_0)$,则称 $f(x)$ 在点 x_0 处左连续;若 $\lim_{x \to x_0^+} f(x) = f(x_0)$,则称 $f(x)$ 在点 x_0 处右连续(图 2.23).

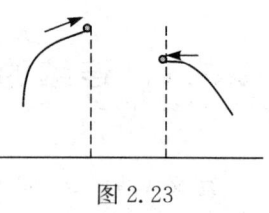

图 2.23

显然,函数 $f(x)$ 在点 x_0 处连续的充分必要条件为 $f(x)$ 在点 x_0 处左连续

且右连续.

点连续的概念可以推广到区间连续.

定义 3 函数 $f(x)$ 在开区间 (a,b) 内每一个点都连续,则称 $f(x)$ 在 (a,b) 上连续①. 若 $f(x)$ 在 $x=a$ 处右连续, $x=b$ 处左连续,则称 $f(x)$ 在闭区间 $[a,b]$ 上连续②(图 2.24).

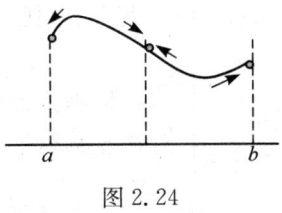

图 2.24

连续函数的图象是一条连绵不断的曲线.

例 1 说明如图 2.25 所示的函数在区间 $[-1,3]$ 上是否连续. 如果不连续,那么函数在何处不连续,原因何在?

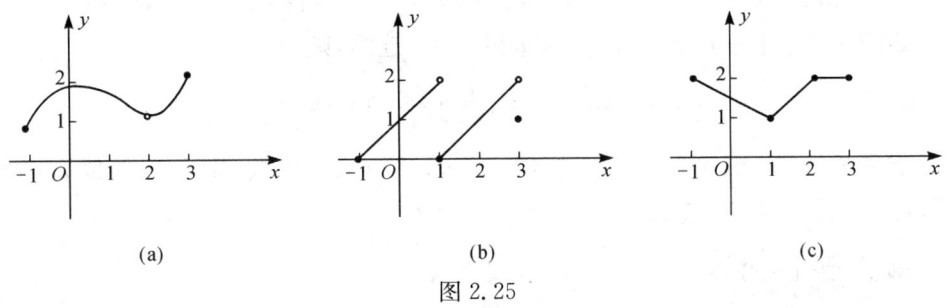

图 2.25

解 (1) $x=2$ 是间断点[图 2.25(a)],因为
$$\lim_{x \to 2^-} f(x) = \lim_{x \to 2^+} f(x) = 1,$$
但 $f(x)$ 在 $x=2$ 无定义.

如果补充定义,令 $f(2)=1$,则 $x=2$ 可变为连续点,像这样的点称为可去间断点.

(2) $x=3$ 是可去间断点[图 2.25(b)],因为 $\lim_{x \to 3^-} f(x) \neq f(3)$,若令 $f(3)=2$,则 $x=3$ 可变为连续点. $x=1$ 也是间断点[图 2.25(b)],因为 $\lim_{x \to 1^-} f(x)=2$, $\lim_{x \to 1^+} f(x)=0$.

我们把左极限、右极限存在但不相等的点称为跳跃间断点.

(3) 函数在 $[-1,3]$ 上处处连续[图 2.25(c)].

---

① 函数 $f(x)$ 在开区间 (a,b) 上连续,记作 $f(x) \in C(a,b)$,这里 C 为"连续"的英文首字母.
② 函数 $f(x)$ 在闭区间 $[a,b]$ 上连续,记作 $f(x) \in C[a,b]$.

定义 4 若 x_0 是函数 $f(x)$ 的间断点,且左极限 $\lim\limits_{x \to x_0^-} f(x)$ 和右极限 $\lim\limits_{x \to x_0^+} f(x)$ 都存在,则称 x_0 是 $f(x)$ 的第一类间断点,否则称其为第二类间断点.

> 根据函数的图象是很容易判断连续性的,如果只有函数表达式,没有图象如何寻找它的连续点呢?

借助 2.4 节极限的运算规则,可以得到函数连续的以下定理:

定理 1 若函数 $f(x)$ 和 $g(x)$ 在 $x = c$ 连续,则它们的下列组合在 $x = c$ 也连续:

(1)(和差)$f \pm g$; (2)(积)$f \cdot g$; (3)(商)f/g [只要 $g(c) \neq 0$].

定理 2 若 $\lim\limits_{x \to x_0} f(x) = c$,$g(u)$ 在 $u = c$ 连续,则

$$\lim_{x \to x_0} g[f(x)] = g\left[\lim_{x \to x_0} f(x)\right] = g(c).$$

定理 3 若 $f(x)$ 在 $x = c$ 连续,$g(u)$ 在 $f(c)$ 连续,则它们的复合函数 $g[f(x)]$ 在 $x = c$ 也连续.

例 2 求 $\lim\limits_{x \to 0} 2^{\frac{\sin x}{x}}$.

解 $y = 2^{\frac{\sin x}{x}}$ 可以看作由 $y = 2^u$,$u = \dfrac{\sin x}{x}$ 复合而成,其中 $y = 2^u$ 在定义域内连续,$\lim\limits_{x \to 0} \dfrac{\sin x}{x} = 1$,故

$$\lim_{x \to 0} 2^{\frac{\sin x}{x}} = 2^{\lim\limits_{x \to 0} \frac{\sin x}{x}} = 2^1 = 2.$$

四则运算、复合运算不影响函数的连续性,由 2.2 节中的宽带理论知,幂函数、指数函数、对数函数、三角函数、反三角函数在其定义域上连续,从而我们可以推得以下重要结论:

由常数及基本初等函数经过有限次的四则运算、复合运算得到的初等函数在其定义区间内处处连续. 这里的定义区间指的是定义域内的区间①.

---

① 定义区间可看作定义域中排除孤立点后留下的集合. 所谓孤立点,指的是存在该点的某一去心邻域,使得此邻域与定义域无交集.

例3 求下列函数极限.

(1) $\lim\limits_{x\to -2}\cos^2(e^{x+2}-1)$; (2) $\lim\limits_{x\to 0}(1-3x)^{\frac{4}{\sin x}}$.

解 (1) 初等函数 $y=\cos^2(e^{x+2}-1)$ 在 $x=-2$ 连续,故

$$\lim_{x\to -2}\cos^2(e^{x+2}-1)=\cos^2(e^0-1)=1.$$

(2) $\lim\limits_{x\to 0}(1-3x)^{\frac{4}{\sin x}}=\lim\limits_{x\to 0}e^{\ln(1-3x)^{\frac{4}{\sin x}}}=e^{\lim\limits_{x\to 0}\ln(1-3x)^{\frac{4}{\sin x}}}$, 其中

$$\lim_{x\to 0}\ln(1-3x)^{\frac{4}{\sin x}}=\lim_{x\to 0}\frac{4\ln(1-3x)}{\sin x}=4\lim_{x\to 0}\frac{\ln(1-3x)}{\sin x}$$
$$=4\lim_{x\to 0}\frac{(-3x)}{x}=-12,$$

故 $\lim\limits_{x\to 0}(1-3x)^{\frac{4}{\sin x}}=e^{-12}.$

例4 下列函数在什么点是连续的?

(1) $y=\dfrac{x+2}{\cos x}$; (2) $y=(2x-1)^{\frac{1}{4}}$; (3) $y=\dfrac{1}{|x|+1}-\dfrac{x^2}{2}.$

解 (1) 函数在 $x\neq k\pi+\dfrac{\pi}{2},k\in \mathbf{Z}$ 处连续;

(2) 函数在 $x\geqslant \dfrac{1}{2}$ 处连续;

(3) 函数在实数范围内处处连续.

若分段函数图象如图 2.26 所示,其中 $f(x)$, $g(x)$ 为初等函数,我们讨论分段点 $x=b$ 和非分段点 $x=a$ 的连续性时用的方法有所不同: $x=a$ 在 $y=f(x)$ 定义区间内,是连续点; $x=b$ 左右表达式不同,需要通过比较左右极限判断连续性.

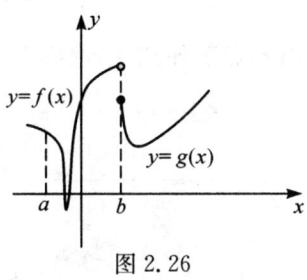

图 2.26

例5 指出函数 $f(x)=\begin{cases}3-2x, & x\leqslant 2,\\ \dfrac{1}{x-1}, & x>2\end{cases}$ 在哪些点间断,并写出间断点类型.

解 $x\neq 2$ 都是连续点. 在 $x=2$ 处,

$$\lim_{x\to 2^-}f(x)=\lim_{x\to 2^-}(3-2x)=-1,$$

$$\lim_{x\to 2^+}f(x)=\lim_{x\to 2^+}\frac{1}{x-1}=1,$$

故 $x=2$ 是跳跃间断点.

2.7.2 闭区间连续函数的性质

 给定 x 轴上方、下方各一个点(图 2.27),请你用一条连续曲线连接这两个点,你会发现什么规律?

我们可以看出曲线一定会在 a 和 b 之间的某处与 x 轴相交,且至少相交一次! 这一发现实际上是数学求根理论中至关重要的零点定理.

定理 4(零点定理) 如果 $f(x)$ 在 $[a,b]$ 上连续,并且 $f(a)f(b)<0$,那么在 (a,b) 上至少有一点 c,使得 $f(c)=0$.

例 6 证明:方程 $x^5+3x-5=0$ 在 1 和 2 之间有一个根.

证 令 $f(x)=x^5+3x-5$,则 f 在 $[1,2]$ 上连续,并且

$$f(1)=-1<0,\ f(2)=33>0,$$

由零点定理知,结论成立.

图 2.27

在 $[a,b]$ 上任意画一条连续曲线(图 2.28),你会发现什么规律?

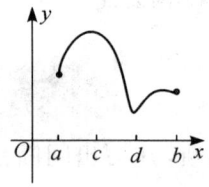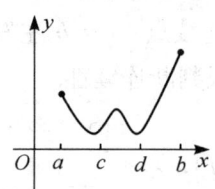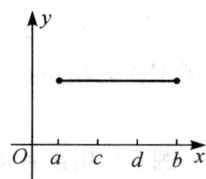

图 2.28

这段曲线一定有个最高点,最低点,有时这样的点还不止一个. 这些事实构成

了闭区间上连续函数的最值定理.

定理 5(最值定理) 如果 $f(x)$ 在 $[a,b]$ 上连续,那么 $f(x)$ 在 $[a,b]$ 上一定有最大值 M 和最小值 m,且存在 $x_1, x_2 \in [a,b]$ 使得

$$m = f(x_1) \leqslant f(x) \leqslant f(x_2) = M,$$

对一切 $a \leqslant x \leqslant b$ 成立.

此定理还说明闭区间上的连续函数一定是有界的[①].

仔细看图 2.29,我们还能发现连续函数的另一个特点.

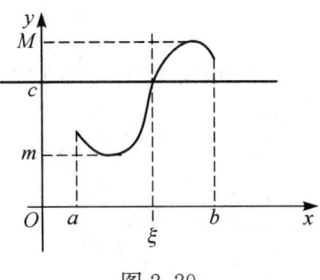

图 2.29

定理 6(介值定理) 如果 $f(x)$ 在 $[a,b]$ 上连续,最大值为 M、最小值为 m,则任取 m 与 M 之间的数 C,都有 (a,b) 上一点 ξ,使得 $f(\xi) = C$.

证 若 $M \neq m$,由最值定理知,存在 $[a,b]$ 上两点不同点 x_1, x_2 使得 $f(x_1) = M, f(x_2) = m$.

设 $\varphi(x) = f(x) - C$,则 $\varphi(x)$ 在闭区间 $[x_1, x_2]$ 或 $[x_2, x_1]$ 上连续,且

$$\varphi(x_1) = f(x_1) - C$$

与

$$\varphi(x_2) = f(x_2) - C$$

异号. 由零点定理知,在 $[a,b]$ 上有一点 ξ,使得

$$\varphi(\xi) = 0.$$

又因为 $\varphi(\xi) = f(\xi) - C$,得

$$f(\xi) = C.$$

若 $M = m$,$f(x)$ 为常值函数,结论自然成立.

对于闭区间上的连续函数来说,介于不相等的两个函数值之间的任一实数都是可以取到的.

例 7 一辆车从静止开始连续加速,在此期间用 $8\,\text{s}$ 行驶了 $16\,\text{m}$,则我们一定

---

① 此定理又称为闭区间上连续函数的有界性定理.

可以断定汽车在这 8 s 内一定在某一时刻速度为 2 m/s,为什么?

解 定义汽车的速度为连续函数 $v=v(t)$,在区间 $[0,8]$ 内的平均速度为 2 m/s,则 $v(t)$ 的最大值 $M\geqslant 2$,最小值 $m\leqslant 2$,则由介值定理知,汽车在这 8 s 内一定在某一时刻速度为 2 m/s.

习题 2.7

1. 说明函数(图 2.30)在区间 $[-1,3]$ 是否连续. 如果不连续,找出间断点,并判断间断点类型.

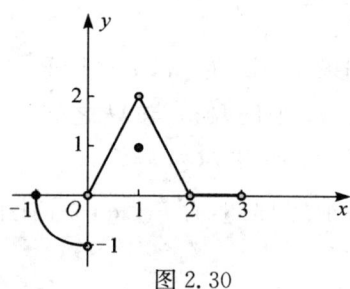

图 2.30

2. 下列函数在什么点是连续的?

(1) $y=\dfrac{x^2-4}{x^2+4x-12}$; (2) $y=\cot\dfrac{\pi x}{2}$;

(3) $y=\sqrt{5x+4}$; (4) $y=\dfrac{\sqrt[4]{3x-1}}{\pi+\arcsin x}$.

3. 讨论函数 $y=\dfrac{|x|}{\tan x}$ 的连续性,如有间断点,请分析间断点的类型.

4. 求函数极限.

(1) $\lim\limits_{x\to 0}\dfrac{x^2-2x+3}{x+1}$; (2) $\lim\limits_{x\to e}\arcsin(\ln\sqrt{x}\,)$;

(3) $\lim\limits_{x\to\frac{\pi}{2}}\ln\left(3\tan\dfrac{x}{2}\right)$; (4) $\lim\limits_{x\to\pi}\cos(x-\sin x)$;

(5) $\lim\limits_{x\to a}\dfrac{\sin x-\sin a}{x-a}$; (6) $\lim\limits_{x\to c}\dfrac{a^x-a^c}{x-c}$;

(7) $\lim\limits_{x\to 0}(1+\tan x)^{\cot 3x}$; (8) $\lim\limits_{x\to\frac{\pi}{4}}(\tan x)^{\tan 2x}$.

5. 当 a 取何值时,函数 $f(x)=\begin{cases}x^2-1, & x<3,\\ 2ax, & x\geqslant 3\end{cases}$ 在每个点 x 是连续的?

6. 设 $f(x)=\begin{cases}\dfrac{x+3}{x-2}, & x>1,\\ e^{\frac{1}{x-1}}, & 0<x<1,\\ \ln(2+x), & -1<x<0,\end{cases}$ 讨论函数在 $[-1,+\infty)$ 的连续性,并说明间断点类型,如有可去间断点,请补充或修改定义使其连续.

7. (1) 证明:函数 $f(x)=x^3-3x-1$ 在区间 $[0,2]$ 上至少存在一个零点.
(2) 证明:曲线 $y=x^3$ 与直线 $y=3x+1$ 在区间 $[0,2]$ 上至少存在一个交点.
(3) 证明:三次曲线 $y=x^3-3x$ 与直线 $y=1$ 在区间 $[0,2]$ 上至少存在一个交点.
(4) 证明:方程 $x^3-3x-1=0$ 在区间 $[0,2]$ 上至少存在一个根.

8. 证明:方程 $\cos x=x$ 在实数范围内至少有一个解.并进一步说明它是否只有一个实根.

*9. 若 $f(x)$ 在 $[a,b]$ 上连续,并且 $f(a)<0$, $f(b)>0$,我们可以按照下列步骤寻找 $f(x)$ 在 (a,b) 上的零点 c:

步骤 1:取 a、b 的中点 $\xi_1=\dfrac{a+b}{2}$,计算 $f(\xi_1)$;

步骤 2:若 $f(\xi_1)=0$,则 $c=\xi_1$,
若 $f(\xi_1)$ 与 $f(a)$ 同号,则取 $a_1=\xi_1$, $b_1=b$,
若 $f(\xi_1)$ 与 $f(b)$ 同号,则取 $a_1=a$, $b_1=\xi$;

步骤 3:在区间 $[a_1,b_1]$ 继续利用中点的函数符号寻找零点,以此类推,我们就可以找到合适的零点近似值.这种求函数近似零点或方程近似实根的方法称为二分法.

试用二分法在区间 $[0,1]$ 内寻找方程 $x^3+1.1x^2+0.9x-1.4=0$ 近似实根,要求误差不超过 10^{-3}.

2.8 重极限

数学是一个统一的整体,它的各个分支之间有着深刻的联系.

——理查德·库兰特

理查德·库兰特(Richard Courant,1888—1972),20 世纪著名的美国数学家及数学教育家,他在数学分析、偏微分方程及应用数学领域作出了突出贡献. 库兰特在其经典著作《数学分析教程》中系统地研究了多元函数的极限性质,详细讨论了多元函数的极限定义,特别是如何将单变量函数的极限概念推广至多元函数的思想方法.

2.8.1 二重极限的定义

对于多元函数我们也可以研究当自变量趋于定点时相应产生的函数变化趋势,研究方式可以类比一元函数极限情形.

定义 1 设二元函数 $f(x,y)$ 的定义域为平面区域 D,若 D 内的动点 $P(x,y)$ 以任何方式趋近于定点 $P_0(x_0,y_0)$ 时,函数值 $f(P)$ 都无限接近于一个确定的常数 A,则称 A 为函数 $f(x,y)$ 当 $(x,y) \to (x_0,y_0)$ 时的二重极限,记作

$$\lim_{(x,y) \to (x_0,y_0)} f(x,y) = A,$$

或

$$f(P) \to A \quad (当 P \to P_0).$$

二重极限与一元函数极限从定义看本质是一致的,由定义推导出来的极限计算方法,如四则运算法则、换元法、等价无穷小替换定理、夹逼准则等也是雷同的.

例 1 求 $\lim\limits_{(x,y) \to (0,0)} \dfrac{x^3 y - \sin(x^2+y^2)}{x^2+y^2}$.

解 $\lim\limits_{(x,y) \to (0,0)} \dfrac{x^3 y - \sin(x^2+y^2)}{x^2+y^2}$

$= \lim\limits_{(x,y) \to (0,0)} x^2 \cdot \dfrac{xy}{x^2+y^2} - \lim\limits_{(x,y) \to (0,0)} \dfrac{\sin(x^2+y^2)}{x^2+y^2},$

其中

$$\lim_{(x,y) \to (0,0)} \frac{\sin(x^2+y^2)}{x^2+y^2} = \lim_{t \to 0} \frac{\sin t}{t} = 1.$$

又因为 $\left|\dfrac{xy}{x^2+y^2}\right| \leqslant \dfrac{1}{2}$, $\lim\limits_{(x,y) \to (0,0)} x^2 = 0$,由无穷小性质知, $\lim\limits_{(x,y) \to (0,0)} x^2 \cdot \dfrac{xy}{x^2+y^2} = 0$,

故 $\lim\limits_{(x,y) \to (0,0)} \dfrac{x^3 y - \sin(x^2+y^2)}{x^2+y^2} = -1.$

判断二重极限不存在的方法也与一元函数情形类似.

如果动点 P 沿着曲线 C_1 趋近于定点 P_0 时,函数值 $f(P)$ 无限接近于常数 L_1,动点 P 再沿着曲线 C_2 趋近于 P_0 时,函数值 $f(P)$ 无限接近于常数 L_2,而 $L_1 \neq L_2$,则 $\lim\limits_{(x,y)\to(x_0,y_0)} f(x,y)$ 一定不存在.

例 2 证明: $\lim\limits_{(x,y)\to(0,0)} \dfrac{x^2-y^2}{x^2+y^2}$ 不存在.

证 令 $f(x,y)=\dfrac{x^2-y^2}{x^2+y^2}$,观察动点 (x,y) 沿直线 $y=kx$ 趋近原点时函数的变化趋势,此时

$$f(x,y)=f(x,kx)=\dfrac{1-k^2}{1+k^2},$$

$$\lim_{\substack{(x,y)\to(0,0)\\ y=kx}} f(x,y)=\dfrac{1-k^2}{1+k^2}.$$

由于沿着不同轨迹函数的变化趋势不一致,故极限

$$\lim_{(x,y)\to(0,0)} \dfrac{x^2-y^2}{x^2+y^2}$$

不存在.

例 3 设 $f(x,y)=\dfrac{xy^2}{x^2+y^4}$,讨论 $\lim\limits_{(x,y)\to(0,0)} f(x,y)$ 的存在性.

解 令 (x,y) 沿直线 $y=kx$ 趋近于 $(0,0)$,则

$$f(x,y)=f(x,kx)=\dfrac{k^2x^3}{x^2+k^4x^4}=\dfrac{k^2x}{1+k^4x^2}\to 0,$$

再令 (x,y) 沿曲线 $x=y^2$ 趋近于 $(0,0)$,

$$f(x,y)=f(y^2,y)=\dfrac{y^4}{y^4+y^4}=\dfrac{1}{2}\to\dfrac{1}{2},$$

故 $\lim\limits_{(x,y)\to(0,0)} f(x,y)$ 不存在.

二元函数的极限概念可以相应推广到 n 元函数

$$u=f(P)=f(x_1,x_2,\cdots,x_n),$$

我们将 n 元函数($n\geqslant 2$)的极限统称为重极限.

2.8.2 多元函数的连续性

一元函数在一点处连续的本质是极限值等于函数值,类似可以定义多元函数的连续概念.以二元函数为例.

定义 2 设二元函数 $f(x,y)$ 的定义域为 D,$P_0(x_0,y_0) \in D$. 如果
$$\lim_{(x,y)\to(x_0,y_0)} f(x,y) = f(x_0,y_0),$$
那么称函数 $f(x,y)$ 在点 $P_0(x_0,y_0)$ 连续,否则称 $P_0(x_0,y_0)$ 是函数 $f(x,y)$ 的间断点.

如果 $f(x,y)$ 在 D 的每一点都连续,那么称函数 $f(x,y)$ 在 D 上连续,或称 $f(x,y)$ 是 D 上的连续函数.

前面已经指出:一元函数中关于极限的运算法则,对于多元函数仍然适用.由此可以证明多元函数的和、差、积仍为连续函数;连续函数的商在分母不为零处仍连续;多元连续函数的复合函数也是连续函数.从而我们可以得到如下结论:

一切多元初等函数在其定义区域内是连续的,这里的定义区域是指包括在定义域内的区域,不含孤立的点.

由多元初等函数的连续性,如果要计算它在点 P_0 处有极限,而点 P_0 又在此函数的定义区域内,那么所求极限值就等于函数在这一点的函数值,即
$$\lim_{P \to P_0} f(P) = f(P_0).$$

例 4 求 $\lim\limits_{(x,y)\to(0,1)} \dfrac{e^x+y}{x+y}$.

解 函数 $f(x,y) = \dfrac{e^x+y}{x+y}$ 的定义域为
$$D = \{(x,y) \mid x+y \neq 0\},$$
$P_0(0,1) \in D$,因此 $\lim\limits_{(x,y)\to(0,1)} \dfrac{e^x+y}{x+y} = f(0,1) = 2.$

与闭区间上一元函数的性质相类似,在有界闭区域上连续的多元函数具有如下性质:

性质 1(有界性及最值定理) 在有界闭区域 D 上连续的多元函数,必定在 D 上有界,且能取得它的最大值和最小值.

性质 2(介值定理) 在有界闭区域 D 上连续的多元函数,必定能取得介于最大值和最小值之间的任何值.

性质 3(零点定理) 在有界闭区域 D 上连续的二元函数,若最大值与最小值异号,则函数在 D 上一定能取得零点.

二元函数的连续理论也可以相应推广到 n 元函数

$$u=f(P)=f(x_1,x_2,\cdots,x_n).$$

习题 2.8

1. 判断下列重极限是否存在,若存在,求其值;若不存在,说明理由.

(1) $\lim\limits_{(x,y)\to(1,2)}(5x^3-x^2y^2)$;

(2) $\lim\limits_{(x,y)\to(1,-1)}e^{-xy}\cos(x+y)$;

(3) $\lim\limits_{(x,y)\to(1,0)}\ln\left(\dfrac{1+y^2}{x^2+xy}\right)$;

(4) $\lim\limits_{(x,y)\to(2,1)}\dfrac{4-xy}{x^2+3y^2}$;

(5) $\lim\limits_{(x,y)\to(0,0)}\dfrac{x^2+y^2}{\sqrt{x^2+y^2+1}-1}$;

(6) $\lim\limits_{(x,y,z)\to(\pi,0,\frac{1}{3})}e^{y^2}\tan(xz)$;

(7) $\lim\limits_{(x,y)\to(0,0)}\dfrac{x^4-y^2}{x^2+2y^2}$;

(8) $\lim\limits_{(x,y)\to(0,0)}\dfrac{xy^4}{x^2+y^8}$.

2. 设 $\lim\limits_{(x,y)\to(1,-2)}f(x,y)=4$,试讨论 $f(x,y)$ 在点 $(1,-2)$ 处的函数值,并判断 $f(x,y)$ 在该点是否连续.

3. 写出以下多元函数连续点组成的集合.

(1) $f(x,y)=\dfrac{xy}{1+e^{x-y}}$;

(2) $f(x,y)=\cos\sqrt{1+x-y}$;

(3) $f(x,y)=\ln(x^2+y^2-4)$;

(4) $f(x,y)=\arctan\dfrac{1}{x^2+y^2}$;

(5) $f(x,y,z)=\arcsin(x^2+y^2+z^2)$;

(6) $f(x,y,z)=\sqrt{y-x^2}\ln z$.

4. 讨论二元分段函数

$$f(x,y)=\begin{cases}\dfrac{x^2y^3}{2x^2+y^2}, & (x,y)\neq(0,0),\\ 0, & (x,y)=(0,0)\end{cases}$$

在点 $(0,0)$ 处的连续性.

2.9 级数

> 任何事情,只要是普通分析能够通过有限多项的方程去做的,也能够通过无限多项的方程去做,这就使我没有问题地把后一种也叫作分析. 因为后一种推理的正确性不少于前一种,不过,我们这些凡人的推理力量,是局限在狭窄的范围内的,所以既不能表达出,也无法去想象方程的一切项,使得能够从中确知所求的量.
>
> ——牛顿 《分析学》

无穷级数在数学中出现很早,出现的形式通常是公比小于1的等比级数,人们在公元前5世纪已认识到此类级数有和. 从18世纪至今,无穷级数一直被认为是微积分不可或缺的部分,因为牛顿、莱布尼茨创立微积分与其研究级数密不可分,对于稍复杂的函数,两位巨匠是把它们先展开成无穷级数再进行微分、积分的. 早在1669年,牛顿在他的《分析学》中就给出了 $\sin x$, $\cos x$, $\arcsin x$, e^x 的展开级数,只是当时的方法是粗糙、归纳、不严密的,甚至没有考虑是否收敛的问题. 但这种把函数表示成级数的思路与17世纪后期、18世纪的航海、天文学、地理学等领域希望用多项式估计复杂函数的要求不谋而合,于是有大批科学家投身于此.

2.9.1 级数的定义与性质

在 2.1 中我们已经讨论了"一尺之棰,日取其半,万世不竭"中每日要截的木头,现在想想砍下来的木头发生了什么有趣的事(图 2.31)?

截取的木头	$\frac{1}{2}$	$\frac{1}{4}$	$\frac{1}{8}$	$\frac{1}{16}$	$\frac{1}{32}$	$\frac{1}{64}$	$\cdots$
砍下来的木头	$\frac{1}{2}+$	$\frac{1}{4}+$	$\frac{1}{8}+$	$\frac{1}{16}+$	$\frac{1}{32}+$	$\cdots$	

图 2.31

如果说随着天数 n 越来越大,要截取的木头长度 $\frac{1}{2^n}$ 会越来越接近 0,那么已经砍下来的木头总和将会越来越接近 1,由此看出数列的无限求和过程也值得研究.

定义 1 设 $\{u_n\}$ 是数列,则
$$u_1+u_2+\cdots+u_n+\cdots$$

称为一个(常数项)无穷级数,简称(常数项)级数,记作 $\sum\limits_{n=1}^{\infty}u_n$. 其中第 n 项 u_n 称为级数的一般项.

定义 2 设 $s_n=u_1+u_2+\cdots+u_n(n=1,2,3,\cdots)$,称 $\{s_n\}$ 为级数 $\sum\limits_{n=1}^{\infty}u_n$ 的部分和数列,如果 $\{s_n\}$ 收敛,我们称级数 $\sum\limits_{n=1}^{\infty}u_n$ 是收敛的,极限 $\lim\limits_{n\to\infty}s_n$ 叫作级数的和,即 $\sum\limits_{n=1}^{\infty}u_n=\lim\limits_{n\to\infty}s_n$,否则,称级数 $\sum\limits_{n=1}^{\infty}u_n$ 是发散的.

例 1 讨论等比级数 $\sum\limits_{n=0}^{\infty}aq^n$ 的敛散性,若收敛,求它的和.

解 该级数的部分和数列
$$s_n=a+aq+\cdots+aq^{n-1}=\frac{a(1-q^n)}{1-q},$$

当 $|q|<1$ 时,
$$\frac{a(1-q^n)}{1-q}\to\frac{a}{1-q}\quad(n\to\infty),$$

故收敛,其和为 $\frac{a}{1-q}$;当 $|q|>1$ 时,
$$\frac{a(1-q^n)}{1-q}\to\infty,$$

当 $q=1$ 时,$s_n=na$;当 $q=-1$ 时,
$$s_n=\begin{cases}a,&n=2k+1,\\0,&n=2k,\end{cases}$$

级数都发散.

利用级数的敛散性定义我们很容易证明以下性质：

性质 1 设级数 $\sum_{n=1}^{\infty} u_n$，$\sum_{n=1}^{\infty} v_n$ 收敛，则级数 $\sum_{n=1}^{\infty} (u_n \pm v_n)$ 也收敛.

证 记 $s_n = \sum_{i=1}^{n} u_i$，$\lim_{n \to \infty} s_n = s$，$t_n = \sum_{i=1}^{n} v_i$，$\lim_{n \to \infty} t_n = t$，则 $\sum_{n=1}^{\infty} (u_n \pm v_n)$ 的部分和为 $s_n \pm t_n$，$\lim_{n \to \infty}(s_n \pm t_n) = s \pm t$，所以级数 $\sum_{n=1}^{\infty}(u_n \pm v_n)$ 收敛.

类似可有以下推论：

推论 设级数 $\sum_{n=1}^{\infty} u_n$ 发散，$\sum_{n=1}^{\infty} v_n$ 收敛，则级数 $\sum_{n=1}^{\infty}(u_n \pm v_n)$ 一定发散.

性质 2 设级数 $\sum_{n=1}^{\infty} u_n$，$k \neq 0$ 是常数，则级数 $\sum_{n=1}^{\infty} k u_n$ 与 $\sum_{n=1}^{\infty} u_n$ 同时收敛或同时发散.

证明可参照性质 1.

性质 3 去掉或增加有限项不改变级数的敛散性.

性质 4 收敛级数加括号后组成的新级数依然收敛，且和不变.

性质 5（级数收敛的必要条件） 如果级数 $\sum_{n=1}^{\infty} u_n$ 收敛，则 $\lim_{n \to \infty} u_n = 0$.

证 级数 $\sum_{n=1}^{\infty} u_n$ 收敛，部分和 $s_n \to s (n \to \infty)$. 由 $u_n = s_n - s_{n-1}$ 得

$$\lim_{n \to \infty} u_n = \lim_{n \to \infty} s_n - \lim_{n \to \infty} s_{n-1} = 0.$$

需要注意的是，性质 5 只是级数收敛的必要条件，而不是充分条件.

例如，级数 $\sum_{n=1}^{\infty}(\sqrt{n+1} - \sqrt{n})$，部分和

$$s_n = \sqrt{n+1} - 1 \to \infty \quad (n \to \infty),$$

故 $\sum_{n=1}^{\infty}(\sqrt{n+1} - \sqrt{n})$ 发散. 但

$$\lim_{n \to \infty}(\sqrt{n+1} - \sqrt{n}) = \lim_{n \to \infty} \frac{1}{\sqrt{n+1} + \sqrt{n}} = 0.$$

例 2 证明：调和级数 $\sum_{n=1}^{\infty} \frac{1}{n}$ 发散.

证 假设级数 $\sum_{n=1}^{\infty} \frac{1}{n}$ 收敛，则部分和 $s_n \to s(n \to \infty)$. 显然，部分和 $s_{2n} \to s$，故 $(s_{2n} - s_n) \to 0(n \to \infty)$. 但另一方面，

$$s_{2n} - s_n = \frac{1}{n+1} + \frac{1}{n+2} + \cdots + \frac{1}{2n} > \frac{1}{2n} + \cdots + \frac{1}{2n} = \frac{1}{2},$$

与 $(s_{2n} - s_n) \to 0$ 矛盾，故 $\sum_{n=1}^{\infty} \frac{1}{n}$ 必定发散.

2.9.2 正项级数

对于一般的常数项级数，它的各项可能是正数、负数或零，这样的级数敛散性不易确定. 我们先讨论各项为非负数的级数.

定义 3 如果级数 $\sum_{n=1}^{\infty} u_n$ 中每一项 $u_n \geqslant 0(n=1,2,3,\cdots)$，则称此级数为正项级数.

定理 1 正项级数 $\sum_{n=1}^{\infty} u_n$ 收敛的充分必要条件是数列 $\{s_n\}$ 有上界.

证 正项级数 $\sum_{n=1}^{\infty} u_n$ 的部分和数列 $\{s_n\}$ 是一个单调增加数列，如果 $\{s_n\}$ 有上界，则 $\{s_n\}$ 收敛，从而级数 $\sum_{n=1}^{\infty} u_n$ 收敛；反之，如果级数 $\sum_{n=1}^{\infty} u_n$ 收敛，则 $\{s_n\}$ 收敛，数列 $\{s_n\}$ 必有界.

此定理是讨论正项级数敛散性的出发点.

定理 2(比较判别法) 设级数 $\sum_{n=1}^{\infty} u_n, \sum_{n=1}^{\infty} v_n$ 都是正项级数，如果

$$u_n \leqslant v_n \quad (n=1,2,3,\cdots),$$

则

(1) 当 $\sum_{n=1}^{\infty} v_n$ 收敛时，级数 $\sum_{n=1}^{\infty} u_n$ 也收敛；

(2) 当 $\sum_{n=1}^{\infty} u_n$ 发散时，级数 $\sum_{n=1}^{\infty} v_n$ 也发散.

证 (1)设 $\sum_{n=1}^{\infty} v_n$ 收敛于 s,前 n 项和为 s_n,$\sum_{n=1}^{\infty} u_n$ 前 n 项和为 t_n,则 $t_n \leqslant s_n$,故 $\{t_n\}$ 有界. 根据正项级数收敛的充分必要条件,级数 $\sum_{n=1}^{\infty} u_n$ 收敛.

结论(2)利用反证法可证.

例3 讨论 p - 级数 $\sum_{n=1}^{\infty} \frac{1}{n^p}$ 的敛散性(p 是常数).

解 当 $p > 1$ 时,

$$s_{2^{m+1}-1} = 1 + \left(\frac{1}{2^p} + \frac{1}{3^p}\right) + \left(\frac{1}{4^p} + \frac{1}{5^p} + \frac{1}{6^p} + \frac{1}{7^p}\right) + \cdots +$$

$$\left[\frac{1}{(2^m)^p} + \cdots + \frac{1}{(2^{m+1}-1)^p}\right]$$

$$< 1 + \frac{2}{2^p} + \frac{4}{4^p} + \cdots + \frac{2^m}{(2^m)^p}$$

$$= 1 + 2^{1-p} + (2^{1-p})^2 + \cdots + (2^{1-p})^m < \frac{1}{1-2^{1-p}}.$$

对于任意自然数 n,总有自然数 m,使得 $n < 2^{m+1} - 1$,故

$$s_n < s_{2^{m+1}-1} < \frac{1}{1-2^{1-p}},$$

即 $\{s_n\}$ 有上界,所以收敛.

当 $p \leqslant 1$ 时,$\frac{1}{n^p} \geqslant \frac{1}{n}$,而 $\sum_{n=1}^{\infty} \frac{1}{n}$ 发散,由比较判别法可知级数 $\sum_{n=1}^{\infty} \frac{1}{n^p}$ 发散.

比较判别法提供我们判断正项级数敛散性的新思路,即利用已知"参考级数"帮助了解未知级数的敛散性.

例4 判定级数 $\sum_{n=1}^{\infty} \frac{1}{\sqrt{n(n+1)}}$ 的敛散性.

解 因为

$$\frac{1}{\sqrt{n(n+1)}} > \frac{1}{n+1},$$

而级数 $\sum_{n=1}^{\infty} \frac{1}{n+1}$ 发散,故 $\sum_{n=1}^{\infty} \frac{1}{\sqrt{n(n+1)}}$ 发散.

使用比较判别法,需对正项级数的敛散性有个预先判定. 若预估收敛,我们要

寻找一个"大的"收敛级数与其比较. 若预估发散, 我们要寻找一个"小的"发散级数与其比较.

例 5 判定级数 $\sum_{n=1}^{\infty} \dfrac{2n+1}{(n+1)^2(n+2)^2}$ 的敛散性.

解 运用比较判别法, 因为

$$\dfrac{2n+1}{(n+1)^2(n+2)^2} < \dfrac{2n+2}{(n+1)^2(n+2)^2} < \dfrac{2}{(n+1)^3} < \dfrac{2}{n^3},$$

而 $\sum_{n=1}^{\infty} \dfrac{1}{n^3}$ 收敛, 故 $\sum_{n=1}^{\infty} \dfrac{2n+1}{(n+1)^2(n+2)^2}$ 收敛.

比较判别法是应用广泛的判别正项级数敛散性的准则①. 利用比较判别法可以证明下列定理.

定理 3 如果 $\lim\limits_{n\to\infty} \dfrac{u_n}{v_n} = l(\neq 0)$, 则正项级数 $\sum_{n=1}^{\infty} u_n$, $\sum_{n=1}^{\infty} v_n$ 同时收敛或同时发散.

此定理更为通俗的解释是, 当 $n \to \infty$ 时, 如果 u_n, v_n 是同阶无穷小, 则 $\sum_{n=1}^{\infty} u_n$, $\sum_{n=1}^{\infty} v_n$ 同敛散. 此定理又称为比较判别法的极限形式.

例 6 判定级数 $\sum_{n=1}^{\infty} \sin \dfrac{1}{n}$ 的敛散性.

解 因为当 $n \to \infty$ 时,

$$\sin \dfrac{1}{n} \sim \dfrac{1}{n},$$

而 $\sum_{n=1}^{\infty} \dfrac{1}{n}$ 发散, 由定理 3 知此级数发散.

利用比较判别法我们还可以得到两个判别法②.

定理 4(比值判别法, 或达朗贝尔判别法) 设 $\sum_{n=1}^{\infty} u_n$ 为正项级数, 如果

$$\lim_{n\to\infty} \dfrac{u_{n+1}}{u_n} = \rho,$$

---

① 级数敛散性的判别方法又称为审敛法.
② 证明需用到数列极限的宽带理论.

则

(1) 当 $\rho < 1$ 时,级数收敛;

(2) 当 $\rho > 1$ (或 $\lim\limits_{n\to\infty} \sqrt[n]{u_n} = \infty$)时,有 $\lim\limits_{n\to\infty} u_n \neq 0$,级数发散;

(3) 当 $\rho = 1$ 时,级数可能收敛也可能发散.

定理 5(根值判别法,或柯西判别法) 设 $\sum\limits_{n=1}^{\infty} u_n$ 为正项级数,如果

$$\lim_{n\to\infty} \sqrt[n]{u_n} = \rho,$$

则

(1) 当 $\rho < 1$ 时,级数收敛;

(2) 当 $\rho > 1$ (或 $\lim\limits_{n\to\infty} \sqrt[n]{u_n} = \infty$)时,有 $\lim\limits_{n\to\infty} u_n \neq 0$,级数发散;

(3) 当 $\rho = 1$ 时,级数可能收敛也可能发散.

比值和根植判别法的优点是不需要参考级数,利用自身特点就可知级数的敛散性.

例 7 判定下列级数的敛散性.

(1) $\sum\limits_{n=2}^{\infty} \dfrac{1}{(n-1)!}$;   (2) $\sum\limits_{n=1}^{\infty} \dfrac{2^{n^2}}{n^n}$.

解 (1) $\lim\limits_{n\to\infty} \dfrac{u_{n+1}}{u_n} = \lim\limits_{n\to\infty} \dfrac{(n-1)!}{n!} = \lim\limits_{n\to\infty} \dfrac{1}{n} = 0 < 1,$

由比值判别法知,级数 $\sum\limits_{n=2}^{\infty} \dfrac{1}{(n-1)!}$ 收敛.

(2) 因为

$$\lim_{n\to\infty} \sqrt[n]{\dfrac{2^{n^2}}{n^n}} = \lim_{n\to\infty} \dfrac{2^n}{n} = \infty,$$

由根值判别法知,级数 $\sum\limits_{n=1}^{\infty} \dfrac{2^{n^2}}{n^n}$ 发散.

2.9.3 交错级数

所谓交错级数是这样的级数,它的各项是正负交错的,从而可以写成下面的形式:

$$u_1 - u_2 + u_3 - u_4 + \cdots,$$

或
$$-u_1 + u_2 - u_3 + u_4 - \cdots,$$

其中，$u_1, u_2, \cdots$ 都是正数.

例如

$$\sum_{n=1}^{\infty} (-1)^{n-1} = 1 + (-1) + 1 + (-1) + \cdots,$$

就是首项为正数的交错级数.

定理 6(莱布尼茨判别法) 如果交错级数 $\sum_{n=1}^{\infty} (-1)^{n-1} u_n$ 满足条件：

(1) $u_n \geqslant u_{n+1}(n=1,2,3,\cdots)$;

(2) $\lim_{n \to \infty} u_n = 0$,

则级数收敛，且其和 $s \leqslant u_1$.

证 先讨论部分和数列的偶子列 $\{s_{2n}\}$.

$$\begin{aligned} s_{2n} &= (u_1 - u_2) + (u_3 - u_4) + \cdots + (u_{2n-1} - u_{2n}) \\ &= u_1 - (u_2 - u_3) - (u_4 - u_5) - \cdots - (u_{2n-2} - u_{2n-1}) - u_{2n} \leqslant u_1, \end{aligned}$$

$\{s_{2n}\}$ 是单调有界数列，故收敛. 设 $\lim_{n \to \infty} s_{2n} = s$, 又

$$\lim_{n \to \infty} s_{2n+1} = \lim_{n \to \infty} (s_{2n} + u_{2n+1}) = \lim_{n \to \infty} s_{2n} + \lim_{n \to \infty} u_{2n+1} = s,$$

得 $\lim_{n \to \infty} s_n = s$.

例 8 判定级数 $\sum_{n=1}^{\infty} (-1)^{n-1} \dfrac{1}{n}$ 的敛散性.

解 因为当 $n \to \infty$ 时，$u_n = \dfrac{1}{n} \to 0$, 并且 $\dfrac{1}{n}$ 单调递减，由定理 6 知级数 $\sum_{n=1}^{\infty} (-1)^{n-1} \dfrac{1}{n}$ 收敛.

一般的常数项级数
$$u_1 + u_2 + u_3 + u_4 + \cdots \quad (u_i \text{ 为任意实数}, i=1,2,3,\cdots)$$
的敛散性如何确定呢？

定理 7 如果级数 $\sum_{n=1}^{\infty} |u_n|$ 收敛，则级数 $\sum_{n=1}^{\infty} u_n$ 必定收敛.

证 令
$$v_n = \frac{1}{2}(u_n + |u_n|) \quad (n=1, 2, 3, \cdots),$$

显然，$v_n \geqslant 0$ 且 $v_n \leqslant |u_n|$，由比较判别法知 $\sum_{n=1}^{\infty} v_n$ 收敛，从而 $\sum_{n=1}^{\infty} 2v_n$ 也收敛. 而
$$u_n = 2v_n - |u_n|,$$

由收敛级数的性质 1 知 $\sum_{n=1}^{\infty} u_n$ 收敛.

此定理可将一般级数敛散性的判定转化为正项级数敛散性的判定.

例 9 判定级数 $\sum_{n=1}^{\infty} \frac{\sin n}{n^2}$ 的敛散性.

解 记 $u_n = \frac{\sin n}{n^2}$，由
$$\left|\frac{\sin n}{n^2}\right| \leqslant \frac{1}{n^2},$$

且 $\sum_{n=1}^{\infty} \frac{1}{n^2}$ 收敛，说明 $\sum_{n=1}^{\infty} |u_n|$ 收敛，因此原级数收敛.

例 10 判定级数 $\sum_{n=1}^{\infty} (-1)^n \left(1 + \frac{1}{n}\right)^{n^2}$ 的敛散性.

解 记 $u_n = \left(1 + \frac{1}{n}\right)^{n^2}$，有
$$\lim_{n \to \infty} \sqrt[n]{u_n} = \lim_{n \to \infty} \left(1 + \frac{1}{n}\right)^n = e > 1,$$

说明 $\lim_{n \to \infty} u_n \neq 0$，因此所给级数发散.

*2.9.4 幂级数

形如 $\sum_{n=1}^{\infty} u_n(x)$ 的级数称为**函数项级数**，其中 $u_n(x)$ ($n = 1, 2, 3, \cdots$) 是 x 的函数，并且有一个共同的定义区间.

如果 $x=x_0$ 使得 $\sum_{n=1}^{\infty} u_n(x_0)$ 收敛,则称 $x=x_0$ 是级数 $\sum_{n=1}^{\infty} u_n(x)$ 的收敛点,否则称为发散点. 全体收敛点构成的集合称为级数的**收敛域**.

任取收敛点 x,$\sum_{n=1}^{\infty} u_n(x)$ 表示收敛的和,为确定的常数,故在收敛域中我们可以定义一个新函数

$$S(x) = \sum_{n=1}^{\infty} u_n(x),$$

称为函数项级数的**和函数**.

特别地,级数 $\sum_{n=0}^{\infty} a_n x^n$ 称为关于 x 的**幂级数**. 一般地,幂级数的收敛域是一个关于原点对称的区间(可能包括端点,也可能不包括端点). 我们称对应的开区间 $(-R, R)$ 为收敛区间,R 称为收敛半径(图 2.32).

图 2.32

定理 8 对于幂级数 $\sum_{n=0}^{\infty} a_n x^n$,如果

$$\lim_{n \to \infty} \left| \frac{a_{n+1}}{a_n} \right| = \rho,$$

则该幂级数的收敛半径

$$R = \begin{cases} \dfrac{1}{\rho}, & \rho \neq 0, \\ +\infty, & \rho = 0, \\ 0, & \rho = +\infty. \end{cases}$$

证 考察级数 $\sum_{n=0}^{\infty} |a_n x^n|$(视其为正项级数),则

$$\lim_{n \to \infty} \left| \frac{a_{n+1} x^{n+1}}{a_n x^n} \right| = \rho |x|.$$

(1) 当 $\rho \neq 0$ 时,由比值判别法,只要 $\rho |x| < 1$,即当 $|x| < \dfrac{1}{\rho}$ 时,级数

$\sum\limits_{n=0}^{\infty}|a_n x^n|$ 收敛,故 $\sum\limits_{n=0}^{\infty}a_n x^n$ 收敛;

若 $\rho|x|>1\left(\text{即 }|x|>\dfrac{1}{\rho}\right)$,$\lim\limits_{n\to\infty}|a_n x^n|\neq 0$,故级数发散. 故 $R=\dfrac{1}{\rho}$.

(2) 如果 $\rho=0$,$\lim\limits_{n\to\infty}\left|\dfrac{a_{n+1}x^{n+1}}{a_n x^n}\right|=0<1$,则无论 x 取何值,级数 $\sum\limits_{n=0}^{\infty}a_n x^n$ 都收敛,故 $R=+\infty$,收敛域为 $(-\infty,+\infty)$.

(3) 如果 $\rho=+\infty$,则除了 $x=0$ 外其他一切 x 值,级数 $\sum\limits_{n=0}^{\infty}a_n x^n$ 必发散,故 $R=0$,收敛域为 $\{0\}$.

例 11 求幂级数 $\sum\limits_{n=1}^{\infty}\dfrac{x^n}{2^n\cdot n}$ 及 $\sum\limits_{n=1}^{\infty}\dfrac{(x-1)^n}{2^n\cdot n}$ 的收敛域.

解 (1) 因为

$$\rho=\lim_{n\to\infty}\left|\dfrac{a_{n+1}}{a_n}\right|=\lim_{n\to\infty}\dfrac{2^n\cdot n}{2^{n+1}(n+1)}=\dfrac{1}{2},$$

所以收敛半径 $R=2$. 收敛区间为 $(-2,2)$.

当 $x=2$ 时,级数成为 $\sum\limits_{n=1}^{\infty}\dfrac{1}{n}$,发散;当 $x=-2$ 时,级数成为 $\sum\limits_{n=1}^{\infty}\dfrac{(-1)^n}{n}$,收敛,故此幂级数的收敛域为 $[-2,2)$.

(2) 令 $t=x-1$,上述级数变为 $\sum\limits_{n=1}^{\infty}\dfrac{t^n}{2^n\cdot n}$,$t$ 的收敛范围为 $[-2,2)$,则 x 的收敛域为 $[-1,3)$.

例 12 求级数 $\sum\limits_{n=0}^{\infty}\dfrac{(2n)!}{(n!)^2}x^{2n}$ 的收敛区间.

解 令 $t=x^2$,级数变为 $\sum\limits_{n=0}^{\infty}\dfrac{(2n)!}{(n!)^2}t^n$,因为

$$\rho=\lim_{n\to\infty}\left|\dfrac{a_{n+1}}{a_n}\right|=\lim_{n\to\infty}\dfrac{[2(n+1)]!\cdot(n!)^2}{[(n+1)!]^2\cdot(2n)!}=4,$$

则 $\sum\limits_{n=0}^{\infty}\dfrac{(2n)!}{(n!)^2}t^n$ 的收敛区间为 $\left(-\dfrac{1}{4},\dfrac{1}{4}\right)$,故 $\sum\limits_{n=0}^{\infty}\dfrac{(2n)!}{(n!)^2}x^{2n}$ 的收敛区间为 $\left(-\dfrac{1}{2},\dfrac{1}{2}\right)$.

例 13 求级数 $\sum_{n=0}^{\infty} x^n$ 的收敛域及和函数.

解 视 x 为常数,此为等比级数,当 $|x|<1$ 时收敛,和函数为 $\dfrac{1}{1-x}$,即

$$\sum_{n=0}^{\infty} x^n = \frac{1}{1-x},\ x\in(-1,1).$$

此时,我们也可以在 $(-1,1)$ 内用级数 $\sum_{n=0}^{\infty} x^n$ 来替代函数 $y=\dfrac{1}{1-x}$,在近似计算等方面会更为便利(参见 4.7 节).

习题 2.9

1. 讨论级数的敛散性,若收敛,求其和.

   (1) $\sum_{n=1}^{\infty} \dfrac{1}{n(n+1)}$; (2) $\sum_{n=2}^{\infty} \left(\dfrac{n+1}{n-1}\right)^n$;

   (3) $\sum_{n=1}^{\infty} \left(\dfrac{1}{2^n} + \dfrac{3}{n(n+1)}\right)$; (4) $\sum_{n=1}^{\infty} \cos\dfrac{n\pi}{2}$.

2. 证明定理 2(比较判别法)的结论(2).

3. 用比较判别法或极限形式的比较判别法判定下列级数的敛散性.

   (1) $\sum_{n=1}^{\infty} \dfrac{1}{n^2+1}$; (2) $\sum_{n=0}^{\infty} \dfrac{n}{(n+1)(n+2)}$;

   (3) $\sum_{n=1}^{\infty} \tan\dfrac{\pi}{2^n}$; (4) $\sum_{n=1}^{\infty} \dfrac{1}{1+2^n}$.

4. 用比值判别法判定下列级数的敛散性.

   (1) $\sum_{n=1}^{\infty} \dfrac{4^n}{n\cdot 3^n}$; (2) $\sum_{n=1}^{\infty} \dfrac{n^3}{7^n}$;

   (3) $\sum_{n=1}^{\infty} \dfrac{2^n \cdot n!}{n^n}$; (4) $\sum_{n=1}^{\infty} n\sin\dfrac{\pi}{2^{n+1}}$.

5. 用根值判别法判定下列级数的敛散性.

   (1) $\sum_{n=1}^{\infty} \left(\dfrac{n+2}{3n+1}\right)^n$; (2) $\sum_{n=1}^{\infty} \left(\dfrac{3n}{n-1}\right)^{2n-1}$;

   (3) $\sum_{n=1}^{\infty} \dfrac{1}{[\ln(n+1)]^n}$; (4) $\sum_{n=1}^{\infty} \left(\dfrac{4+n}{n+1}\right)^{3n^2}$.

6. 讨论交错级数 $\sum_{n=1}^{\infty} \dfrac{(-1)^n \cdot n}{e^n}$ 的敛散性.

7. 求下列幂级数的收敛区间.

(1) $\sum_{n=1}^{\infty} \dfrac{2^n}{n^2+1} x^n$;

(2) $\sum_{n=1}^{\infty} \dfrac{x^n}{2 \cdot 4 \cdots (2n)}$;

(3) $\sum_{n=1}^{\infty} (-1)^n \dfrac{x^{2n+1}}{2n+1}$;

(4) $\sum_{n=1}^{\infty} \dfrac{(x-5)^n}{\sqrt{n}}$.

下章寄语

连续是反映函数当自变量变化极微时所带来函数值的变化也极微的一种良好性质,用极限刻画即 $\lim\limits_{\Delta x \to 0} \Delta y = 0$,意味着当 $\Delta x \to 0$ 时 Δy 也是无穷小,那么这两个无穷小趋于零的"速度"快慢如何? $\dfrac{\Delta y}{\Delta x}$ 表示什么? $\lim\limits_{\Delta x \to 0} \dfrac{\Delta y}{\Delta x}$ 又表示什么?这些问题将带你正式进入瑰丽的微积分殿堂,敬请期待下一章——导数.

总测试题二

1. 选择题.

(1) 设 $f(x) = e^x + \arcsin x - 1$,则当 $x \to 0$ 时,有( ).

A. $f(x)$ 与 x 是等价无穷小　　B. $f(x)$ 是比 x 高阶的无穷小

C. $f(x)$ 是比 x 低阶的无穷小　　D. $f(x)$ 与 x 是同阶非等价的无穷小

(2) 设 $f(x) = \dfrac{e^{\frac{1}{x}} - 1}{e^{\frac{1}{x}} + 1}$,则( ).

A. $x = 0$ 是 $f(x)$ 的连续点

B. $\lim\limits_{x \to 0} f(x) = \infty$

C. 当 $x \to 0$ 时,$f(x)$ 的左右极限存在但不相等

D. 当 $x \to 0$ 时,$f(x)$ 的左右极限至少有一个不存在

(3) 若在 $(-\infty, +\infty)$ 上, $f(x)$ 单调增加, $g(x)$ 单调减少, 则有( ).

A. $f(x) > g(x)$ B. $f(x) < g(x)$

C. 当 x 充分大时, $f(x) > g(x)$ D. 前面结论都不对

(4) 已知 $y = \dfrac{1+e^{-x^2}}{1-e^{-x^2}}$ ( ).

A. 没有渐近线   B. 仅有水平渐近线

C. 仅有铅直渐近线   D. 既有水平又有铅直渐近线

2. 在下列空格中填入"充分""必要""充分必要"及"无关"四个答案中的其中一个.

(1) $\lim\limits_{x \to x_0} f(x) = A$ 是 $f(x_0) = A$ 的 _____ 条件;

(2) $f(x)$ 在点 x_0 处连续是 $f(x)$ 在点 x_0 处有极限的 _____ 条件;

(3) $f(x)$ 在点 x_0 处左、右极限相等是 $f(x)$ 在点 x_0 处连续的 _____ 条件.

3. 求下列极限.

(1) $\lim\limits_{x \to 1} \dfrac{x^2-4}{3x^2-5x-2}$;

(2) $\lim\limits_{x \to +\infty} x(\sqrt{x^2+2}+x)$;

(3) $\lim\limits_{x \to \infty} \left(\dfrac{3x-4}{3x+1}\right)^{2x+1}$;

(4) $\lim\limits_{x \to 0} \dfrac{\sqrt{1+x\sin 2x}-1}{\cos x - 1}$;

(5) $\lim\limits_{x \to 0} \left(\dfrac{5^x+6^x+7^x}{3}\right)^{\frac{1}{x}}$;

(6) $\lim\limits_{x \to \frac{\pi}{2}} (\sin x)^{\tan^2 x}$;

(7) $\lim\limits_{(x,y) \to (0,0)} \dfrac{y^2 \sin^2 x}{x^4+y^4}$;

(8) $\lim\limits_{(x,y,z) \to (1,0,1)} \dfrac{xz}{x^2+4y^2+9z^2}$.

4. 设

$$f(x) = \begin{cases} x\sin\dfrac{1}{x}, & x > 0, \\ (x-3)^2 + a, & x \leqslant 0 \end{cases}$$

处处连续, 求 a.

5. 若 $\lim\limits_{x \to 0} \dfrac{\sin x}{e^x - a}(\cos x - b) = 5$, 求 a, b.

6. 设

$$f(x) = \begin{cases} e^{\frac{1}{x-1}}, & x > 0, \\ \ln(1+x), & x \leqslant 0, \end{cases}$$

求 $f(x)$ 的间断点, 并分析间断点类型.

7. 讨论 $f(x,y) = \begin{cases} \dfrac{xy}{\sqrt{x^2+y^2}}, & x^2+y^2 \neq 0, \\ 0, & x^2+y^2 = 0 \end{cases}$ 在原点处的连续性.

8. 证明：方程 $2^x + x - 1 = 0$ 只有一个实根.

9. 证明：$\lim\limits_{n\to\infty} \left(\dfrac{1}{\sqrt{n^2+1}} + \dfrac{1}{\sqrt{n^2+2}} + \cdots + \dfrac{1}{\sqrt{n^2+n}} \right) = 1$.

10. 判定级数的敛散性.

(1) $\sum\limits_{n=1}^{\infty} \dfrac{1}{n^3 \sqrt{n^2}}$;

(2) $\sum\limits_{n=1}^{\infty} \dfrac{n\cos^2 \dfrac{n\pi}{3}}{2^n}$;

(3) $\sum\limits_{n=2}^{\infty} e^{\frac{1}{\sin n}}$;

(4) $\sum\limits_{n=1}^{\infty} \dfrac{a^n}{n^4} \ (a>0)$;

(5) $\sum\limits_{n=1}^{\infty} (-1)^n \dfrac{1}{n^p}$;

(6) $\sum\limits_{n=1}^{\infty} (-1)^{n+1} \dfrac{\sin \dfrac{\pi}{n+1}}{\pi^{n+1}}$;

(7) $\sum\limits_{n=1}^{\infty} (-1)^n \ln\left(\dfrac{n+1}{n}\right)$;

(8) $\sum\limits_{n=1}^{\infty} (-1)^n \dfrac{(n+1)!}{n^{n+1}}$.

11. 求下列幂级数的收敛区间.

(1) $\sum\limits_{n=1}^{\infty} \dfrac{3^n + 5^n}{n} x^n$;

(2) $\sum\limits_{n=1}^{\infty} \left(1 + \dfrac{1}{n}\right)^{n^2} x^n$;

(3) $\sum\limits_{n=1}^{\infty} n(x+1)^n$;

(4) $\sum\limits_{n=1}^{\infty} \dfrac{n}{2^n} x^{2n}$.

第3章

导　　数

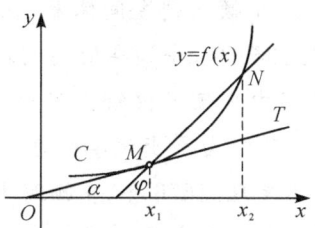

　　当代分析大师克朗特曾经指出:"微积分……这一学科乃是一种撼人心灵的智力奋斗的结晶;这种奋斗已经经历了两千五百多年之久,它深深扎根于人类活动的许多领域.并且,只要人们认识自己和认识自然的努力一日不止,这种奋斗就将继续不已."而微分学是微积分的重要组成部分,它的基本内容是导数与微分.

　　本章将讨论导数和微分的概念以及它们的计算方法.

3.1 导数概念

随我们的意愿,流数可以任意地接近在尽可能小的间隔时段中产生的流量的增量,精确地说,它们是最初增量的最初之比,它们也能用和它们成比例的任何线段来表示.

——牛顿 《求曲边形的面积》

1665 年,伦敦流行病暴发,牛顿回到乡间休养,在此期间他发明了流数术(微积分)、发现了万有引力定律. 1669 年,牛顿在他的朋友中发了题为《运用无穷多项方程的分析学》的小册子,在书中牛顿不仅给出了求函数对自变量的瞬时变化率的普遍方法,而且证明了面积可以由求变化率的逆过程得到. 这个事实就是微积分的核心理论——微积分基本定理. 1676 年,牛顿写出了《求曲边形的面积》(1704年发表),文中他采用弦与弧的极限比来阐述微积分思想. 牛顿认为弦与弧并不是在它们消失前或消失后相等,而是当它们消失时相等.

3.1.1 函数的变化率

从 15 世纪初文艺复兴时期起,欧洲的工业、农业、航海事业与商贾贸易得到大规模的发展,形成了一个新的经济时代. 生产实践的发展对自然科学提出了新的课题,迫切要求力学、天文学等基础科学的发展,而这些学科都深刻依赖于数学,因而也推动了数学的发展,其中函数的变化率问题导致了微分学的产生.

16 世纪晚期,伽利略发现当物体在接近地面的高度以静止状态自由下落时(即自由落体),如果用 y 表示物体下落 t 秒后经过的距离,则

图 3.1

$$y = \frac{1}{2}gt^2,$$

其中,$g = 9.8$ 是比例系数.即物体落地的时间与其质量无关(图 3.1).

例 1 一块石头从悬崖上坠落,求它在第 1 s 和第 2 s 之间的平均速度.

解 给定时间内石头坠落的平均速度等于距离改变量 Δy 除以时间长度 Δt,故有第 1 s 和第 2 s 之间的平均速度

$$\frac{\Delta y}{\Delta t} = \frac{4.9 \times 2^2 - 4.9 \times 1^2}{2-1} = 14.7 \text{ (m·s}^{-1}).$$

例 2 求坠落石头在 $t = 1$ s 时的速度.

解 计算石头在时间长度 $\Delta t = h$ 的时间区间 $[t_0, t_0 + h]$ 上的平均速度

$$\frac{\Delta y}{\Delta t} = \frac{4.9(t_0+h)^2 - 4.9(t_0)^2}{h} = 9.8 t_0 + 4.9 t_0^2 h.$$

当 $t_0 = 1$ 时,

$$\frac{\Delta y}{\Delta t} = 9.8 + 4.9h,$$

可以看出当 h 越来越接近 0 时,平均速度将越来越接近于 $t = 1$ 时的瞬间速度,因而其极限值 9.8 m·s^{-1} 正是石头在 $t = 1$ s 时的瞬间速度.

一般地,我们称函数 $y = f(x)$ 在区间 $[x_1, x_2]$ 上函数增量与自变量增量之比

$$\frac{\Delta y}{\Delta x} = \frac{f(x_2) - f(x_1)}{x_2 - x_1}$$

为函数相对于 x 的平均变化率.

当分母趋于 0 时,如果上述平均变化率的极限存在就称该极限为瞬时变化率.

从几何上看,如图 3.2 所示,$f(x)$ 在区间 $[x_1, x_2]$ 上的平均变化率是曲线 C($y = f(x)$)通过点 $M(x_1, f(x_1))$ 和 $N(x_2, f(x_2))$ 的割线斜率.当点 N 沿曲线趋近点 M 时,即当 x_1 固定,$\Delta x = x_2 - x_1$ 趋于零时,割线会发生怎样的变化?

由图 3.2 知割线 MN 绕点 M 沿曲线 C 移动而趋

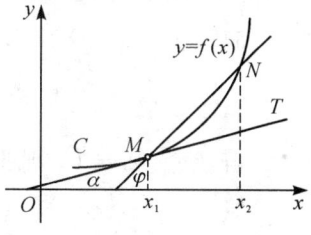

图 3.2

于极限位置 MT. 此时我们称直线 MT 为曲线 C 在点 M 的切线,则割线 MN 斜率

$$\frac{\Delta y}{\Delta x} = \frac{f(x_2) - f(x_1)}{x_2 - x_1},$$

当点 N 沿曲线任何一侧趋近点 M 时的极限就是切线 MT 的斜率.

3.1.2 导数的定义

定义 1 设函数 $f(x)$ 在 x_0 的某邻域内有定义,若

$$\lim_{x \to x_0} \frac{f(x) - f(x_0)}{x - x_0}$$

存在,则称 $f(x)$ 在点 x_0 处可导,x_0 为 $f(x)$ 的可导点,否则称 $f(x)$ 在点 x_0 处不可导. 此时极限 $\lim\limits_{x \to x_0} \dfrac{f(x) - f(x_0)}{x - x_0}$ 称为 $f(x)$ 在点 x_0 处(对 x)的导数,记为 $f'(x_0)$.

导数还可以表示为

$$y'\big|_{x=x_0},\quad \frac{\mathrm{d}y}{\mathrm{d}x}\big|_{x=x_0},\quad \frac{\mathrm{d}f(x)}{\mathrm{d}x}\big|_{x=x_0}.$$

令 $x - x_0 = \Delta x$,导数定义中的极限也可以写成

$$f'(x_0) = \lim_{\Delta x \to 0} \frac{\Delta y}{\Delta x} = \lim_{\Delta x \to 0} \frac{f(x_0 + \Delta x) - f(x_0)}{\Delta x}.$$

由图 3.2 可知,$y = f(x)$ 在点 x_0 处的导数就是 $y = f(x)$ 在点 x_0 处(对 x)的瞬间变化率,也是 $y = f(x)$ 的函数图象在点 $(x_0, f(x_0))$ 处的切线斜率.

曲线 $y = f(x)$ 在点 $(x_0, f(x_0))$ 处的切线方程为

$$f(x) - f(x_0) = f'(x_0)(x - x_0).$$

若 $f'(x_0) \neq 0$,则曲线 $y = f(x)$ 在点 $(x_0, f(x_0))$ 处的法线方程为

$$f(x) - f(x_0) = \frac{-1}{f'(x_0)}(x - x_0).$$

若 $f'(x_0)=0$，则曲线 $y=f(x)$ 在点 $(x_0,f(x_0))$ 处的法线方程为 $x=x_0$.

定义 2 如果

$$\lim_{x \to x_0^+} \frac{f(x)-f(x_0)}{x-x_0} \quad \text{或} \quad \lim_{x \to x_0^-} \frac{f(x)-f(x_0)}{x-x_0}$$

存在，则称 $f(x)$ 在点 x_0 处右（左）可导，对应的极限称为 $f(x)$ 在点 x_0 处的右（左）导数，记为 $f'_+(x_0)$（$f'_-(x_0)$）.

由单侧极限与极限之间的关系可知，函数在一点处可导，当且仅当它在该点处有左导数和右导数，并且两单侧导数相等.

点可导的概念可以推广至区间可导.

定义 3 设函数 $f(x)$ 在开区间 (a,b) 内有定义，若 $f(x)$ 在 (a,b) 内每一点都可导，则称 $f(x)$ 在 (a,b) 可导. 如果 $f(x)$ 在 (a,b) 内可导，在点 a 处有右导数，在点 b 处有左导数，则称 $f(x)$ 在 $[a,b]$ 上可导.

任取一个可导点 x，我们有一个导数值 $f'(x)$ 与之相对应，从而在全体可导点集合上可以定义一个新的函数（图 3.3），这个函数叫作**导函数**（简称导数），记为 $f'(x)$.

$$f'(x)=\lim_{\Delta x \to 0} \frac{f(x+\Delta x)-f(x)}{\Delta x}.$$

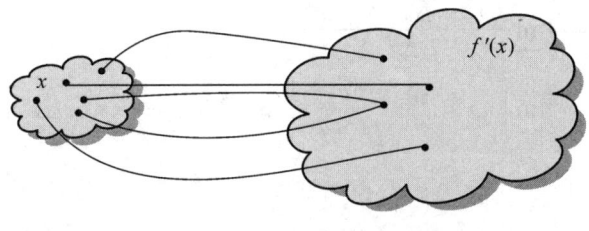

图 3.3

导函数还可以记作

$$y'(x),\ y',\ f',\ \frac{\mathrm{d}y}{\mathrm{d}x},\ \frac{\mathrm{d}f}{\mathrm{d}x}.$$

由导数的定义我们可按以下步骤计算 $f(x)$ 在点 x_0 处的导数：

(1) 计算函数在点 x_0 处的增量

$$\Delta y = f(x_0+\Delta x)-f(x_0);$$

(2) 计算函数增量与自变量增量的比

$$\frac{\Delta y}{\Delta x};$$

(3) 求极限

$$\lim_{\Delta x \to 0} \frac{\Delta y}{\Delta x}.$$

例3 求常值函数 $y=C$ 的导数,其中 C 为常数.

解 因为

$$\Delta f = f(x_0 + \Delta x) - f(x_0) = C - C = 0,$$

从而

$$f'(x_0) = \lim_{\Delta x \to 0} \frac{\Delta f}{\Delta x} = 0.$$

即

$$(C)' = 0.$$

例4 求函数 $f(x) = x^n$ ($n \in \mathbf{N}^+$) 的导数.

解
$$f'(x) = \lim_{\Delta x \to 0} \frac{f(x + \Delta x) - f(x)}{\Delta x}$$
$$= \lim_{\Delta x \to 0} \frac{(x + \Delta x)^n - x^n}{\Delta x}$$
$$= \lim_{\Delta x \to 0} \left[nx^{n-1} + \frac{n(n-1)}{2} x^{n-2} \Delta x + \cdots + (\Delta x)^{n-1} \right]$$
$$= nx^{n-1}.$$

更一般地[①],对于幂函数 $y = x^\mu$ (μ 为常数)也有 $y' = \mu x^{\mu-1}$. 例如,当 $\mu = \frac{1}{2}$,

$$(\sqrt{x})' = \frac{1}{2} x^{\frac{1}{2}-1} = \frac{1}{2\sqrt{x}}.$$

当 $\mu = -1$ 时,

$$\left(\frac{1}{x}\right)' = (-1)x^{-1-1} = -\frac{1}{x^2}.$$

[①] 严格证明可利用 3.2 节中的复合函数求导法则.

例5 求函数 $f(x) = \sin x$ 的导数及 $(\sin x)'\big|_{x=\frac{\pi}{3}}$.

解 令 $\Delta x = h$,$(\sin x)' = \lim\limits_{h \to 0} \dfrac{\sin(x+h) - \sin x}{h}$

$$= \lim_{h \to 0} \cos\left(x + \dfrac{h}{2}\right) \cdot \dfrac{\sin \dfrac{h}{2}}{\dfrac{h}{2}} = \cos x.$$

即

$$(\sin x)' = \cos x.$$

则

$$(\sin x)'\big|_{x=\frac{\pi}{3}} = \cos x \big|_{x=\frac{\pi}{3}} = \dfrac{1}{2}.$$

同理可证明 $(\cos x)' = -\sin x$.

例6 求函数 $f(x) = a^x\ (a > 0, a \neq 1)$ 的导数.

解 $(a^x)' = \lim\limits_{h \to 0} \dfrac{a^{x+h} - a^x}{h} = a^x \lim\limits_{h \to 0} \dfrac{a^h - 1}{h} = a^x \ln a,$

即

$$(a^x)' = a^x \ln a.$$

特别地,$(e^x)' = e^x$.

例7 求函数 $y = \log_a x\ (a > 0, a \neq 1)$ 的导数.

解 $y' = \lim\limits_{h \to 0} \dfrac{\log_a(x+h) - \log_a x}{h}$

$$= \lim_{h \to 0} \dfrac{\log_a\left(1 + \dfrac{h}{x}\right)}{\dfrac{h}{x}} \cdot \dfrac{1}{x}$$

$$= \dfrac{1}{x} \lim_{h \to 0} \log_a\left(1 + \dfrac{h}{x}\right)^{\frac{x}{h}} = \dfrac{1}{x} \log_a e,$$

即

$$(\log_a x)' = \dfrac{1}{x \ln a}.$$

特别地，$(\ln x)' = \dfrac{1}{x}$.

例 8　求曲线 $y = \sqrt{x}$ 在点 $(4, 2)$ 处的法线方程.

解　因为 $y' = (\sqrt{x})' = \dfrac{1}{2\sqrt{x}}$，代入 $x = 4$ 得

$$y'|_{x=4} = \dfrac{1}{2\sqrt{4}} = \dfrac{1}{4},$$

故所求法线方程为

$$y - 2 = -4(x - 4),$$

即

$$y + 4x - 18 = 0.$$

3.1.3　可导的条件

如何判断函数在一点处是否可导？

假设 x_0 是 $y = f(x)$ 的可导点，则

$$\lim_{x \to x_0} \dfrac{f(x) - f(x_0)}{x - x_0}$$

存在，从而有

$$\lim_{x \to x_0} [f(x) - f(x_0)] = \lim_{x \to x_0} \dfrac{f(x) - f(x_0)}{x - x_0}(x - x_0)$$
$$= f'(x_0) \lim_{x \to x_0} (x - x_0) = 0.$$

这正是函数 $y = f(x)$ 在点 x_0 处连续的条件. 所以有如下定理：

定理 1　函数 $y = f(x)$ 的可导点一定是连续点.

反之，连续点是不是都是可导点呢？回答是否定的.

例 9 讨论函数 $y=|x|$ 在点 $x=0$ 处的连续性和可导性.

解 因为 $\lim\limits_{x\to 0}|x|=0=|0|$,所以点 $x=0$ 是 $y=|x|$ 的连续点. 又由于

$$\lim_{\Delta x\to 0^+}\frac{f(0+\Delta x)-f(0)}{\Delta x}=\lim_{\Delta x\to 0^+}\frac{\Delta x}{\Delta x}=1,$$

$$\lim_{\Delta x\to 0^-}\frac{f(0+\Delta x)-f(0)}{\Delta x}=\lim_{\Delta x\to 0^-}\frac{-\Delta x}{\Delta x}=-1,$$

故点 $x=0$ 不是 $y=|x|$ 的可导点.

广角镜

在 17—18 世纪,由于人们接触的几乎都是初等函数,所以认为函数的连续性和可导性是一致的,即可导函数必连续,并且连续函数也是可导的. 自反例 $y=|x|$ 出现后,人们明白连续未必可导,但另一方面,他们又认为 $y=|x|$ 仅在点 $x=0$ 处不可导,故不可导的连续点很少,于是把结论修改为"连续函数在定义域上除有限点外皆可导". 1872 年,德国数学家魏尔斯特拉斯举出一个反例,证明存在一个在定义域上处处连续但处处不可导的函数,它用级数的形式可以表示为

$$W(x)=\sum_{n=0}^{\infty}b^n\cos(a^n\pi x),$$

其中,a 是一个奇数,$0<b<1$,且 $ab>1+\dfrac{3}{2}\pi$.

该反例的提出在数学界引起巨大震动和反响,它澄清了人们头脑中的错误认识,而且促进了人们对许多类似函数(数学上称之为"病态函数")的重视和研究,最终导致微积分的革命和新型积分领域——勒贝格积分的创立. 魏尔斯特拉斯在完善极限理论方面也做出了杰出的贡献. 正因如此,19 世纪和 20 世纪初最具影响力的数学家之一希尔伯特认为:"魏尔斯特拉斯以其酷爱批判的精神和深邃的洞察力,为数学分析建立了坚实的基础. 通过澄清函数、导数等概念,他排除了在微积分中仍在出现的各种错误提法,扫清了关于无穷大、无穷小等各种混乱观念,决定性地克服了源于无穷大、无穷小朦胧思想的困难……今天,分析学能达到这样和谐可靠和完美的程度……本质上应归功于魏尔斯特拉斯的科学活动."

习题 3.1

1. 已知函数 $f(x)$ 在点 x_0 处的导数为 $f'(x_0)$,则求出下列极限的值.

   (1) $\lim\limits_{x \to x_0} \dfrac{x - x_0}{f(x) - f(x_0)}$ [假定 $f'(x_0) \neq 0$];

   (2) $\lim\limits_{\Delta x \to 0} \dfrac{f(x_0 - 2\Delta x) - f(x_0)}{\Delta x}$;

   (3) 如果 $x_0 = 0$, $f(0) = 0$,求 $\lim\limits_{x \to 0} \dfrac{f(x)}{x}$.

2. 证明:$(\cos x)' = -\sin x$.

3. 求下列函数的导数.

   (1) $y = x^{2.4}$; (2) $y = \dfrac{1}{\sqrt{x}}$; (3) $y = \sqrt[5]{x^4}$;

   (4) $y = \dfrac{x^2 \sqrt[3]{x}}{\sqrt{x^7}}$; (5) $y = \left(\dfrac{3}{8}\right)^x$; (6) $y = 3^{2x}$;

   (7) $y = 4^x e^x$; (8) $y = \log_{\frac{1}{2}} x$; (9) $y = \log_{11} x$.

4. 已知 $f(x) = \begin{cases} 2x^2, & x \geq 2, \\ x^3, & x < 2, \end{cases}$ 求 $f'_+(2), f'_-(2)$,并讨论 $f'(2)$ 是否存在.

5. 设
$$\varphi(x) = \begin{cases} x^a \sin \dfrac{1}{x}, & x > 0, \\ 0, & x \leq 0, \end{cases}$$

讨论函数在点 $x = 0$ 处的连续性与可导性.

6. 设函数
$$f(x) = \begin{cases} x^3 + 1, & x \leq 1, \\ ax + b, & x > 1, \end{cases}$$

为了使函数在点 $x = 1$ 处连续且可导,a, b 应取什么值?

7. 已知 $f(x) = \begin{cases} 2^x, & x \geq 0, \\ \cos x, & x < 0, \end{cases}$ 求 $f'(x)$.

8. 求曲线 $y = \tan x$ 在点 $\left(\dfrac{\pi}{4}, 1\right)$ 处的切线与法线方程.

9. 求曲线 $y = e^{3x}$ 在点 $(0, 1)$ 处的切线与法线方程.

10. 求曲线 $y = \ln x$ 在点 $(e^2, 2)$ 处的切线与法线方程.

3.2 求导法则

> 这是普遍方法中的一个特殊方法,或者更确切地,一个推理,它本身用不着任何麻烦的计算,就可以用来作出任何曲线的切线……
>
> ——牛顿 《写给约翰·科林斯的信》

牛顿(Isaac Newton,1643—1727),英国著名的物理学家、数学家,主要研究数学、力学以及光学.他的研究后来几乎都成为科学史划时代的发现.1672 年,牛顿关于光和颜色的论文发表在皇家学会的杂志《哲学汇刊》,这一新颖的理论受到了其他一些物理学家的攻击.为了保卫自己的成果,牛顿陷入了长达六年的论战.此后牛顿就再也不愿意发表自己的著作了.但是牛顿愿意与关系良好的英国科学家们广泛通信,分享自己思想的火花.科林斯(John Collins)是牛顿的拥护者,是牛顿早期最重要的通信者之一.在牛顿写给他的信件中有很多关于重力、微积分、光学、化学、彗星以及其他主题的讨论,具有极高的科学、历史研究价值.

3.2.1 四则运算求导法则

我们已经利用导数的定义计算出一些简单函数的导数,但直接用定义计算复杂函数的导数比较繁琐,是否有更简便的求导方法呢?若复杂函数是由简单函数生成,是否可以利用已知简单函数的导数来帮助我们计算复杂函数的导数呢?

思考这样一个问题,设 $f(x)=2x+3$,$g(x)=3x-4$,不用导数定义,你是否知道它们的和 $f+g$ 的导数是多少?

利用导数的几何意义,直线 $f(x)=2x+3$ 的斜率为 $\dfrac{df}{dx}=2$,同理 $\dfrac{dg}{dx}=3$.

直线 $f(x)+g(x)=5x-1$,其导数

$$\frac{\mathrm{d}(f+g)}{\mathrm{d}x}=5,$$

恰为

$$\frac{\mathrm{d}f}{\mathrm{d}x}+\frac{\mathrm{d}g}{\mathrm{d}x}!$$

我们是否可以猜想

$$[f(x)+g(x)]'=[f(x)]'+[g(x)]'?$$

定理 1(四则运算求导法则) 设 $u(x)$ 和 $v(x)$ 在点 x 处可导,则两个可导函数的和、差、积、商在点 x 处依然可导,且

(1) $(u \pm v)' = u' \pm v'$;

(2) $(uv)' = u'v + uv'$,特别地,$(Cu)' = Cu'$,C 为常数;

(3) $\left(\dfrac{u}{v}\right)' = \dfrac{u'v - uv'}{v^2}$,特别地,$\left(\dfrac{1}{v}\right)' = \dfrac{-v'}{v^2}$.

证 这里只证明(1),其他结论可类似证明.

$$\begin{aligned}(u+v)' &= \lim_{h \to 0} \frac{[u(x+h)+v(x+h)]-[u(x)+v(x)]}{h} \\ &= \lim_{h \to 0} \frac{[u(x+h)-u(x)]}{h} + \lim_{h \to 0} \frac{[v(x+h)-v(x)]}{h} \\ &= u' + v'.\end{aligned}$$

一定要注意 $[u(x) \cdot v(x)]' \neq [u(x)]' \cdot [v(x)]'$. 导数的乘法运算规则通俗地讲就是"轮流"求导之后再求和. 同样地

$$\left[\frac{f(x)}{g(x)}\right]' \neq \frac{[f(x)]'}{[g(x)]'}.$$

导数的除法运算规则涉及分子、分母的"轮流"求导!

例 1 $y = 2x^3 - 5x^2 + 3x - 7$,求 y'.

解 $\begin{aligned}y' &= (2x^3 - 5x^2 + 3x - 7)' \\ &= (2x^3)' - (5x^2)' + (3x)' - (7)' \\ &= 2(x^3)' - 5(x^2)' + 3(x)' - (7)' \\ &= 2(3x^2) - 5(2x) + 3 \times 1 - 0 \\ &= 6x^2 - 10x + 3.\end{aligned}$

例 2 求 $y = x\ln x - x$ 的导数.

解 $y' = (x\ln x)' - 1 = \ln x + x(\ln x)' - 1$
$= \ln x + x \cdot \dfrac{1}{x} - 1 = \ln x.$

例 3 $y = \tan x$,求 y'.

解 $y' = (\tan x)' = \left(\dfrac{\sin x}{\cos x}\right)'$
$= \dfrac{(\sin x)'\cos x - \sin x(\cos x)'}{\cos^2 x}$
$= \dfrac{\sin^2 x + \cos^2 x}{\cos^2 x} = \dfrac{1}{\cos^2 x} = \sec^2 x.$

类似可证明
$$(\cot x)' = -\csc^2 x,$$
$$(\sec x)' = \sec x \tan x,$$
$$(\csc x)' = -\csc x \cot x.$$

例 4 $y = \sin 2x$,求 y'.

解 $y' = (2\sin x \cos x)'$
$= 2[(\sin x)'\cos x + (\cos x)'\sin x]$
$= 2(\cos^2 x - \sin^2 x) = 2\cos 2x.$

3.2.2 反函数求导法则

我们继续思考关于直线的又一个问题,设 $y = f(x) = 2x + 3$,不用导数定义,是否可以知道 $x = f^{-1}(y)$ 的导数 $\dfrac{dx}{dy}$ 是多少?

$x = f^{-1}(y) = \dfrac{1}{2}y - \dfrac{3}{2}$ 也是直线,斜率 $\dfrac{dx}{dy} = \dfrac{1}{2}$,恰为原函数 $y = 2x + 3$ 导数 $\dfrac{dy}{dx} = 2$ 的倒数!

我们是否可以猜想,反函数的导数一定是原函数导数的倒数?

定理 2(反函数求导法则)① 设函数 $y=f(x)$ 在区间 I 内单调、连续,且在点 x 处导数不为零,则其反函数 $x=\varphi(y)$ 在对应点 y 处也可导,且

$$\varphi'(y) = \frac{1}{f'(x)},$$

即

$$\frac{\mathrm{d}x}{\mathrm{d}y} = \frac{1}{\frac{\mathrm{d}y}{\mathrm{d}x}}.$$

例 5 $y = \arcsin x$,求 y'.

解 由 $y = \arcsin x$ 知 $x = \sin y$,$y \in \left(-\frac{\pi}{2}, \frac{\pi}{2}\right)$,则 $\frac{\mathrm{d}y}{\mathrm{d}x} = \frac{1}{\frac{\mathrm{d}x}{\mathrm{d}y}}$. 而

$$\frac{\mathrm{d}x}{\mathrm{d}y} = (\sin y)' = \cos y = \sqrt{1 - \sin^2 y},$$

所以

$$y' = \frac{1}{\cos y} = \frac{1}{\sqrt{1 - \sin^2 y}} = \frac{1}{\sqrt{1 - x^2}}.$$

类似可证明

$$(\arccos x)' = -\frac{1}{\sqrt{1 - x^2}},$$

$$(\arctan x)' = \frac{1}{1 + x^2},$$

$$(\text{arccot } x)' = -\frac{1}{1 + x^2}.$$

由此得到常数及基本初等函数的求导公式:

(1) $(C)' = 0$,C 为常数,   (2) $(x^\mu)' = \mu x^{\mu-1}$,

(3) $(\sin x)' = \cos x$,   (4) $(\cos x)' = -\sin x$,

(5) $(\tan x)' = \sec^2 x$,   (6) $(\cot x)' = -\csc^2 x$,

---

① 严格证明可利用极限的宽带理论.

(7) $(\sec x)' = \sec x \tan x$,

(8) $(\csc x)' = -\csc x \cot x$,

(9) $(a^x)' = a^x \ln a$,

(10) $(e^x)' = e^x$,

(11) $(\log_a x)' = \dfrac{1}{x \ln a}$,

(12) $(\ln x)' = \dfrac{1}{x}$,

(13) $(\arcsin x)' = \dfrac{1}{\sqrt{1-x^2}}$,

(14) $(\arccos x)' = -\dfrac{1}{\sqrt{1-x^2}}$,

(15) $(\arctan x)' = \dfrac{1}{1+x^2}$,

(16) $(\operatorname{arccot} x)' = -\dfrac{1}{1+x^2}$.

3.2.3 复合函数求导法则

设 $y = f(u) = 2u + 3$,$u = g(x) = 3x - 4$,不用导数定义,我们是否可以知道复合函数 $y = f \circ g(x)$ 的导数 $\dfrac{dy}{dx}$ 是多少？

$y = f \circ g(x) = 6x - 5$ 依然是直线,斜率 $\dfrac{dy}{dx} = 6$,恰为 $\dfrac{dy}{du} = 2$ 与 $\dfrac{du}{dx} = 3$ 的乘积！

仔细观察例 4 也可以发现函数 $y = \sin 2x$ 是由 $y = \sin u$,$u = 2x$ 复合而成,而

$$(\sin 2x)' = 2\cos 2x = (\sin u)' \cdot (2x)'.$$

是否说明：复合函数的导数可以由复合过程中各层简单函数的导数作乘法来计算？

定理 3(复合函数链式求导法则) 设 $u = \varphi(x)$ 在点 x 处可导,$y = f(u)$ 在点 $u = \varphi(x)$ 处可导,那么复合函数 $y = f(\varphi(x)) = (f \circ \varphi)(x)$ 在点 x 处可导,且

$$\frac{dy}{dx} = f'(u)\varphi'(x),$$

即

$$\frac{dy}{dx} = \frac{dy}{du} \cdot \frac{du}{dx}.$$

证 $y = f(u)$ 在点 $u = \varphi(x)$ 处可导,

$$f'(u) = \lim_{\Delta u \to 0} \frac{\Delta y}{\Delta u},$$

则 $\dfrac{\Delta y}{\Delta u} = f'(u) + \alpha$,其中 α 为 $\Delta u \to 0$ 时的无穷小,此时有

$$\Delta y = f'(u)\Delta u + \alpha \Delta u,$$

$u = \varphi(x)$ 在点 x 可导,当 $\Delta x \to 0$ 时 $\Delta u \to 0$,则

$$\lim_{\Delta x \to 0} \frac{\Delta y}{\Delta x} = \lim_{\Delta x \to 0} \frac{f'(u)\Delta u + \alpha \Delta u}{\Delta x}$$

$$= f'(u)\lim_{\Delta x \to 0}\frac{\Delta u}{\Delta x} + \lim_{\Delta x \to 0}\alpha \cdot \lim_{\Delta x \to 0}\frac{\Delta u}{\Delta x}$$

$$= f'(u) \cdot \varphi'(x).$$

例 6 求函数 $y = e^{x^3}$ 的导数.

解 $y = e^{x^3}$ 可看作由 $y = e^u$,$u = x^3$ 复合而成,因此

$$\frac{dy}{dx} = \frac{dy}{du} \cdot \frac{du}{dx} = e^u \cdot 3x^2 = 3x^2 e^{x^3}.$$

例 7 求函数 $y = \ln\ln x$ 的图象上点 $(e, 0)$ 处的切线方程.

解 $y = \ln\ln x$ 可看作由 $y = \ln u$,$u = \ln x$ 复合而成,因此

$$y' = (\ln u)' \cdot (\ln x)'$$

$$= \frac{1}{\ln x} \cdot \frac{1}{x} = \frac{1}{x\ln x},$$

所以 $y'(e) = \dfrac{1}{e}$,即切线斜率为 $\dfrac{1}{e}$,从而点 $(e, 0)$ 处的切线方程为

$$y = \frac{1}{e}(x - e) = \frac{1}{e}x - 1.$$

复合函数的求导法则可以推广到多个中间变量的情形.

设 $y = f(u)$,$u = \varphi(v)$,$v = \phi(x)$,则

$$\frac{dy}{dx} = \frac{dy}{du} \cdot \frac{du}{dv} \cdot \frac{dv}{dx} = f'(u) \cdot \varphi'(v) \cdot \phi'(x).$$

这里假定所出现的函数在相应点处的导数都存在. 复合函数求导法则又称为链式

法则.

例 8　$y = \ln\cos e^x$，求 $\dfrac{dy}{dx}$.

解　所给函数可分解为 $y = \ln u$，$u = \cos v$，$v = e^x$. 因此

$$\frac{dy}{dx} = \frac{1}{u} \cdot (-\sin v) \cdot e^x = -\frac{\sin e^x}{\cos e^x} \cdot e^x = -e^x \tan e^x.$$

例 9　设 $f(x) = \begin{cases} x, & x < 0 \\ \ln(1+x), & x \geqslant 0, \end{cases}$ 求 $f'(x)$.

解　当 $x < 0$ 时，$f'(x) = 1$；

当 $x > 0$ 时，

$$f'(x) = [\ln(1+x)]' = \frac{1}{1+x} \cdot (1+x)' = \frac{1}{1+x};$$

当 $x = 0$ 时，

$$f'_-(0) = \lim_{h \to 0^-} \frac{0+h-\ln(1+0)}{h} = 1,$$

$$f'_+(0) = \lim_{h \to 0^+} \frac{\ln[1+(0+h)] - \ln(1+0)}{h} = 1,$$

因此

$$f'(0) = 1.$$

即

$$f'(x) = \begin{cases} 1, & x \leqslant 0, \\ \dfrac{1}{1+x}, & x > 0. \end{cases}$$

例 10　已知 $f(u)$ 可导，设 $y = f(\sin x)$，求 $\dfrac{dy}{dx}$.

解　$\dfrac{dy}{dx} = f'(u) \cdot \cos x = f'(\sin x) \cdot \cos x.$

这里需注意，$f'(\sin x)$ 并不是复合函数 $f(\sin x)$ 对最终自变量 x 的导数 $[f(\sin x)]'$，而是外层函数 $f(u)$ 对中间变量 u 的导数在对应点 $u = \sin x$ 处的值，即

$$f'(\sin x) = f'(u)|_{u=\sin x}.$$

习题 3.2

1. 求下列函数的导数.

   (1) $y = 5x^3 - 2^x + 3\tan x$;

   (2) $y = \dfrac{2^x}{\cos x}$;

   (3) $y = x^{-3} e^x$;

   (4) $y = \dfrac{1 - \sin x}{1 + \cos x}$;

   (5) $y = x \arctan x - 5x^4 + \ln 6$;

   (6) $w = v^7 \csc v \ln v$.

2. 求下列函数在定点处的导数.

   (1) $f(x) = \dfrac{5}{x-2} + \dfrac{x^5}{3}$, 求 $f'(1)$ 和 $f'(-1)$;

   (2) $y = \dfrac{1-x}{1+x^2}$, 求 $\left. \dfrac{dy}{dx} \right|_{x=1}$.

3. 求曲线 $y = e^x (x-2)(x^3+1)$ 上横坐标点 $x = 0$ 处的切线方程和法线方程.

4. 求下列函数的导数.

   (1) $y = e^{-4x^3}$;

   (2) $y = \ln \sec x$;

   (3) $y = \sqrt{4 + x^2}$;

   (4) $y = \cot x^3$;

   (5) $y = \ln(1 + x - 2x^2)$;

   (6) $y = \arcsin \dfrac{1}{x}$.

5. 求下列函数的导数.

   (1) $y = \arccos(1 + 2x)$;

   (2) $y = \dfrac{3}{\sqrt{5 - x^2}}$;

   (3) $y = 3^{-2x^2} \sec x$;

   (4) $y = \operatorname{arccot} \dfrac{1}{x^2}$;

   (5) $y = \dfrac{\sin^2 x}{x}$;

   (6) $y = \ln(x + \csc x)$.

6. 求下列函数的导数.

   (1) $y = \sqrt{x^2 + \sqrt{x}}$;

   (2) $y = \dfrac{a^x - a^{-x}}{a^x + a^{-x}}$;

   (3) $y = \cos x^2 \tan^2 x$;

   (4) $y = \dfrac{\ln^4 x}{4^x}$;

   (5) $y = \ln \ln \ln x$;

   (6) $y = \arcsin \sqrt{\dfrac{2-x}{2+x}}$.

7. 求下列函数的导数.

   (1) $y = \dfrac{\sqrt{1 - x^2}}{\arcsin x}$;

   (2) $y = e^{\arccos \sqrt{x}}$;

(3) $y = \dfrac{\sqrt{3+x} - \sqrt{3-x}}{\sqrt{3+x} + \sqrt{3-x}}$;

(4) $y = \sqrt{12 + x\ln^2 x}$;

(5) $y = x\cos(4 - 3x^2) + \dfrac{1}{\sqrt{2-x^2}}$.

8. 设 $f(x)$ 可导,求下列函数的导数 $\dfrac{\mathrm{d}y}{\mathrm{d}x}$.

(1) $y = f(x^3)$;

(2) $y = f\left(\dfrac{1}{x}\right)$;

(3) $y = f(\sin^2 x)$;

(4) $y = f(x^2) + f\left(\dfrac{1}{x^3}\right)$.

3.3 高阶导数

一阶导数告诉我们函数的变化趋势,而高阶导数则揭示了函数的深层性质.

——拉格朗日

约瑟夫·拉格朗日(Joseph Lagrange,1736—1813),18 世纪法国著名数学家、物理学家、天文学家,在微积分、数学分析和力学都做出许多重要贡献. 拉格朗日在微分学中引入了简洁的高阶导数符号,使得高阶导数的书写和运算非常方便,最终成为现代微积分中的标准符号. 此外,拉格朗日还研究了高阶导数与函数光滑性的相关性.

3.3.1 高阶导数的概念

三个函数分别记作① $\sin x$,② $\cos x$,③ $(-\sin x)$,已知③是②的导数,②是①的导数,那么③与①有怎样的关系?

一般地,函数 $y = f(x)$ 的导数 $y' = f'(x)$ 依然是 x 的函数. 我们把 $y' = f'(x)$ 的导数称为函数 $y = f(x)$ 的二阶导数,记作

$$y'', \quad f''(x), \quad \frac{d^2 y}{dx^2} \quad \text{或} \quad \frac{d^2 f}{dx^2}.$$

相应地,把 $y=f(x)$ 的导数 $y'=f'(x)$ 称为函数 $y=f(x)$ 的一阶导数,$y=f(x)$ 称为零阶导数.

类似地,二阶导数的导数称为 $f(x)$ 的三阶导数,记作

$$y''', \quad f'''(x), \quad \frac{d^3 y}{dx^3} \quad \text{或} \quad \frac{d^3 f}{dx^3}.$$

一般地,$n-1$ 阶导数的导数称为 $f(x)$ 的 n 阶导数,记作[①]

$$y^{(n)}, \quad f^{(n)}(x), \quad \frac{d^n y}{dx^n} \quad \text{或} \quad \frac{d^n f}{dx^n}.$$

我们把二阶及二阶以上的导数统称为高阶导数.

例1 求 $y = x\ln x - \sin x$ 的二阶导数.

解 $y' = (x\ln x)' - (\sin x)' = \ln x + x(\ln x)' - \cos x$

$\qquad = \ln x + x \cdot \dfrac{1}{x} - \cos x$

$\qquad = \ln x + 1 - \cos x,$

故

$$y'' = (\ln x + 1 - \cos x)' = \frac{1}{x} + \sin x.$$

例2 求函数 $y = x^m \, (m \in \mathbf{N})$ 的 n 阶导数.

解 逐阶求导得

$$y' = mx^{m-1},$$
$$y'' = (mx^{m-1})' = m(m-1)x^{m-2},$$
$$\cdots$$

当 $m > n$ 时,可以得到

$$y^{(n)} = m(m-1)\cdots(m-n+1)x^{m-n}.$$

---

① 这里符号 $y^{(n)}$ 是 $(y')'$ 的简化表示,$\dfrac{d^n y}{dx^n}$ 是 $\dfrac{d\left(\dfrac{d^{n-1} y}{dx^{n-1}}\right)}{dx}$ 的简化表示.

特别地
$$(x^n)^{(n)} = n \cdot (n-1) \cdot \cdots \cdot 2 \cdot 1 = n!.$$
当 $m < n$ 时，$y^{(n)} = 0$.

一般地，幂函数 $y = x^\mu (\mu \in \mathbf{R})$ 都有类似的 n 阶导数公式.
$$y^{(n)} = \mu(\mu-1)\cdots(\mu-n+1)x^{\mu-n} \quad (n=1,2,\cdots).$$

利用上述公式可得
$$\left(\frac{1}{x}\right)^{(n)} = (-1) \cdot (-2) \cdot \cdots \cdot (-n)^{-1-n} \cdot \frac{1}{x^{n+1}}$$
$$= \frac{(-1)^n \cdot n!}{x^{n+1}}.$$

例 3 求函数 $y = a^x$ 的 n 阶导数.

解
$$y' = a^x \ln a,$$
$$y'' = (a^x \ln a)' = a^x (\ln a)^2,$$
$$y''' = (a^x \ln^2 a)' = a^x (\ln a)^3,$$

一般地，有
$$y^{(n)} = a^x \ln^n a.$$

特别地
$$(e^x)^{(n)} = e^x.$$

例 4 求函数 $y = \ln x$ 的 n 阶导数.

解 $y' = \left(\frac{1}{x}\right)$，$y'' = \left(\frac{1}{x}\right)'$，$\cdots$，
$$y^{(n)} = \left(\frac{1}{x}\right)^{(n-1)} = \frac{(-1)^{n-1} \cdot (n-1)!}{x^n}.$$

例 5 求函数 $y = \sin x$ 的 n 阶导数.

解 逐阶求导得
$$y' = \cos x = \sin\left(x + \frac{\pi}{2}\right),$$
$$y'' = \left[\sin\left(x + \frac{\pi}{2}\right)\right]' = \cos\left(x + \frac{\pi}{2}\right) = \sin\left(x + 2 \cdot \frac{\pi}{2}\right),$$
$$y''' = \left[\sin\left(x + 2 \cdot \frac{\pi}{2}\right)\right]' = \cos\left(x + 2 \cdot \frac{\pi}{2}\right) = \sin\left(x + 3 \cdot \frac{\pi}{2}\right),$$

一般地，
$$y^{(n)} = \sin\left(x + n \cdot \frac{\pi}{2}\right).$$

类似可得
$$(\cos x)^{(n)} = \cos\left(x + \frac{n\pi}{2}\right).$$

3.3.2 高阶求导的运算法则

利用逐阶求导，我们可以得到

定理 1 设 $u(x)$ 和 $v(x)$ n 阶可导，则

(1) $[u \pm v]^{(n)} = [u]^{(n)} \pm [v]^{(n)}$；

(2) $[Cu]^{(n)} = Cu^{(n)}$，C 为常数；

(3) $[u \cdot v]^{(n)} = \sum\limits_{k=0}^{n} C_n^k u^{(k)} \cdot v^{(n-k)}$，其中组合数 $C_n^k = \dfrac{n!}{k!(n-k)!}$；

(4) 若 $f(u)$ n 阶可导，则 $[f(ax+b)]^{(n)} = a^n f^{(n)}(ax+b)$，其中
$$f^{(n)}(ax+b) = f^{(n)}(u)|_{u=ax+b}.$$

例 5 求函数 $y = \dfrac{1}{x^2 - 1}$ 的 n 阶导数.

解 $y = \dfrac{1}{x^2 - 1} = \dfrac{1}{2}\left[\dfrac{1}{x-1} - \dfrac{1}{x+1}\right]$，则

$$y^{(n)} = \dfrac{1}{2}\left[\left(\dfrac{1}{x-1}\right)^{(n)} - \left(\dfrac{1}{x+1}\right)^{(n)}\right].$$

而 $\left(\dfrac{1}{ax+b}\right)^{(n)} = a^n \cdot \dfrac{(-1)^n n!}{(ax+b)^{n+1}}$，故

$$y^{(n)} = \dfrac{1}{2}\left[\dfrac{(-1)^n n!}{(x-1)^{n+1}} - \dfrac{(-1)^n n!}{(x+1)^{n+1}}\right]$$

$$= \dfrac{(-1)^n n!}{2}\left[\dfrac{1}{(x-1)^{n+1}} - \dfrac{1}{(x+1)^{n+1}}\right].$$

例 6 设 $y = \sin^4 x + \cos^4 x$,求 $y^{(26)}(0)$.

解 $y = (\sin^2 x + \cos^2 x)^2 - 2\sin^2 x \cos^2 x = 1 - \dfrac{1}{2}(\sin 2x)^2$

$$= 1 - \dfrac{1}{2} \cdot \dfrac{1 - \cos 4x}{2} = \dfrac{3}{4} + \dfrac{1}{4}\cos 4x,$$

则

$$y^{(n)} = \left(\dfrac{3}{4}\right)^{(n)} + \dfrac{1}{4}(\cos 4x)^{(n)}.$$

而 $(\cos kx)^{(n)} = k^n \cdot \cos\left(kx + \dfrac{n\pi}{2}\right)$,故

$$y^{(26)}(0) = \dfrac{1}{4} \cdot 4^{26} \cdot \cos(13\pi) = -4^{25}.$$

习题 3.3

1. 求下列函数的二阶导数.

(1) $y = x^3 + x^2 + x + 1$;   (2) $y = 3e^{2x}$;

(3) $y = 2^{x+3}$;   (4) $s = \dfrac{1}{3t-1}$;

(5) $y = \sin x \cos x$;   (6) $w = e^v \sin v$;

(7) $y = \ln(3x+2)$;   (8) $y = \sec x$.

2. 求下列函数的二阶导数.

(1) $y = x \sin x$;   (2) $s = \dfrac{\ln t}{t}$;

(3) $y = x^5 + \ln x - 6x$;   (4) $y = e^{x^2}$;

(5) $y = \dfrac{1}{x^2 - 1}$;   (6) $y = \tan(1+x)$;

(7) $y = \ln(x + \sqrt{1+x^2})$;   (8) $y = (1+x^2)\operatorname{arccot} x$.

3. 求下列函数在定点处的二阶导数.

(1) $f(x) = (1+x^2)^5$,求 $f''(1)$;   (2) $y = \ln(3+2x^4)$,求 $\left.\dfrac{d^2 y}{dx^2}\right|_{x=1}$.

4. 设 $f(x)$ 二阶可导,求下列函数的二阶导数 $\dfrac{d^2 y}{dx^2}$.

(1) $y = f(x^3)$;   (2) $y = f\left(\dfrac{1}{x}\right)$.

5. 求下列函数指定阶的高阶导数.

(1) $y = x^3 e^{2x}$,求 $y^{(3)}$; (2) $y = x^4 \ln x$,求 $y^{(4)}$.

6. 求下列函数的 n 阶导数 $y^{(n)}$.

(1) $y = \sqrt{x}$; (2) $y = \dfrac{1}{\sqrt{x}}$;

(3) $y = a\cos x$; (4) $y = \sin 3x$;

(5) $y = \ln(kx+b)$; (6) $y = xe^x$.

7. 设 $y = \ln(12 + 5x - 2x^2)$,求 $y^{(20)}(0)$.

8. 验证函数 $y = e^x \sin 2x$ 满足关系式 $y'' - 2y' + 5y = 0$.

9. 设 $y = (\sin x + \cos x)^2$,求 $y^{(n)}$.

3.4 隐函数求导

函数间的原则区别在于组成这些函数的变量与常量的组合法不同.

——欧拉 《无穷小分析引论》

欧拉(Euler,1707—1783),瑞士数学家及自然科学家.《无穷小分析引论》又名《微分学原理》,欧拉在这本沟通微积分与初等数学的两卷书中介绍了显函数与隐函数、单值函数与多值函数等不同的函数类型,及其与之相关的微分学理论.

求导最初常用于求平面曲线的切线,但有时平面曲线上点的坐标 x 与 y 的关系无法用解析式清晰表达出来,而是以较为隐蔽的方式呈现.本节我们将讨论这种情形下的求导问题.

3.4.1 由方程 $F(x,y) = 0$ 确定的函数的求导方法

观察方程 $xy - e^x + e^y = 0$,给定一个非负数 x_0,可以得到等式 $e^y = e^{x_0} - x_0 y$,意味着由方程所确定的 y_0 对应曲线 $u = e^y$ 与 $u = e^{x_0} - x_0 y$ 的唯一交点. 说

明利用方程 $xy-e^x+e^y=0$ 可以建立关于 x 与 y 的函数关系,这一函数是隐藏在二元方程中的,我们称其为由此二元方程所确定的隐函数.

一般地,如果变量 x 和 y 满足方程 $F(x,y)=0$,在一定条件下,当 x 取某区间内的任一值时,相应地总有满足方程的唯一的 y 值存在,那么就说方程 $F(x,y)=0$ 在该区间内确定了一个隐函数 $y=y(x)$.

> 是否可以把方程 $xy-e^x+e^y=0$ 的隐函数 $y=y(x)$ 解出来,再求导?

从二元方程中把一个隐函数写成因变量关于自变量的解析式,叫作隐函数的显化.隐函数的显化有时是很困难的,有时甚至是不可能的.但在一些实际问题中,我们需要通过方程计算隐函数的导数.借助复合函数的求导法则,可以实现即使隐函数不能显化,也能利用方程算出由它所确定的隐函数的导数.

例 1 求由方程 $x^4-xy+y^4=1$ 所确定的隐函数 $y=y(x)$ 的导数.

解 此时的 y 不能看成独立变量,事实上它是 x 的函数,故方程可以重新理解为

$$x^4-x\cdot y(x)+[y(x)]^4=1,$$

方程两边对 x 求导

$$4x^3-y-x\cdot y'+4y^3y'=0,$$

得

$$y'=\frac{y-4x^3}{4y^3-x}.$$

由于隐函数没有显化,从方程 $F(x,y)=0$ 中计算出来的隐函数依然是二元函数的形式,里面的 y 表示由方程所确定的隐函数.

例 2 求由方程 $xy-e^x+e^y=0$ 所确定的隐函数在 $x=0$ 时的导数 $\dfrac{dy}{dx}\bigg|_{x=0}$.

解 在方程两边对 x 求导

$$y+x\frac{dy}{dx}-e^x+e^y\frac{dy}{dx}=0,$$

解得

$$\frac{dy}{dx}=\frac{e^x-y}{x+e^y}.$$

由原方程知当 $x=0$ 时, $y=0$, 代入得
$$\left.\frac{dy}{dx}\right|_{x=0} = \left.\frac{e^x - y}{x + e^y}\right|_{\substack{x=0 \\ y=0}} = 1.$$

例3 求平面曲线 $xy + \ln y = 1$ 在点 $M(1,1)$ 处的切线方程.

解 先计算由方程 $xy + \ln y = 1$ 所确定的隐函数 $y = f(x)$ 在点 $M(1,1)$ 处的导数(即曲线的切线斜率). 方程两边同时对 x 求导, 得
$$y + xy' + \frac{1}{y}y' = 0,$$
解得
$$y' = -\frac{y^2}{xy + 1}.$$

在点 $M(1,1)$ 处, $\left.y'\right|_{\substack{x=1 \\ y=1}} = -\frac{1^2}{1 \times 1 + 1} = -\frac{1}{2}$, 则平面曲线在点 $M(1,1)$ 处的切线方程为
$$y - 1 = -\frac{1}{2}(x - 1), \quad 即 \quad x + 2y - 3 = 0.$$

划重点啦~

计算由二元方程 $F(x, y) = 0$ 所确定的隐函数 $y = y(x)$ 的导数, 可参照以下步骤:
(1) 将方程中的 y 看成 $y(x)$;
(2) 方程两边对 x 求导, 得到关于 y' 的等式 $*$;
(3) 从等式 $*$ 中解出 y'.
如果需要计算隐函数的二阶导数, 还可以增加以下步骤:
(4) 等式 $*$ 的两边继续对 x 求导, 得到关于 y'' 的等式 $**$;
(5) 从等式 $**$ 中解出 y''.

例4 求由方程 $x^4 - xy^2 + y^3 = 1$ 所确定的隐函数在 $x = 0$ 时的二阶导数 $\left.\dfrac{d^2 y}{dx^2}\right|_{x=0}$.

解 当 $x = 0$ 时, $y = 1$, 方程两边对 x 求导得
$$4x^3 - y^2 - 2xyy' + 3y^2 y' = 0,$$

方程两边再对 x 求导得

$$12x^2 - 4yy' - 2x(y')^2 - 2xyy'' + 6y(y')^2 + 3y^2y'' = 0,$$

解得 $y'(0) = \dfrac{1}{3}$，$y''(0) = \dfrac{2}{9}$.

这种利用等式关系得到函数导数的方法还可以用于对幂指函数的求导计算.

例 5 设 $y = x^{\tan x}$ $(x > 0)$，求 y'.

解 等式两边取对数，得

$$\ln y = \tan x \cdot \ln x,$$

两边同时对 x 求导，得

$$\frac{1}{y} \cdot y' = \sec^2 x \cdot \ln x + \tan x \cdot \frac{1}{x}.$$

所以

$$\begin{aligned} y' &= y\left(\sec^2 x \cdot \ln x + \tan x \cdot \frac{1}{x}\right) \\ &= x^{\tan x}\left(\sec^2 x \cdot \ln x + \tan x \cdot \frac{1}{x}\right). \end{aligned}$$

我们把这种先在等式两边取对数，再来计算导数的方法称为对数求导法.

例 6 设函数 $y = \dfrac{(x+1)\sqrt[3]{x-1}}{(x+4)^2 \mathrm{e}^x}$ $(x > 1)$[①]，求 y'.

解 在等式两边取对数，得

$$\ln y = \ln(x+1) + \frac{1}{3}\ln(x-1) - 2\ln(x+4) - x,$$

等式两边同时对 x 求导，得

$$\frac{y'}{y} = \frac{1}{x+1} + \frac{1}{3(x-1)} - \frac{2}{x+4} - 1.$$

即

$$y' = \frac{(x+1)\sqrt[3]{x-1}}{(x+4)^2 \mathrm{e}^x}\left[\frac{1}{x+1} + \frac{1}{3(x-1)} - \frac{2}{x+4} - 1\right].$$

---

① 即使没有条件 $x > 1$，此题依然可以使用对数求导法，因为取对数只是求导的一个中间步骤.

3.4.2 由参数方程确定的函数的求导方法

若参数方程 $\begin{cases} x = \varphi(t), \\ y = \psi(t) \end{cases}$ 确定了 y 关于 x 的函数关系,则称此函数关系所表达的函数为由参数方程所确定的函数. 例如,由参数方程 $\begin{cases} x = 2t, \\ y = t^2 \end{cases}$ 可以推得 $t = \dfrac{x}{2}$,$y = t^2 = \left(\dfrac{x}{2}\right)^2 = \dfrac{x^2}{4}$,则函数 $y = \dfrac{x^2}{4}$ 就是由原参数方程所确定的函数. 利用参数方程消去参量可以使得上述隐藏在参数方程中的函数显化,但大部分这样的函数可能无法实现消除参量,这些函数又如何求导呢?

一般地,设 $x = \varphi(t)$ 具有单调连续的反函数 $t = \varphi^{-1}(x)$,则变量 y 和 x 构成复合函数 $y = \psi[\varphi^{-1}(x)]$. 若 $x = \varphi(t)$,$y = \psi(t)$ 都可导,且 $\varphi'(t) \neq 0$,则由复合函数、反函数求导法则可以得到

$$\frac{\mathrm{d}y}{\mathrm{d}x} = \frac{\mathrm{d}y}{\mathrm{d}t} \cdot \frac{\mathrm{d}t}{\mathrm{d}x} = \frac{\mathrm{d}y}{\mathrm{d}t} \cdot \frac{1}{\frac{\mathrm{d}x}{\mathrm{d}t}} = \frac{\psi'(t)}{\varphi'(t)},$$

即

$$\frac{\mathrm{d}y}{\mathrm{d}x} = \frac{\frac{\mathrm{d}y}{\mathrm{d}t}}{\frac{\mathrm{d}x}{\mathrm{d}t}}.$$

若 $x = \varphi(t)$、$y = \psi(t)$ 二阶可导,还可以求得 $y = \psi[\varphi^{-1}(x)]$ 的二阶导数为

$$\frac{\mathrm{d}^2 y}{\mathrm{d}x^2} = \frac{\mathrm{d}\left(\dfrac{\mathrm{d}y}{\mathrm{d}t}\right)}{\mathrm{d}x} = \frac{\dfrac{\mathrm{d}\left(\dfrac{\mathrm{d}y}{\mathrm{d}t}\right)}{\mathrm{d}t}}{\dfrac{\mathrm{d}x}{\mathrm{d}t}} = \frac{\dfrac{\psi''(t)\varphi'(t) - \psi'(t)\varphi''(t)}{[\varphi'(t)]^2}}{\varphi'(t)}$$

$$= \frac{\psi''(t)\varphi'(t) - \psi'(t)\varphi''(t)}{[\varphi'(t)]^3}.$$

例 7 求由参数方程 $\begin{cases} x = \arctan t, \\ y = \ln(1 + t^2) \end{cases}$ 所确定的函数曲线 $y = y(x)$,在 $t = 1$ 对

应点处的切线方程.

解 $\dfrac{dy}{dx} = \dfrac{\dfrac{dy}{dt}}{\dfrac{dx}{dt}} = \dfrac{\dfrac{2t}{1+t^2}}{\dfrac{1}{1+t^2}} = 2t$，且当 $t=1$ 时，$x=\dfrac{\pi}{4}$，$y=\ln 2$，故所求切线方程为

$$y - \ln 2 = 2\left(x - \dfrac{\pi}{4}\right),$$

即

$$4x - 2y + 2\ln 2 - \pi = 0.$$

例 8 设圆的参数方程是 $\begin{cases} x = r\cos\theta, \\ y = r\sin\theta, \end{cases}$ 求由它所确定的函数 $y = y(x)$ 的导数 $\dfrac{dy}{dx}$ 及 $\dfrac{d^2y}{dx^2}$.

解 $x'(\theta) = -r\sin\theta$，$y'(\theta) = r\cos\theta$，故

$$\dfrac{dy}{dx} = \dfrac{r\cos\theta}{-r\sin\theta} = -\cot\theta,$$

$$\dfrac{d^2y}{dx^2} = \dfrac{(-r\sin\theta)^2 - (-r^2\cos^2\theta)}{(-r\sin\theta)^3} = -\dfrac{1}{r\sin^3\theta}.$$

习题 3.4

1. 求由下列方程所确定的隐函数的导数 $\dfrac{dy}{dx}$.

   (1) $y^3 - x^3 = 1$；
   (2) $x + y^2 = e^y$；
   (3) $x + 1 = \sec y$；
   (4) $x^3 + y^2 - 4xy + 3 = 0$；
   (5) $x \ln y = y + 4$；
   (6) $\ln(x+y) = 3y + e^x$.

2. 求曲线 $x^2 y + y^2 x = 12$ 在点 $(3, -4)$ 处的切线方程.

3. 用对数求导法计算下列函数的导数.

   (1) $y = \dfrac{\sqrt{2x+1}(x+5)^3}{\sqrt[3]{(x^2-1)^2}}$；
   (2) $y = \left(\dfrac{1+x}{3-x}\right)^x$.

4. 求由下列方程所确定的隐函数的二阶导数 $\dfrac{d^2 y}{dx^2}$.

(1) $x^2 y^3 = 4$;

(2) $x^2 + y^2 = 16$;

(3) $x^2 - 4x - 2y - 1 = 0$;

(4) $2\sqrt{y} = x + y$.

5. 求由下列参数方程所确定的函数的导数 $\dfrac{dy}{dx}$.

(1) $\begin{cases} x = 3t^2, \\ y = 4t^3; \end{cases}$

(2) $\begin{cases} x = \sin 4\theta, \\ y = \cos 3\theta; \end{cases}$

(3) $\begin{cases} x = 4e^{-t}, \\ y = 5e^t; \end{cases}$

(4) $\begin{cases} x = \sqrt{1+t}, \\ y = \sqrt{1-t}; \end{cases}$

(5) $\begin{cases} x = \sec^2 t, \\ y = \tan t; \end{cases}$

(6) $\begin{cases} x = \cos \theta + 1, \\ y = \sin \theta - 1. \end{cases}$

6. 求曲线 $\begin{cases} x = \cos^3 \theta, \\ y = \sin^3 \theta \end{cases}$ 在 $\theta = \dfrac{\pi}{4}$ 对应点处的切线方程.

7. 求下列参数方程所确定的函数的二阶导数 $\dfrac{d^2 y}{dx^2}$.

(1) $\begin{cases} x = 1 + t^2, \\ y = 2 - t^3; \end{cases}$

(2) $\begin{cases} x = 2t^2 + 3, \\ y = t^4; \end{cases}$

(3) $\begin{cases} x = \ln(1+t^2), \\ y = t - \arctan t; \end{cases}$

(4) $\begin{cases} x = \arcsin t, \\ y = \arccos t. \end{cases}$

*8. 求由方程 $2x^3 - y^2 = 1$ 所确定的隐函数在点 $(1,1)$ 处的三阶导数 $\dfrac{d^3 y}{dx^3}$.

*9. 求由参数方程 $\begin{cases} x = t^2, \\ y = 1 + 2t^3 \end{cases}$ 所确定的函数在 $t = 1$ 对应点处的三阶导数 $\dfrac{d^3 y}{dx^3}$.

3.5 微 分

一个过渡的状态或者即将消失的状态是可以设想的,其中实际上仍然没有出现完全的相等或者静止……而是进入这样一种状态,即差小于任何指定的量,在这种状态中还剩余一些差,一些速度,一些角度,但它们每个都是无穷小……

——莱布尼茨 《教师学报》

生活在 17 世纪后期的莱布尼茨不仅是科学家,还是哲学家和历史学家.他提出,"历史的用处在于建立历史的批判".他十分重视史学方法论,主张用自然科学的方法研究历史,用哲学思辨来探求历史的意义.莱布尼茨还提出,历史的内容不仅应包括政治、谱系、传记等,而且应重视文学、科学和宗教的发展,这一观点启示了后来的文化史、知识史和思想史的研究.《教师学报》不仅是莱布尼茨与数学家讨论学术的阵地,有时也是与哲学家交流思想的桥梁.1687 年,莱布尼茨在学报上发表了写给法国启蒙思想家、哲学家培尔的信,其中就夹杂着其用哲学思路解释当时他对微分、导数的理解.

3.5.1 微分的定义

连续函数可以做到"差之毫厘,谬以毫厘",即当 $|\Delta x|$ 很小时,$|\Delta y|$ 也很小.但是对于复杂函数来说,计算差值 $f(x+\Delta x)-f(x)$ 也不是件容易的事!给定一个函数,我们想知道,是否可以由自变量增量 Δx 的大小了解对应函数增量 Δy 的大小,计算的方法还要尽可能简单呢?

若 $\Delta y=f(x+\Delta x)-f(x)$ 可以用 Δx 的线性函数来计算,即 $\Delta y=A\Delta x$,我们就可以轻易地由自变量增量 Δx 求得 Δy 的大小.但满足此结论的函数只有一次函数 $y=Ax+b$,适用范围太小!

退而求其次,若 $\Delta y=A\Delta x+o(\Delta x)$,我们依然可以利用 Δx 的线性函数估计 Δy 的大小,因为误差 $o(\Delta x)$ 是 Δx 的高阶无穷小,当 $|\Delta x|$ 很小时可以忽略不计.

定义 1 设函数 $y=f(x)$ 在点 x_0 附近有定义,如果 $y=f(x)$ 在点 x_0 的增量 $\Delta y=f(x_0+\Delta x)-f(x_0)$ 可表示为

$$\Delta y=A\Delta x+o(\Delta x),$$

这里 A 是与 Δx 无关的常数,$o(\Delta x)$ 是 Δx 的高阶无穷小,则称 $f(x)$ 在点 x_0 处可微,称 Δx 的线性函数 $A\Delta x$ 为函数 $y=f(x)$ 在 x_0 的微分,记为 $\mathrm{d}y$ 或 $\mathrm{d}f$,即

$$\mathrm{d}y=A\Delta x,$$

当 $|\Delta x|$ 很小时,则 $\Delta y \approx A\Delta x$,即

$$\Delta y \approx \mathrm{d}y.$$

3.5.2 可微的条件

满足什么条件函数可以在一点处可微,从而使得在这一点附近我们可以简单估计 Δy 的大小?

若 $y=f(x)$ 在 x_0 可导,则 $\lim\limits_{\Delta x\to 0}\dfrac{\Delta y}{\Delta x}=f'(x_0)$. 换个说法,就是

$$\lim_{\Delta x\to 0}\left[\frac{\Delta y}{\Delta x}-f'(x_0)\right]=0,$$

即

$$\lim_{\Delta x\to 0}\left[\frac{\Delta y-f'(x_0)\Delta x}{\Delta x}\right]=0.$$

这意味着当 $\Delta x \to 0$ 时,$\Delta y - f'(x_0)\Delta x$ 是 Δx 的高阶无穷小,即

$$\Delta y = f'(x_0)\cdot \Delta x + o(\Delta x).$$

这一过程还可以倒推回去,从而我们有

定理 1 函数 $y=f(x)$ 在 x_0 处可微的充分必要条件是它在 x_0 可导,此时

$$\mathrm{d}y = f'(x_0)\Delta x.$$

特别地,当 $y=f(x)=x$ 时,可得 $\mathrm{d}x = \Delta x$,故上述微分计算公式又可写作①

$$\mathrm{d}y = f'(x)\mathrm{d}x.$$

---

① 导数记号 $f'(x)=\dfrac{\mathrm{d}y}{\mathrm{d}x}$,现在可以重新理解为函数微分 $\mathrm{d}y$ 与自变量微分 $\mathrm{d}x$ 的商,故导数又称为"微商".

 借由求导公式我们可以得到常数及基本初等函数的微分公式:

$d(C) = 0$,C 为常数, $\quad d(x^\mu) = \mu x^{\mu-1} dx$,

$d(\sin x) = \cos x \, dx$, $\quad d(\cos x) = -\sin x \, dx$,

$d(\tan x) = \sec^2 x \, dx$, $\quad d(\cot x) = -\csc^2 x \, dx$,

$d(\sec x) = \sec x \tan x \, dx$, $\quad d(\csc x) = -\csc x \cot x \, dx$,

$d(a^x) = a^x \ln a \, dx$, $\quad d(e^x) = e^x \, dx$,

$d(\log_a x) = \dfrac{1}{x \ln a} dx$, $\quad d(\ln x) = \dfrac{1}{x} dx$,

$d(\arcsin x) = \dfrac{1}{\sqrt{1-x^2}} dx$, $\quad d(\arccos x) = -\dfrac{1}{\sqrt{1-x^2}} dx$,

$d(\arctan x) = \dfrac{1}{1+x^2} dx$, $\quad d(\operatorname{arccot} x) = -\dfrac{1}{1+x^2} dx$.

借由求导的运算规则我们可以得到微分的运算规则:

(1) $d(u \pm v) = du \pm dv$;

(2) $d(uv) = v \, du + u \, dv$, 特别地, $d(Cu) = C \, du$, C 为常数;

(3) $d\left(\dfrac{u}{v}\right) = \dfrac{v \, du - u \, dv}{v^2}$ $(v \neq 0)$;

(4) $df[g(x)] = df(u) = f'(u) du = f'(u) g'(x) dx$, 其中 $g(x) = u$.

注意规则(4)说明,微分形式中不论 u 是最终自变量还是中间变量,都有
$$df(u) = f'(u) du$$
成立,此性质称为微分形式不变性.

例1 设 x 的值从 $x=1$ 变到 $x=1.01$,求函数 $y = 2x^2 - x$ 的增量和微分之差.

解 增量 $\Delta y = y(1.01) - y(1)$
$= 2 \times (1.01)^2 - 1.01 - (2-1)$
$= 0.030\ 2$.

而微分

$$dy = (2x^2 - x)'dx = (4x-1)dx$$
$$= (4-1) \times (1.01-1) = 0.03,$$

误差为

$$\Delta y - dy = 0.030\ 2 - 0.03 = 0.000\ 2.$$

例 2 求 $y = e^x \ln x + 2\cos x$ 的微分.

解 $dy = d(e^x \ln x) + d(2\cos x)$ （和差规则）

$\quad = e^x d(\ln x) + d(e^x) \ln x + 2d(\cos x)$ （乘法规则）

$\quad = e^x \cdot \dfrac{1}{x} dx + e^x \ln x\, dx - 2\sin x\, dx$ （基本微分公式）

$\quad = \left(\dfrac{e^x}{x} + e^x \ln x - 2\sin x \right) dx.$

例 3 求函数 $y = \ln(x + \sqrt{x^2+1})$ 的微分.

解 $dy = d[\ln(x + \sqrt{x^2+1})]$

$\quad = \dfrac{1}{x+\sqrt{x^2+1}} d(x+\sqrt{x^2+1})$ （微分形式不变性）

$\quad = \dfrac{dx + \dfrac{d(x^2+1)}{2\sqrt{x^2+1}}}{x+\sqrt{x^2+1}}$ （基本微分公式）

$\quad = \dfrac{1}{\sqrt{x^2+1}} dx.$

例 4 计算 $\cos 60°30'$ 的近似值.

解 设 $f(x) = \cos x$, 由

$$f(x_0 + \Delta x) \approx f(x_0) + f'(x_0) \cdot \Delta x,$$

令 $x_0 = \dfrac{\pi}{3},\ \Delta x = \dfrac{\pi}{360}$, 则

$$\cos 60°30' = \cos\left(\dfrac{\pi}{3} + \dfrac{\pi}{360}\right) \approx \cos \dfrac{\pi}{3} - \sin \dfrac{\pi}{3} \times \dfrac{\pi}{360}$$

$$= \dfrac{1}{2} - \dfrac{\sqrt{3}}{2} \times \dfrac{\pi}{360} \approx 0.492\ 4.$$

> 导数的几何意义是切线斜率,微分在几何上表示什么?

导数 $f'(x_0)$ 在图 3.4 中表示曲线 $y=f(x)$ 在点 M 的切线斜率 $\tan\alpha$,$\mathrm{d}y=f'(x_0)\cdot\Delta x$ 表示曲线的切线上点的纵坐标的相应增量,当点 N 沿曲线趋近 M(即 $\Delta x\to 0$)时,该相应的增量近似于函数的增量,即 $\Delta y\approx\mathrm{d}y$. 说明当 $|\Delta x|$ 很小时在点 M 附近,直线段 MP 的长度可近似代替曲线段 MN 的长度.

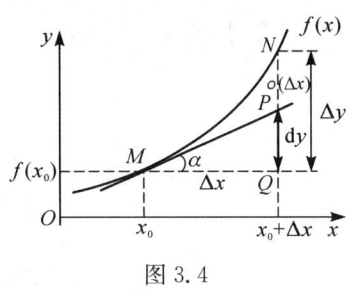

图 3.4

从几何学角度分析,可微函数 $y=f(x)$ 在一点附近可由直线(即切线)近似替代函数曲线;从代数学角度分析,可微函数 $y=f(x)$ 在一点附近可由线性函数

$$L(x)=f(x_0)+f'(x_0)(x-x_0)$$

近似替代非线性函数 $y=f(x)$,这在数学上称为非线性函数的局部线性化.

广角镜

微分的发展史也与微分是函数局部线性化这一本质密切相关. 17—18 世纪数学家们对弦与弧(即直线与曲线)的逼近讨论是如此热烈,多少让我们有些费解,这其实都源自科学家对"用线性函数替代非线性函数,用直线取代曲线"的渴望! 谁不想用"简单的"来研究"复杂的"呢? 此外,航海、天文、地理、机械、光学等各个领域飞速发展,也要求学者们解决现实的困惑. 例如,为什么光线在圆弧上的反射,也像在直线上的反射一样的呢(入射线和反射线与法线的夹角相等)(图 3.5)?

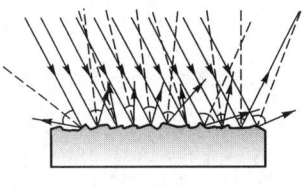

图 3.5

于是人们猜想圆弧在局部应该像直线一样,这一猜想称为"曲线的局部线性化". 牛顿、莱布尼茨在此方面都做出了杰出的贡献,但因此时极限理论

> 尚未完善,两位巨人往往在解释"即将消失的状态"时缺乏自信. 19 世纪下半叶,极限、无穷小和函数的连续性等概念得到澄清后,可微也得到了深入的研究,从而人们了解到并非所有的函数曲线都可以局部线性化,只有可微函数才可以!

习题 3.5

1. x 的值从 1 变到 1.01,试求函数 $y = 3x^2 - 2x$ 的增量和微分.

2. 求函数 $y = \dfrac{x}{x+1}$ 在 $x_0 = 3.2$ 的微分.

3. 求下列函数的微分.

(1) $y = 2x^4 - 5x^2 + 7x - 1$;   (2) $y = \dfrac{1}{x^2} + 2\sqrt[5]{x^3}$;

(3) $y = x \sin x$;   (4) $y = e^{2x} \cos x$;

(5) $y = \dfrac{x+1}{x-1}$;   (6) $y = \dfrac{\sqrt{x}}{3+\sqrt{x}}$;

(7) $y = x^2 e^{2x}$;   (8) $y = x \ln(2+x)$;

(9) $y = e^{\sqrt[3]{x}}$;   (10) $y = \arcsin(1-x)$;

(11) $y = \tan^2(1+2x^2)$;   (12) $y = \sqrt[3]{\left(\dfrac{1+x}{2+x}\right)^2}$;

(13) $y = \arctan e^{x^2}$;   (14) $y = \arccos \dfrac{1}{x^2} - \cot 2x$.

4. 设函数 $y = y(x)$ 满足方程 $2y^3 + xy - x = 0$,求 dy.

5. 将适当的函数填入下列括号内,使等式成立.

(1) $d(\quad) = 5 dx$;   (2) $d(\quad) = \dfrac{3}{x} dx$;

(3) $d(\quad) = \sin t \, dt$;   (4) $d(\quad) = \cos 2x \, dx$;

(5) $d(\quad) = \dfrac{4}{1+x^2} dx$;   (6) $d(\quad) = \dfrac{1}{2+x} dx$;

(7) $d(\quad) = \dfrac{8}{\sqrt[3]{x^5}} dx$;   (8) $d(\quad) = \left(x - \dfrac{1}{\sqrt{1-x^2}}\right) dx$;

(9) $d(\quad) = \tan^2 x \, dx$;   (10) $d(\quad) = e^{-7x} dx$.

6. 试用微分计算 $\ln 1.01$ 的近似值.

7. 求函数 $f(x)$ 在指定点的线性化函数 $L(x)$.

(1) $f(x) = x^2 + 1$, $x_0 = 2$; (2) $f(x) = x + \dfrac{1}{x}$, $x_0 = -3$.

3.6 偏导数与全微分

偏导数是多元函数的灵魂,它们揭示了函数在不同方向上的变化

——卡尔·雅可比

卡尔·雅可比(Carl Gustav Jacob,1804—1851),德国著名数学家,椭圆函数理论的奠基人.他在偏导数、多元函数及微分方程的研究中做出了重要贡献.雅可比研究了高阶偏导数的交换性条件,提出了雅可比恒等式.事实上,在牛顿创立微积分之初,他就在方程所确定的隐函数基础上讨论过导数,也就是他所说的"流数",其中有一部分导数就是我们今天定义的偏导数.后来尼古拉斯·伯努利在关于正交轨线的一篇文章中也用到了偏导数,但真正创造偏导数的是瑞士数学家欧拉、法国数学家达朗贝尔、克莱罗等人.雅可比的工作推动了多元微积分的发展,也为数学物理、力学等研究提供了重要工具.

一元函数研究导数及微分的思想方法可类比推广至多元函数.

3.6.1 偏导数

对于一元函数来说,函数的瞬间变化率就是函数的导数,它刻画了函数对于自变量的依赖程度.对于多元函数来说同样需要讨论它的变化率,但多元函数的自变量不止一个,因变量与自变量的关系比较复杂.因此我们讨论函数关于一个自变量的瞬间变化率时,往往要求其他的自变量保持不变,此时相当于一元函数的导数.以二元函数 $z = f(x, y)$ 为例,令自变量 y 固定(可以看作常数),只让 x

变化，则 $z=f(x,y)$ 就是 x 的一元函数，则 $z=f(x,y)$ 关于 x 的变化率是易求的.

定义 1 设函数 $z=f(x,y)$ 在点 (x_0,y_0) 某一邻域内有定义，当 y 固定在 y_0 而 x 在 x_0 处有增量 Δx 时，相应的函数有增量 $f(x_0+\Delta x,y_0)-f(x_0,y_0)$，如果

$$\lim_{\Delta x \to 0} \frac{f(x_0+\Delta x, y_0)-f(x_0, y_0)}{\Delta x}$$

存在，则称此极限为函数 $f(x,y)$ 在点 (x_0,y_0) 处对 x 的偏导数，记作

$$\left.\frac{\partial z}{\partial x}\right|_{\substack{x=x_0 \\ y=y_0}}, \quad \left.\frac{\partial f}{\partial x}\right|_{\substack{x=x_0 \\ y=y_0}}, \quad z_x(x_0,y_0) \quad \text{或} \quad f_x(x_0,y_0).$$

类似地，函数 $f(x,y)$ 在点 (x_0,y_0) 处对 y 的偏导数定义为

$$\lim_{\Delta y \to 0} \frac{f(x_0, y_0+\Delta y)-f(x_0, y_0)}{\Delta y},$$

记作

$$\left.\frac{\partial z}{\partial y}\right|_{\substack{x=x_0 \\ y=y_0}}, \quad \left.\frac{\partial f}{\partial y}\right|_{\substack{x=x_0 \\ y=y_0}}, \quad z_y(x_0,y_0) \quad \text{或} \quad f_y(x_0,y_0).$$

如果函数 $f(x,y)$ 在区域 D 内任一点 (x,y) 对 x 的偏导数都存在，则这个偏导数就是 x,y 的函数，它就称为函数 $z=f(x,y)$ 对 x 的偏导函数，记作

$$\frac{\partial z}{\partial x}, \quad \frac{\partial f}{\partial x}, \quad z_x \quad \text{或} \quad f_x(x,y).$$

类似地，可定义函数 $z=f(x,y)$ 对 y 的偏导函数，记作

$$\frac{\partial z}{\partial y}, \quad \frac{\partial f}{\partial y}, \quad z_y \quad \text{或} \quad f_y(x,y).$$

偏导数概念可以推广至 n 元 $(n\geqslant 3)$ 函数. 如同一元函数的导数一样，在不混淆的前提下，多元函数的偏导函数可简称为偏导数.

上述定义表明，在求多元函数对某个自变量的偏导数时，我们只需把其余自变量看作常数，然后直接利用一元函数的求导公式及复合函数求导法则来计算.

例 1 求 $z=f(x,y)=x^2+3xy+y^2$ 在点 $(1,2)$ 处的偏导数.

解 把 y 看作常数,对 x 求导得

$$f_x(x,y) = 2x + 3y,$$

把 x 看作常数,对 y 求导得 $f_y(x,y) = 3x + 2y$,将 (1, 2) 代入,得

$$f_x(1,2) = 2\times 1 + 3\times 2 = 8, \quad f_y(1,2) = 3\times 1 + 2\times 2 = 7.$$

例 2 求 $u = \sin x^2 + \dfrac{y^3}{z}$ 的偏导数.

解 $u_x = 2x\cos x^2$, $u_y = \dfrac{3y^2}{z}$, $u_z = -\dfrac{y^3}{z^2}$.

> 一元函数的导数在几何上表示平面曲线在一点处切线的斜率,那么,二元函数的偏导数表示什么?

设 $M_0(x_0, y_0, f(x_0, y_0))$ 为曲面 $z = f(x, y)$ 上一点,偏导数 $f_x(x_0, y_0)$ 就是曲面被平面 $y = y_0$ 所截得的曲线在点 M_0 处的切线 $M_0 T_x$ 对 x 轴的斜率. 偏导数 $f_y(x_0, y_0)$ 就是曲面被平面 $x = x_0$ 所截得的曲线在点 M_0 处的切线 $M_0 T_y$ 对 y 轴的斜率(图 3.6).

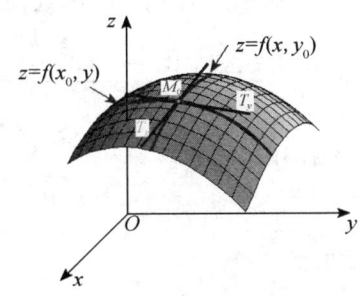

图 3.6

> 在一元函数中,若函数在某点可导,则它在该点必连续,多元函数也有此性质吗?

答案是不成立. 对多元函数而言,即使函数的各个偏导数存在,也不能保证函数在该点连续.

例 3 试证函数

$$f(x,y) = \begin{cases} \dfrac{xy}{x^2+y^2}, & (x,y) \neq (0,0), \\ 0, & (x,y) = (0,0) \end{cases}$$

的偏导数 $f_x(0,0)$,$f_y(0,0)$ 都存在,但 $f(x,y)$ 在点 $(0,0)$ 处不连续.

证 $f_x(0,0) = \lim\limits_{\Delta x \to 0} \dfrac{f(0+\Delta x, 0) - f(0,0)}{\Delta x} = \lim\limits_{\Delta x \to 0} \dfrac{0-0}{\Delta x} = 0,$

$f_y(0,0) = \lim\limits_{\Delta y \to 0} \dfrac{f(0, 0+\Delta y) - f(0,0)}{\Delta y} = \lim\limits_{\Delta y \to 0} \dfrac{0-0}{\Delta y} = 0.$

即偏导数 $f_x(0,0)$,$f_y(0,0)$ 都存在,但由于 (x,y) 沿直线 $y = kx$ 趋近点 $(0,0)$ 时,

$$\dfrac{xy}{x^2+y^2} \to \dfrac{k}{1+k^2},$$

故极限 $\lim\limits_{(x,y) \to (0,0)} \dfrac{xy}{x^2+y^2}$ 不存在,$f(x,y)$ 在点 $(0,0)$ 处不连续.

例 4 讨论函数 $f(x,y) = \sqrt{x^2+y^2}$ 在点 $(0,0)$ 处的连续性及偏导数的存在性.

解 $\lim\limits_{(x,y) \to (0,0)} \sqrt{x^2+y^2} = 0 = f(0,0)$,故函数在点 $(0,0)$ 处连续.

$f_x(0,0) = \lim\limits_{\Delta x \to 0} \dfrac{f(0+\Delta x, 0) - f(0,0)}{\Delta x} = \lim\limits_{\Delta x \to 0} \dfrac{|\Delta x|}{\Delta x}$

不存在,同理可得 $f_y(0,0)$ 不存在.

3.6.2 高阶偏导数

定义 2 设函数 $f(x,y)$ 在区域 D 内具有偏导数 $\dfrac{\partial z}{\partial x} = f_x(x,y)$,$\dfrac{\partial z}{\partial y} = f_y(x,y)$,则在 D 内 $f_x(x,y)$,$f_y(x,y)$ 都是 x,y 的函数. 如果这两个函数的偏导数也存在,则称它们是函数 $z = f(x,y)$ 的二阶偏导数. 按照对变量求导次序的不同,共有下列四个二阶偏导数:

$$\dfrac{\partial}{\partial x}\left(\dfrac{\partial z}{\partial x}\right) = \dfrac{\partial^2 z}{\partial x^2} = f_{xx}(x,y), \quad \dfrac{\partial}{\partial y}\left(\dfrac{\partial z}{\partial x}\right) = \dfrac{\partial^2 z}{\partial x \partial y} = f_{xy}(x,y),$$

$$\frac{\partial}{\partial x}\left(\frac{\partial z}{\partial y}\right)=\frac{\partial^2 z}{\partial y \partial x}=f_{yx}(x,y), \quad \frac{\partial}{\partial y}\left(\frac{\partial z}{\partial y}\right)=\frac{\partial^2 z}{\partial y^2}=f_{yy}(x,y).$$

其中,$f_{xx}(x,y)$,$f_{yy}(x,y)$ 称为二阶纯偏导,$f_{xy}(x,y)$,$f_{yx}(x,y)$ 称为二阶混合偏导数.

类似地,可以定义三阶,四阶,$\cdots$,n 阶偏导数,我们把二阶及二阶以上的偏导数统称为高阶偏导数.

例 5 设 $z=4x^3+3x^2y-3xy^2-x+y$,求 $\frac{\partial^2 z}{\partial x^2}$,$\frac{\partial^2 z}{\partial y \partial x}$,$\frac{\partial^2 z}{\partial x \partial y}$ 及 $\frac{\partial^2 z}{\partial y^2}$.

解 $\frac{\partial z}{\partial x}=12x^2+6xy-3y^2-1$,$\frac{\partial z}{\partial y}=3x^2-6xy+1$,继续求偏导得

$$\frac{\partial^2 z}{\partial x^2}=24x+6y, \quad \frac{\partial^2 z}{\partial y^2}=-6x,$$

$$\frac{\partial^2 z}{\partial x \partial y}=6x-6y, \quad \frac{\partial^2 z}{\partial y \partial x}=6x-6y.$$

? 两个混合偏导数是相等的,这是偶然现象还是普遍规律呢?

定理 1 如果函数 $f(x,y)$ 的两个二阶混合偏导数 $\frac{\partial^2 z}{\partial x \partial y}$,$\frac{\partial^2 z}{\partial y \partial x}$ 在区域 D 内连续,则在该区域内有

$$\frac{\partial^2 z}{\partial y \partial x}=\frac{\partial^2 z}{\partial x \partial y}.$$

说明此时先对 x 后对 y 求偏导,还是先对 y 后对 x 求偏导数的结果是一样的. 即混合偏导数在连续的前提下,计算结果与求导次序无关.

事实上,这一结论可以推广,即多元函数的高阶混合偏导数在所涉及的偏导数连续的条件下,计算结果与求导的次序无关.

例 6 设 $w=e^{x^2}z^3+\frac{\sin x}{y^2+1}$,求 $\frac{\partial^3 w}{\partial x^2 \partial z}$.

解 $\frac{\partial^3 w}{\partial x^2 \partial z}=\frac{\partial^3 w}{\partial z \partial x^2}$,先计算 $\frac{\partial w}{\partial z}=3z^2 e^{x^2}$,继续求偏导可得

$$\frac{\partial^2 w}{\partial z \partial x} = 6xz^2 e^{x^2}, \quad \frac{\partial^3 w}{\partial z \partial x^2} = 6z^2 e^{x^2}(1+2x^2).$$

3.6.3 全微分

定义3 设函数 $z = f(x, y)$ 在区域 D 内有定义,称

$$f(x + \Delta x, y + \Delta y) - f(x, y)$$

为函数在点 $P(x, y)$ 对应于自变量增量 Δx、Δy 的全增量,记作 Δz,即

$$\Delta z = f(x + \Delta x, y + \Delta y) - f(x, y).$$

一般来说,计算全增量比较复杂,与一元函数情形一样,我们希望用自变量增量的线性函数来近似代替函数的全增量.

定义4 设函数 $z = f(x, y)$ 在点 (x, y) 某邻域内有定义,如果函数在点 (x, y) 的全增量 $\Delta z = f(x + \Delta x, y + \Delta y) - f(x, y)$ 可表示为

$$\Delta z = A\Delta x + B\Delta y + o(\rho),$$

其中,A 和 B 不依赖于 Δx 和 Δy 而仅与 x 和 y 有关,$\rho = \sqrt{(\Delta x)^2 + (\Delta y)^2}$,则称函数 $z = f(x, y)$ 在点 (x, y) 可微分,$A\Delta x + B\Delta y$ 称为函数 $z = f(x, y)$ 在点 (x, y) 的全微分,记作 $\mathrm{d}z$,即

$$\mathrm{d}z = A\Delta x + B\Delta y.$$

如果函数在区域 D 内各点处都可微分,则称这函数在 D 内可微分.

我们知道,函数在一点处的偏导数存在,不能推出函数在这一点连续.说明一元函数成立的结论,多元函数因为自变量的多样性对应的结论未必成立.那么一元函数在一点处可微必定连续的结果推广至多元函数是否依然成立?

定理2(必要条件) 如果函数 $z = f(x, y)$ 在点 (x, y) 处可微分,则函数在点 (x, y) 处必定连续.

证 由于 $\Delta z = A\Delta x + B\Delta y + o(\rho)$,可推出 $\lim\limits_{\rho \to 0} \Delta z = 0$,即

$$\lim\limits_{(\Delta x, \Delta y) \to (0, 0)} f(x + \Delta x, y + \Delta y) = \lim\limits_{\rho \to 0}[f(x, y) + \Delta z] = f(x, y),$$

故函数 $z=f(x,y)$ 在点 (x,y) 处连续.

定理 3(必要条件)　如果函数 $z=f(x,y)$ 在点 (x,y) 处可微分,则该函数在点 (x,y) 处的偏导数 $\dfrac{\partial z}{\partial x}$ 和 $\dfrac{\partial z}{\partial y}$ 必定存在,且函数 $z=f(x,y)$ 在点 (x,y) 处的全微分为

$$\mathrm{d}z=\frac{\partial z}{\partial x}\Delta x+\frac{\partial z}{\partial y}\Delta y.$$

其中, $\dfrac{\partial z}{\partial x}\Delta x$, $\dfrac{\partial z}{\partial y}\Delta y$ 分别称为 $f(x,y)$ 关于 x,y 的偏微分.

证　设 $P'(x+\Delta x,y+\Delta y)$ 为点 (x,y) 某邻域内的任意一点,若 $z=f(x,y)$ 在点 (x,y) 可微分,即

$$\Delta z=A\Delta x+B\Delta y+o(\rho).$$

当 $\Delta y=0$ 时, $f(x+\Delta x,y)-f(x,y)=A\cdot\Delta x+o(|\Delta x|)$,则

$$\lim_{\Delta x\to 0}\frac{f(x+\Delta x,y)-f(x,y)}{\Delta x}=A,$$

即 $\dfrac{\partial z}{\partial x}=A$. 同理有 $B=\dfrac{\partial z}{\partial y}$.

如同一元函数情形,自变量微分 Δx, Δy 可写为 $\mathrm{d}x$, $\mathrm{d}y$,即 $\mathrm{d}z=\dfrac{\partial z}{\partial x}\mathrm{d}x+\dfrac{\partial z}{\partial y}\mathrm{d}y$. 此定理说明,二元函数的全微分等于它关于两个自变量的偏微分之和,该规律称为二元函数的微分符合叠加原理.

三元及三元以上的多元函数可类似定义全微分概念,且其全微分也符合上述定理及叠加原理.

对于一元函数来说,可导是可微的充分必要条件,那么,多元函数是否有相同性质?

例7　试证函数

$$f(x,y)=\begin{cases}\dfrac{xy}{\sqrt{x^2+y^2}}, & x^2+y^2\neq 0,\\ 0, & x^2+y^2=0\end{cases}$$

的偏导数 $f_x(0,0)$，$f_y(0,0)$ 都存在，但 $f(x,y)$ 在点 $(0,0)$ 处不可微.

证 我们可用定义求出 $f_x(0,0) = f_y(0,0) = 0$，说明 $f(x,y)$ 在点 $(0,0)$ 处的两个偏导数都存在. 此时

$$\Delta z - [f_x(0,0) \cdot \Delta x + f_y(0,0) \cdot \Delta y] = \frac{\Delta x \cdot \Delta y}{\sqrt{(\Delta x)^2 + (\Delta y)^2}},$$

若令点 $P'(\Delta x, \Delta y)$ 沿着直线 $y = x$ 趋于 $(0,0)$，则有

$$\frac{\frac{\Delta x \cdot \Delta y}{\sqrt{(\Delta x)^2 + (\Delta y)^2}}}{\rho} = \frac{\Delta x \cdot \Delta y}{(\Delta x)^2 + (\Delta y)^2} = \frac{1}{2},$$

即 $\Delta z - [f_x(0,0) \cdot \Delta x + f_y(0,0) \cdot \Delta y]$ 不是关于 ρ 的高阶无穷小. 所以 $f(x,y)$ 在点 $(0,0)$ 处不可微.

这个例子说明偏导数存在只是可微的必要条件，而不是充分条件. 但是，如果函数的各个偏导数都连续，情况就不同了.

定理 4（充分条件） 如果 $z = f(x, y)$ 的偏导数 $\dfrac{\partial z}{\partial x}$ 和 $\dfrac{\partial z}{\partial y}$ 在点 (x, y) 处连续，则该函数在该点处可微.

证 设 $P'(x + \Delta x, y + \Delta y)$ 为点 (x, y) 某邻域内的任意一点，

$$\Delta z = f(x + \Delta x, y + \Delta y) - f(x, y)$$
$$= [f(x + \Delta x, y + \Delta y) - f(x, y + \Delta y)] + [f(x, y + \Delta y) - f(x, y)].$$

利用拉格朗日中值定理，则

$$\Delta z = f_x(x + \theta_1 \Delta x, y + \Delta y)\Delta x + f_y(x, y + \theta_2 \Delta y)\Delta y.$$

由于 $z = f(x, y)$ 的偏导数 $\dfrac{\partial z}{\partial x}$ 和 $\dfrac{\partial z}{\partial y}$ 在点 (x, y) 处连续，即

$$f_x(x + \theta_1 \Delta x, y + \Delta y) = f_x(x, y) + \varepsilon_1, \quad f_y(x, y + \theta_2 \Delta y) = f_y(x, y) + \varepsilon_2,$$

其中 ε_1，ε_2 是 Δx，Δy 的函数，且当 $\Delta x \to 0$，$\Delta y \to 0$ 时，$\varepsilon_1 \to 0$，$\varepsilon_2 \to 0$，则

$$\Delta z = [f_x(x, y) + \varepsilon_1]\Delta x + [f_y(x, y) + \varepsilon_2]\Delta y$$
$$= f_x(x, y)\Delta x + f_y(x, y)\Delta y + (\varepsilon_1 \Delta x + \varepsilon_2 \Delta y).$$

设 $\rho = \sqrt{(\Delta x)^2 + (\Delta y)^2}$，

$$\lim_{\rho \to 0} \frac{\varepsilon_1 \Delta x + \varepsilon_2 \Delta y}{\rho} = 0, 即 \varepsilon_1 \Delta x + \varepsilon_2 \Delta y = o(\rho),$$

故 $z = f(x, y)$ 在点 (x, y) 处可微.

例 8 求函数 $z = 4xy^3 + 5x^2 y^6$ 的全微分.

解 $\dfrac{\partial z}{\partial x} = 4y^3 + 10xy^6$, $\dfrac{\partial z}{\partial y} = 12xy^2 + 30x^2 y^5$, 且这两个偏导数连续, 则

$$dz = (4y^3 + 10xy^6)dx + (12xy^2 + 30x^2 y^5)dy.$$

例 9 求函数 $u = x + \sin\dfrac{y}{2} + e^{yz}$ 的全微分.

解 $\dfrac{\partial u}{\partial x} = 1$, $\dfrac{\partial u}{\partial y} = \dfrac{1}{2}\cos\dfrac{y}{2} + z e^{yz}$, $\dfrac{\partial u}{\partial z} = y e^{yz}$, 故所求全微分

$$du = dx + \left(\frac{1}{2}\cos\frac{y}{2} + z e^{yz}\right)dy + y e^{yz} dz.$$

利用全微分我们还可以研究多元函数求偏导数的复合运算法则.

定理 5 如果函数 $u = \varphi(t)$ 及 $v = \phi(t)$ 在点 t 处可导, 函数 $z = f(u, v)$ 在对应点 (u, v) 处具有连续偏导数, 则复合函数 $z = f[\varphi(t), \phi(t)]$ 在点 t 处可导, 且有

$$\frac{dz}{dt} = \frac{\partial z}{\partial u} \cdot \frac{du}{dt} + \frac{\partial z}{\partial v} \cdot \frac{dv}{dt}. \tag{3.1}$$

证 设 t 有增量 Δt, $u = \varphi(t)$, $v = \phi(t)$ 对应增量为 $\Delta u, \Delta v$, $z = f(u, v)$ 对应增量为 Δz, 由于 $z = f(u, v)$ 在点 (u, v) 处具有连续偏导数, 则

$$\Delta z = \frac{\partial z}{\partial u}\Delta u + \frac{\partial z}{\partial v}\Delta v + (\varepsilon_1 \Delta u + \varepsilon_2 \Delta v),$$

$$\frac{\Delta z}{\Delta t} = \frac{\partial z}{\partial u}\frac{\Delta u}{\Delta t} + \frac{\partial z}{\partial v}\frac{\Delta v}{\Delta t} + \left(\varepsilon_1 \frac{\Delta u}{\Delta t} + \varepsilon_2 \frac{\Delta v}{\Delta t}\right),$$

当 $\Delta t \to 0$ 时 $\varepsilon_1 \to 0$, $\varepsilon_2 \to 0$, 则有

$$\frac{dz}{dt} = \lim_{\Delta t \to 0} \frac{\Delta z}{\Delta t} = \frac{\partial z}{\partial u} \cdot \frac{du}{dt} + \frac{\partial z}{\partial v} \cdot \frac{dv}{dt}.$$

定理 6 如果函数 $u = \varphi(x, y)$ 及 $v = \phi(x, y)$ 在点 (x, y) 处可导, 函数 $z = f(u, v)$ 在对应点 (u, v) 处具有连续偏导数, 则复合函数 $z = f[\varphi(x, y), \phi(x,$

y)]在点(x, y)处可导,且有

$$\frac{\partial z}{\partial x} = \frac{\partial z}{\partial u} \cdot \frac{\partial u}{\partial x} + \frac{\partial z}{\partial v} \cdot \frac{\partial v}{\partial x}, \tag{3.2}$$

$$\frac{\partial z}{\partial y} = \frac{\partial z}{\partial u} \cdot \frac{\partial u}{\partial y} + \frac{\partial z}{\partial v} \cdot \frac{\partial v}{\partial y}. \tag{3.3}$$

证 求$\frac{\partial z}{\partial x}$时,将$y$看成常数,则可利用定理5中的式(3.1)证明式(3.2). 求$\frac{\partial z}{\partial y}$时,类似可证明式(3.3).

例10 设$z = u \ln v$,$u = \frac{y}{x}$,$v = 4x - 3y$,求$\frac{\partial z}{\partial x}$,$\frac{\partial z}{\partial y}$.

解 $\frac{\partial z}{\partial u} = \ln v$,$\frac{\partial z}{\partial v} = \frac{u}{v}$,$\frac{\partial u}{\partial x} = -\frac{y}{x^2}$,$\frac{\partial u}{\partial y} = \frac{1}{x}$,$\frac{\partial v}{\partial x} = 4$,$\frac{\partial v}{\partial y} = -3$,

$$\frac{\partial z}{\partial x} = (\ln v) \cdot \left(-\frac{y}{x^2}\right) + \left(\frac{u}{v}\right) \cdot 4 = -\frac{y}{x^2} \ln(4x - 3y) + \frac{4y}{x(4x - 3y)},$$

$$\frac{\partial z}{\partial y} = (\ln v) \cdot \left(\frac{1}{x}\right) + \left(\frac{u}{v}\right) \cdot (-3) = \frac{1}{x} \ln(4x - 3y) - \frac{3y}{x(4x - 3y)}.$$

多元复合函数求偏导数的方法也称为链式法则. 此方法还可推广到复合函数的中间变量多于两个的情形.

习题 3.6

1. 求下列多元函数的一阶偏导数.

(1) $f(x, y) = y^3 - 4x + 1$;

(2) $f(x, y) = x^2 + xy + y^2$;

(3) $z = (2x + 3y)^{10}$;

(4) $z = (xy + 1)^{\frac{2}{3}}$;

(5) $w = \frac{e^v}{u + v^2}$;

(6) $w = \frac{v}{(u + v)^2}$;

(7) $f(x, y) = e^{xy} \ln y$;

(8) $f(x, y) = \cos^2(x + 2y)$;

(9) $f(x, y, z) = 1 + x^2 - y^2 + z^3$;

(10) $f(x, t, s) = xt + ts + xs$;

(11) $w = xz - 5x^2 y^3 z^4$;

(12) $w = z \cdot 2^{xyz}$.

2. 求下列多元函数的指定偏导数.

(1) $f(x, y) = \ln\left(\sqrt{x^2+y^2} - x\right)$, $f_x(3, 4)$;

(2) $f(x, y, z) = \dfrac{yz}{x+y+z}$, $f_y(2, 1, -1)$.

3. 求下列二元函数的二阶偏导数.

(1) $f(x, y) = x^3 y^5 + 2x^4 y$;   (2) $v = \dfrac{xy}{x-y}$;

(3) $w = \sqrt{u^2 + v^2}$;   (4) $t = e^{xy^2}$;

(5) $z = (1+x)^y$;   (6) $z = x^3 2^{y^2}$.

4. 求三元函数 $f(x, y, z) = x^4 y^3 - yz^2$ 的二阶偏导数.

5. 验证函数 $u = e^{-x}\cos y - e^{-y}\cos x$ 满足关系式 $u_{xx} + u_{yy} = 0$.

6. 求函数 $z = 3x^2 + 2xy - y^2$ 当 $x=1, y=2, \Delta x = -0.2, \Delta y = 0.1$ 时的全增量和全微分.

7. 求函数 $w = \ln\left(x^2 + \dfrac{1}{y} + z^3\right)$ 当 $x = 2, y = 1, z = -1$ 时的全微分.

8. 求下列多元函数的全微分.

(1) $f(x, y) = x^4 y^3 e^x$;   (2) $f(x, y) = x\sin y + x^2 y$;

(3) $z = x + y + \ln x - y^5$;   (4) $z = \ln(x + 2y^3)$;

(5) $u = x^3 + y^4 + z^5$;   (6) $w = x + \sqrt{y^2 + z^2}$;

(7) $f(x, y, z) = z^{x^2 y}$;   (8) $f(x, y, z) = \arctan(xyz)$.

9. 设 $z = v\arctan u$, $u = xy$, $v = x + y$, 求 $\dfrac{\partial z}{\partial x}, \dfrac{\partial z}{\partial y}$.

数学史话——
微积分创立人之争

下章寄语

可导即可微,若 $f(x)$ 在点 x 处可导,则 $\Delta y = f'(x)\Delta x + o(\Delta x)$,我们可以利用在一点处的导数了解该点附近的函数信息. 若 $f(x)$ 在区间 (a, b) 内的每一点处都可导,是否可以利用导数刻画函数在整体区间上的性质? 事实上,在下一章节我们会发现导数可以帮助我们确定函数在整个定义域上的单调性、凹凸性、极值点、拐点,甚至可以画出函数的图形,从而全面掌握函数信息,敬请期待下一章——导数的应用.

总测试题三

1. 在"充分非必要""必要非充分""充分必要""既非充分又非必要"四者中选择一个正确的填入下列空格中.

(1) $f(x)$ 在点 x_0 处可导是 $f(x)$ 处在点 x_0 连续的_____条件.

(2) $f(x)$ 在点 x_0 处有定义是 $f(x)$ 在点 x_0 处可导的_____条件.

(3) $f(x)$ 在点 x_0 处的左导数 $f'_-(x_0)$ 及右导数 $f'_+(x_0)$ 存在并且相等是 $f(x)$ 在点 x_0 处可导的_____条件.

(4) $f(x)$ 在点 x_0 处可导是 $f(x)$ 在点 x_0 处可微的_____条件.

(5) $f(x,y)$ 在点 (x_0,y_0) 处连续是 $f(x,y)$ 在点 (x_0,y_0) 处偏导数存在的_____条件.

(6) $f(x,y)$ 在点 (x_0,y_0) 处偏导数存在是 $f(x,y)$ 在点 (x_0,y_0) 处可微的_____条件.

(7) $f(x,y)$ 在点 (x_0,y_0) 处偏导函数连续是 $f(x,y)$ 在点 (x_0,y_0) 处可微的_____条件.

(8) $f(x,y)$ 在点 (x_0,y_0) 处连续是 $f(x,y)$ 在点 (x_0,y_0) 处可微的_____条件.

2. 设 $f(x) = \begin{cases} \dfrac{x+2}{1+e^x}, & x \leqslant 0, \\ \dfrac{2}{1+e^{-x}}, & x > 0, \end{cases}$ 则 $\lim\limits_{x \to 0^-} f(x) = $_____, $f'_-(0) = $_____,

$\lim\limits_{x \to 0^+} f(x) = $_____, $f'_+(0) = $_____.

3. 设 $f(x)$ 在 $x = a$ 附近有定义,则 $f(x)$ 在 $x = a$ 可导的一个充分条件是( ).

A. $\lim\limits_{t \to +\infty} t\left[f\left(a - \dfrac{1}{t}\right) - f(a)\right]$ 存在

B. $\lim\limits_{h \to 0} \dfrac{f(a+2h) - f(a-h)}{h}$ 存在

C. $\lim\limits_{t \to 0} \dfrac{f(a+4t) - f(a+2t)}{3t}$ 存在

D. $\lim\limits_{h \to 0} \dfrac{f(a) - f(a+h)}{h}$ 存在

4. 设 $f(x) = \begin{cases} x(e^{-x} - 1), & x \neq 0, \\ 0, & x = 0, \end{cases}$ 则 $f(x)$ 在 $x = 0$ 处( ).

A. 无定义　　　　　　　　　　　B. 不连续

C. 连续不可导　　　　　　　　　D. 连续且可导

5. 若 $f'(x_0) = 3$,则当 $x \to x_0$ 时,函数 $y = f(x)$ 在 $x = x_0$ 处的微分是( ).

A. 与 Δx 等价的无穷小 B. 与 Δx 同阶非等价的无穷小
C. 比 Δx 低阶的无穷小 D. 比 Δx 高阶的无穷小

6. 设 $f(x) = x(x+1)(x+2)\cdots(x+1\,000)$,求 $f'(0)$.

7. 求下列函数的导数.

(1) $y = \ln x - \sin x \, e^x$;

(2) $y = \dfrac{(x+2)\sqrt[4]{x^5}}{e^x(3x-4)^3}$;

(3) $y = \arctan \dfrac{1+x}{1-x}$;

(4) $y = \ln(e^x + \sqrt{1+e^{2x}})$.

8. 求下列函数的二阶导数.

(1) $y = 7x^4 - x^3 + 2x - 4$;

(2) $y = \tan \dfrac{1}{x}$;

(3) $y = \sin^2 x \cdot \ln x$;

(4) $y = \dfrac{1-x}{1+x^2}$.

9. 求函数 $y = \dfrac{4-x}{2+x}$ 在 $x = 0$ 处的 n 阶导数.

10. 求曲线 $\begin{cases} x = 3e^{2t}, \\ y = 5e^{-4t} \end{cases}$ 在参数 $t = 0$ 对应点处的切线方程及法线方程.

11. 求曲线 $x^5 + e^{x-y} + y^2 = 3$ 在点 $(1,1)$ 处的切线方程.

12. 求二元函数 $u = \ln(x+3y)$ 的二阶偏导数.

13. 求函数 $z = x^2y + y^2 - e^{x-2y}$ 在点 $(2,1)$ 处的全微分 dz.

14. 设 $z = f(xy)$,其中 $f(u)$ 是可导函数,求 $\dfrac{\partial z}{\partial x}$,$\dfrac{\partial z}{\partial y}$.

15. 设 $u = \ln\sqrt{(x-2)^2 + (y+3)^2}$,求 $\dfrac{\partial^2 u}{\partial x^2} + \dfrac{\partial^2 u}{\partial y^2}$.

*16. 讨论 $f(x,y) = \begin{cases} \dfrac{y(x-y)}{x+y}, & (x,y) \neq (0,0), \\ 0, & (x,y) = (0,0) \end{cases}$ 在原点处的连续性、偏导存在性及可微性.

第4章

导数的应用

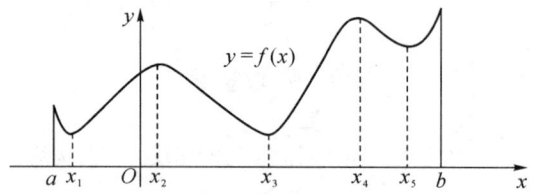

18世纪后半叶,数学、物理学和天文学是自然科学的主体.数学的主流是由微积分发展起来的数学分析;物理学的主流是力学;天文学的主流是天体力学.数学分析的发展使力学和天体力学深化,而力学和天体力学的课题又成为数学分析发展的动力.但因为微积分的严密化还没有完成,此时的数学研究还无法脱离对物理和几何直观深深的依赖,以至于一部分人对数学有这样的误解,即数学是发展其他自然学科所需的工具.此时欧洲大陆杰出的数学家依靠代数表达式的形式运算,非几何也非物理,而是纯粹形式地研究函数,最终迎来微积分的蓬勃发展.

本章我们将利用导数来研究函数性质以及曲线的某些形态,并利用这些知识解决一些实际问题.

4.1 微分中值定理

关于弦与弧的比在消失时相等,此方法有很大不便……因为虽则对两个量,只要它们还保持有限,总可以适当地设想它们的比,但是,当它们一旦同时都变成无时,它们的比在我们的头脑里就不再有清楚而确切的想法了……小零(无穷小)虽然在现实中是对的,但作为一门科学的基础仍不够清楚,因为科学的确实性应基于它本身的证据.

——拉格朗日 《解析函数论》

数学分析的开拓者——牛顿和莱布尼茨以后的欧洲数学分裂为两派.英国仍坚持牛顿在《自然哲学中的数学原理》中的几何方法,进展缓慢;欧洲大陆则按莱布尼茨创立的分析方法[当时称为分析学(analysis)],进展很快.约瑟夫·拉格朗日(Joseph Louis Lagrange,1736—1813),法国著名数学家、物理学家,决心为解决当时的学术困境助一臂之力,他希望给微积分提供全部的严密性,这从他的《解析函数论》(1797)的小标题"包含着微积分学的主要定理,不用无穷小、或正在消失的量、或极限和流数等概念,而归结为有限量的代数分析艺术"可以看出,他试图把微分运算归结为代数运算,从而抛弃自牛顿以来一直令人困惑的无穷小量.他所指的代数,就是我们前面提到过的作为多项式推广的无穷级数,特别是幂级数,但此时他没有考虑到无穷级数的收敛性问题.拉格朗日的工作纯粹是形式的,他用符号表达式来进行计算,回避极限、连续等根本性的概念.虽然在为微积分奠定理论基础方面作了独特的尝试,但他并没有实现其想使微积分代数化、严密化的目的.不过,拉格朗日用幂级数表示函数的处理方法对分析学的发展产生了重要的影响.由于其开创性的形式化符号运算工作,数学分析从此与几何、与力学脱离开来,数学的独立性更为清楚,不再仅仅是其他学科的工具.

若 $y=f(x)$ 在点 x_0 处可微,则

$$\Delta y = f(x) - f(x_0) \approx f'(x_0)\Delta x,$$

即

$$\frac{\Delta y}{\Delta x} \approx f'(x_0).$$

这说明当 Δx 充分小时,我们可以用割线的斜率近似替代点 x_0 处切线的斜率(图 4.1).

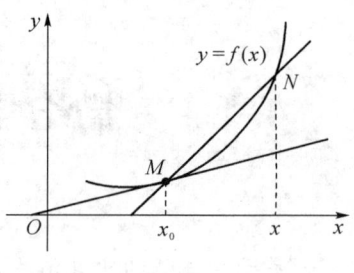

图 4.1

以上的近似缺点在于:
(1) 近似有误差;
(2) 这种近似只能发生在点 x_0 附近(Δx 充分小时),故为局部性质.如何弥补这些缺陷呢?

如果一条连续曲线 $y=f(x)$ 在 (a,b) 内部各点处都有切线,那么在曲线上总有一点 C 使得该点处的切线与连接曲线首尾两点 $A(a, f(a))$,$B(b, f(b))$ 的直线平行.在几何上,只要平移割线 AB 至点 C 处"即将"与曲线不再相交时,点 C 处的切线就与 AB 平行(图 4.2).

曲线的这一性质就是下面叙述的拉格朗日中值定理.

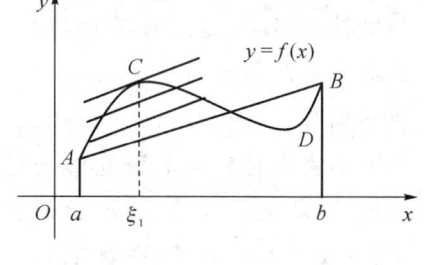

图 4.2

定理 1(拉格朗日中值定理) 若函数 $f(x)$ 满足下列条件:
(1) 在闭区间 $[a,b]$ 上连续;
(2) 在开区间 (a,b) 上可导,
则在区间 (a,b) 内至少存在一点 x_0,满足

$$f'(x_0) = \frac{f(b)-f(a)}{b-a} \quad \text{或} \quad f(b)-f(a) = f'(x_0)(b-a).$$

例 1 一辆小汽车在下午 1:00 进入高速公路行驶,开车司机非常"机敏",在有测速的地方就减速规避违规超速处罚,开了 250 km 路程后于下午 3:00 离开高速公路到达收费站,此时交通警察告知该司机需要接受超速处罚,司机感到非常

奇怪,交警是如何知道他行驶过程中有过超速的呢?

原来,假设该车从进入高速公路开始的运行路程函数为 $s = s(t)$,则有 $s(1) = 0$,$s(3) = 250$,因此在时间段 $1 < t < 3$ 之间必有一个时间点 t_0,使得该点的速度 $s'(t_0) = v(t_0) = \dfrac{s(3) - s(1)}{3 - 1} = \dfrac{250}{2} = 125 \text{ km/h}$,超过了高速公路的限速 120 km/h.

拉格朗日中值定理的证明需要用到下面这个引理.

费马引理 设函数 $f(x)$ 在点 x_0 的某邻域内有定义,若对于邻域中任一点 x 都有 $f(x) \leqslant f(x_0)$ (或 $f(x) \geqslant f(x_0)$),且 $f(x)$ 在点 x_0 处可导,则必有 $f'(x_0) = 0$.

证 设 $f(x)$ 在 x_0 的某邻域内有 $f(x) \geqslant f(x_0)$. 当 $x \geqslant x_0$ 时,

$$\frac{f(x) - f(x_0)}{x - x_0} \geqslant 0;$$

当 $x \leqslant x_0$ 时,

$$\frac{f(x) - f(x_0)}{x - x_0} \leqslant 0,$$

根据函数 $f(x)$ 在点 x_0 处可导的定义及极限的保号性,可以得到

$$f'(x_0) = f'_+(x_0) = \lim_{x \to x_0} \frac{f(x) - f(x_0)}{x - x_0} \geqslant 0,$$

$$f'(x_0) = f'_-(x_0) = \lim_{x \to x_0} \frac{f(x) - f(x_0)}{x - x_0} \leqslant 0,$$

所以 $f'(x_0) = 0$.

$f(x) \leqslant f(x_0)$ 时的情形类似可证明.

通常称导数为零的点为函数的驻点(或稳定点、临界点).

定理 2(罗尔中值定理) 若函数 $f(x)$ 满足下列条件:

(1) 在闭区间 $[a, b]$ 上连续;

(2) 在开区间 (a, b) 内可导;

(3) $f(b) = f(a)$,

则一定存在一点 $x_0 \in (a, b)$,使得 $f'(x_0) = 0$.

证 由于 $f(x)$ 在闭区间 $[a,b]$ 上连续,根据闭区间上连续函数的性质,$f(x)$ 在 $[a,b]$ 上一定取得最大值 M 和最小值 m.

若 $M=m$,则 $f(x)$ 在 $[a,b]$ 上为常值函数,即 $f(x)=M=m$,因此任取 $x_0 \in (a,b)$,都有 $f'(x_0)=0$.

若 $M \neq m$,因为 $f(b)=f(a)$,必有一个最值是在开区间 (a,b) 内取得.不妨设 $M=f(x_0)$,$x_0 \in (a,b)$,从而由费马引理知 $f'(x_0)=0$.

这个定理与零点定理一样,是数学中求根理论的常用结论.

容易看出,罗尔中值定理是拉格朗日中值定理添加条件 $f(b)=f(a)$ 特殊情形.鉴于二者之间的联系,我们用罗尔中值定理证明拉格朗日中值定理.

证 构造辅助函数

$$\varphi(x)=f(x)-f(a)-\frac{f(b)-f(a)}{b-a}(x-a),$$

可以验证 $\varphi(x)$ 满足罗尔中值定理的条件,即 $\varphi(x)$ 在闭区间 $[a,b]$ 上连续,在开区间 (a,b) 上可导,$\varphi(a)=\varphi(b)$.

$$\varphi'(x)=f'(x)-\frac{f(b)-f(a)}{b-a},$$

根据罗尔中值定理知,存在一点 $x_0 \in (a,b)$,使得 $\varphi'(x_0)=0$,即

$$f'(x_0)=\frac{f(b)-f(a)}{b-a}.$$

我们已经知道,若函数 $f(x)$ 恒等于常数,则它的导数为零.利用拉格朗日定理还可以证明其逆也真.

推论 设函数 $f(x)$ 在 (a,b) 内可导,且 $f'(x)=0$,则 $f(x)$ 在 (a,b) 内是常值函数.

证 任取 (a,b) 中不相等的两点 $x_1 < x_2$,由拉格朗日中值定理,有

$$f(x_1)-f(x_2)=f'(x_0)(x_1-x_2)=0 \quad (x_1 < x_0 < x_2),$$

即

$$f(x_1)=f(x_2),$$

由 x_1, x_2 的任意性知 $f(x)$ 在 (a,b) 内为常数.

例 2 证明：当 $x>0$ 时，有不等式 $\dfrac{x}{1+x}<\ln(1+x)<x$.

证 令 $f(x)=\ln(1+x)$，对任意 $x>0$，由拉格朗日中值定理，存在 $x_0\in(0,x)$，满足

$$f(x)=f(x)-f(0)=f'(x_0)x=\frac{x}{1+x_0},$$

因为 $\dfrac{1}{1+x}<\dfrac{1}{1+x_0}<1$，所以 $\dfrac{x}{1+x}<f(x)<x$.

借助罗尔中值定理我们还可以得到下面应用更为广泛的定理形式.

定理 3(柯西中值定理) 若函数 $f(x),F(x)$ 满足下列条件：

(1) 在闭区间 $[a,b]$ 上连续；

(2) 在开区间 (a,b) 内可导；

(3) 对于任意 $x\in(a,b)$，$F'(x)\neq 0$，

则在区间 (a,b) 内一定存在一点 x_0，使得

$$\frac{f(b)-f(a)}{F(b)-F(a)}=\frac{f'(x_0)}{F'(x_0)}.$$

证 引入辅助函数

$$\varphi(x)=f(x)-f(a)-\frac{f(b)-f(a)}{F(b)-F(a)}[F(x)-F(a)],$$

容易验证 $\varphi(x)$ 满足罗尔定理的条件，故在 (a,b) 内必有一点 x_0，使得 $\varphi'(x_0)=0$，即

$$f'(x_0)-\frac{f(b)-f(a)}{F(b)-F(a)}\cdot F'(x_0)=0,$$

由此得

$$\frac{f(b)-f(a)}{F(b)-F(a)}=\frac{f'(x_0)}{F'(x_0)}.$$

很明显，如果取 $F(x)=x$，那么 $F(b)-F(a)=b-a$，$F'(x)=1$，此时的柯西定理就是拉格朗日定理了.

习题 4.1

1. 验证罗尔定理对函数 $y = \cos^2 x$ 在区间 $\left[-\dfrac{\pi}{4}, \dfrac{\pi}{4}\right]$ 上的正确性.

2. 验证拉格朗日定理对函数 $y = x + \sin x$ 在区间 $\left[0, \dfrac{\pi}{2}\right]$ 上的正确性.

3. 验证柯西定理对函数 $f(x) = x^3 + x - 1$, $g(x) = x^2 + 1$ 在区间 $[0, 2]$ 上的正确性.

4. 一个质点在直线上运动,如果在时刻 $t = a$ 与 $t = b$ ($a < b$) 质点位于同一个位置,那么该质点一定在时间段 (t_1, t_2) 内的某一时刻速度为零,为什么?

5. 在曲线段 $y = e^x + x$ ($0 \leqslant x \leqslant 2$) 上求一点 x_0,使得该点的切线平行于过曲线段两个端点的直线.

6. 应用拉格朗日中值定理证明不等式 $|\cos x - \cos y| \leqslant |x - y|$.

7. 如果在抛物线 $y = f(x) = px^2 + qx + r$ 上任意取两个不同的点 $A(a, f(a))$,$B(b, f(b))$,由拉格朗日中值定理可知:在区间 (a, b) 上一定存在一点 ξ,使得该点的切线平行于连接 A, B 两点的直线. 试分析 ξ 在区间 (a, b) 上的位置.

8. 若两条光滑的曲线在 $a \leqslant x \leqslant b$ 上各点切线的斜率都相等,证明:两条曲线如果有一点相交则两条曲线一定重合.

4.2　洛必达法则

> 微分学的强大之处在于它同研究任何两个无穷小量的比值有关.
> 　　　　　　　　　　　　——欧拉　《微分学原理》

欧拉($Euler$, 1707—1783),瑞士数学家及自然科学家. 他在其编写的《微分学原理》一书中指出求导寻求的是微分之比,而确定这个比值,相当于对 $\dfrac{0}{0}$ 赋予一个值,这是微积分的使命.

> 计算极限 $\lim\limits_{x \to a} \dfrac{f(x)}{g(x)}$，其中 $\lim\limits_{x \to a} f(x) = A$，$\lim\limits_{x \to a} g(x) = B$，
>
> (1) 若 $B \neq 0$，你知道 $\lim\limits_{x \to a} \dfrac{f(x)}{g(x)}$ 的值吗？
>
> (2) 若 $A \neq 0$，且 $B = 0$，你知道 $\lim\limits_{x \to a} \dfrac{f(x)}{g(x)}$ 的值吗？
>
> (3) 若 $A = 0$，且 $B = 0$，你知道 $\lim\limits_{x \to a} \dfrac{f(x)}{g(x)}$ 的值吗？

定义 1 如果当 $x \to a$ 时，函数 $f(x)$，$g(x)$ 都趋于零，则极限 $\lim\limits_{x \to a} \dfrac{f(x)}{g(x)}$ 称为 $\dfrac{0}{0}$ 型未定式.

定义 2 如果当 $x \to a$ 时，函数 $f(x)$，$g(x)$ 都趋于无穷大，则极限 $\lim\limits_{x \to a} \dfrac{f(x)}{g(x)}$ 称为 $\dfrac{\infty}{\infty}$ 型未定式.

例如，$\lim\limits_{x \to 0} \dfrac{\sin x}{x}$ 是 $\dfrac{0}{0}$ 型未定式，$\lim\limits_{x \to 0} \dfrac{\ln \sin ax}{\ln \sin bx}$ 是 $\dfrac{\infty}{\infty}$ 型未定式.

其他极限形式可类似定义.

以上两种未定式的极限不能使用"商的极限等于极限的商"的运算规则，本节我们将以导数为工具研究未定式的极限.

4.2.1 $\dfrac{0}{0}$ 型未定式

定理 1 如果函数 $f(x)$ 与 $g(x)$ 满足

(1) 当 $x \to a$ 时，函数 $f(x)$，$g(x)$ 都趋于零；

(2) 在点 a 的某邻域（不包括 a 点）可导，且 $g'(x) \neq 0$；

(3) 极限 $\lim\limits_{x \to a} \dfrac{f'(x)}{g'(x)}$ 存在（或为无穷大），

则有

$$\lim_{x \to a} \frac{f(x)}{g(x)} = \lim_{x \to a} \frac{f'(x)}{g'(x)}.$$

证 因为 $\frac{f(x)}{g(x)}$ 当 $x \to a$ 时的极限与 $f(a)$, $g(a)$ 无关，所以可以假定 $f(a) = g(a) = 0$，由条件(1)(2)知在点 a 附近 $f(x)$, $g(x)$ 连续，那么在以 x 及 a 为端点的区间上，柯西定理条件成立，因而有

$$\frac{f(x)}{g(x)} = \frac{f(x) - f(a)}{g(x) - g(a)} = \frac{f'(x_0)}{g'(x_0)},$$

其中，x_0 是介于 a 与 x 之间的某个点，令 $x \to a$，则有 $x_0 \to a$. 根据条件(3)即可得证.

从以上的证明可以看到，对于 $x \to \infty$ 及单侧极限相应结论依然成立.

我们把这种在一定条件下通过对分子分母分别求导，再求极限来确定未定式的值的方法称为洛必达法则.

例 1 求极限 $\lim\limits_{x \to 0} \dfrac{\ln(1+2x)}{\sin x}$.

解 此为 $\dfrac{0}{0}$ 型未定式，验证洛必达法则条件成立[①]，则

$$\lim_{x \to 0} \frac{\ln(1+2x)}{\sin x} = \lim_{x \to 0} \frac{[\ln(1+2x)]'}{(\sin x)'} = \lim_{x \to 0} \frac{\frac{2}{1+2x}}{\cos x} = 2.$$

此题也可以利用等价无穷小替换，会更简单. 当 $x \to 0$ 时，$\ln(1+2x) \sim 2x$，$\sin x \sim x$，则

$$\lim_{x \to 0} \frac{\ln(1+2x)}{\sin x} = \lim_{x \to 0} \frac{2x}{x} = 2.$$

例 2 求极限 $\lim\limits_{x \to 0} \dfrac{e^x + e^{-x} - 2}{x^2}$.

[①] 由于洛必达法则的第三个条件的验证是计算未定式的主要步骤，如果先验证再求极限，会使得计算过程中验证程序过于冗长，故使用洛必达法则时我们允许"先求导再验证"，即只要洛必达法则的前两个条件满足，就可以求导计算未定式的值.

解 此为 $\dfrac{0}{0}$ 型未定式,则

$$\lim_{x\to 0}\dfrac{(e^x+e^{-x}-2)'}{(x^2)'}=\lim_{x\to 0}\dfrac{e^x-e^{-x}}{2x}.$$

这依然是 $\dfrac{0}{0}$ 型未定式,因此可以再次运用洛必达法则

$$\lim_{x\to 0}\dfrac{e^x-e^{-x}}{2x}=\lim_{x\to 0}\dfrac{(e^x-e^{-x})'}{(2x)'}=\lim_{x\to 0}\dfrac{e^x+e^{-x}}{2}=1.$$

例 3 求极限 $\lim\limits_{x\to +\infty}\dfrac{\dfrac{\pi}{2}-\arctan x}{\dfrac{1}{x}}$.

解 此为 $\dfrac{0}{0}$ 型未定式,则

$$\lim_{x\to +\infty}\dfrac{\left(\dfrac{\pi}{2}-\arctan x\right)'}{\left(\dfrac{1}{x}\right)'}=\lim_{x\to +\infty}\dfrac{-\dfrac{1}{1+x^2}}{-\dfrac{1}{x^2}}=\lim_{x\to +\infty}\dfrac{x^2}{1+x^2}=1.$$

4.2.2 $\dfrac{\infty}{\infty}$ 型未定式

定理 2 如果函数 $f(x)$ 与 $g(x)$ 满足

(1) 当 $x\to a$ 时,函数 $f(x)$,$g(x)$ 都趋于无穷大;

(2) 在点 a 的某邻域(不包括 a 点)可导,且 $g'(x)\neq 0$;

(3) 极限 $\lim\limits_{x\to a}\dfrac{f'(x)}{g'(x)}$ 存在(或为无穷大),

则有

$$\lim_{x\to a}\dfrac{f(x)}{g(x)}=\lim_{x\to a}\dfrac{f'(x)}{g'(x)}.$$

对于 $x\to\infty$ 及单侧极限相应结论依然成立.

例 4 求极限 $\lim\limits_{x \to 0^+} \dfrac{\ln\cot x}{\ln x}$.

解 此为 $\dfrac{\infty}{\infty}$ 型未定式，则

$$\lim_{x \to 0^+} \frac{(\ln\cot x)'}{(\ln x)'} = \lim_{x \to 0^+} \frac{\dfrac{1}{\cot x} \cdot (-\csc^2 x)}{\dfrac{1}{x}}$$

$$= -\lim_{x \to 0^+} \frac{x}{\sin x \cos x}$$

$$= -\lim_{x \to 0^+} \frac{x}{\sin x} \cdot \lim_{x \to 0^+} \frac{1}{\cos x} = -1.$$

例 5 求极限 $\lim\limits_{x \to +\infty} \dfrac{x^2 - x + 3}{e^x}$.

解 此为 $\dfrac{\infty}{\infty}$ 型未定式，则

$$\lim_{x \to +\infty} \frac{(x^2 - x + 3)'}{(e^x)'} = \lim_{x \to +\infty} \frac{2x - 1}{e^x},$$

这依然是 $\dfrac{\infty}{\infty}$ 型未定式，因此可以再次运用洛必达法则

$$\lim_{x \to +\infty} \frac{(x^2 - x + 3)'}{(e^x)'} = \lim_{x \to +\infty} \frac{(2x - 1)'}{(e^x)'} = \lim_{x \to +\infty} \frac{2}{e^x} = 0.$$

例 6 求极限 $\lim\limits_{x \to +\infty} \dfrac{\ln x}{x^n}$ $(n > 0)$.

解 此为 $\dfrac{\infty}{\infty}$ 型未定式，则

$$\lim_{x \to +\infty} \frac{\ln x}{x^n} = \lim_{x \to +\infty} \frac{\dfrac{1}{x}}{n x^{n-1}} = \lim_{x \to +\infty} \frac{1}{n x^n} = 0.$$

例 7 求极限 $\lim\limits_{x \to +\infty} \dfrac{x^n}{e^{\lambda x}}$ (n 为正整数，$\lambda > 0$).

解 此为 $\dfrac{\infty}{\infty}$ 型未定式，则

$$\lim_{x\to+\infty}\frac{x^n}{e^{\lambda x}}=\lim_{x\to+\infty}\frac{nx^{n-1}}{\lambda e^{\lambda x}}=\lim_{x\to+\infty}\frac{n(n-1)x^{n-2}}{\lambda^2 e^{\lambda x}},$$

反复使用 n 次洛必达法则,则

$$\lim_{x\to+\infty}\frac{x^n}{e^{\lambda x}}=\lim_{x\to+\infty}\frac{n!}{\lambda^n e^{\lambda x}}=0.$$

从这些例子可以看出对数函数 $\ln x$、幂函数 x^n、指数函数 $e^{\lambda x}(\lambda>0)$ 均为当 $x\to+\infty$ 时的无穷大,但它们趋于无穷大的"速度"却很不一样.

例 8 求极限 $\lim\limits_{x\to\infty}\dfrac{x-\cos x}{x+\cos x}$.

解 此为 $\dfrac{\infty}{\infty}$ 型未定式,则

$$\lim_{x\to\infty}\frac{(x-\cos x)'}{(x+\cos x)'}=\lim_{x\to\infty}\frac{1-\sin x}{1+\sin x}.$$

由 2.2 节例 4 知此极限不存在,故对于此极限来说,洛必达法则的第三个条件不满足,不能使用洛必达法则. 但①

$$\lim_{x\to\infty}\frac{x-\cos x}{x+\cos x}=\lim_{x\to\infty}\frac{1-\dfrac{1}{x}\cdot\cos x}{1+\dfrac{1}{x}\cdot\cos x}.$$

其中 $\lim\limits_{x\to\infty}\dfrac{1}{x}\cdot\cos x=0$,故

$$\lim_{x\to\infty}\frac{x-\cos x}{x+\cos x}=1.$$

4.2.3 其他类型的未定式

其他类型如 $0\cdot\infty,\infty-\infty,0^0,1^\infty,\infty^0$ 型的"困难"极限也可以想办法化成

---

① 说明洛必达法则并不是计算 $\dfrac{0}{0}$ 型及 $\dfrac{\infty}{\infty}$ 型未定式的"唯一"的方法,有时它甚至不是"最好"的方法.

$\frac{0}{0}$ 型或 $\frac{\infty}{\infty}$ 型,再用洛必达法则计算.

例9 求极限 $\lim\limits_{x \to 0^+} x \ln x$.

解 此为 $0 \cdot \infty$ 型未定式,可将乘积变为除的形式化成 $\frac{\infty}{\infty}$ 型未定式.

$$\lim_{x \to 0^+} x \ln x = \lim_{x \to 0^+} \frac{\ln x}{\frac{1}{x}} \quad \left(\frac{\infty}{\infty} \text{型}\right) = \lim_{x \to 0^+} \frac{(\ln x)'}{\left(\frac{1}{x}\right)'}$$

$$= \lim_{x \to 0^+} \frac{\frac{1}{x}}{-\frac{1}{x^2}} = \lim_{x \to 0^+} (-x) = 0.$$

例10 求极限 $\lim\limits_{x \to \frac{\pi}{2}} (\sec x - \tan x)$.

解 此为 $\infty - \infty$ 型未定式,可以利用通分运算化成 $\frac{0}{0}$ 型未定式.

$$\lim_{x \to \frac{\pi}{2}} (\sec x - \tan x) = \lim_{x \to \frac{\pi}{2}} \left(\frac{1}{\cos x} - \frac{\sin x}{\cos x}\right) = \lim_{x \to \frac{\pi}{2}} \frac{1 - \sin x}{\cos x} \quad \left(\frac{0}{0} \text{型}\right)$$

$$= \lim_{x \to \frac{\pi}{2}} \frac{-\cos x}{-\sin x} = 0.$$

例11 求极限 $\lim\limits_{x \to \infty} \left[(3 + x) e^{\frac{1}{x}} - x\right]$.

解 此为 $\infty - \infty$ 型未定式,且无法通分,可将其转化为 $0 \cdot \infty$ 型未定式进行计算.

$$\lim_{x \to \infty} \left[(3 + x) e^{\frac{1}{x}} - x\right] = \lim_{x \to \infty} x \left[\left(1 + \frac{3}{x}\right) e^{\frac{1}{x}} - 1\right]$$

$$= \lim_{x \to \infty} \frac{\left[\left(1 + \frac{3}{x}\right) e^{\frac{1}{x}} - 1\right]}{\frac{1}{x}}.$$

令 $t = \frac{1}{x}$,极限转化为 $\frac{0}{0}$ 型未定式.

$$\lim_{t\to 0}\frac{(1+3t)\mathrm{e}^t-1}{t}=\lim_{t\to 0}\frac{[(1+3t)\mathrm{e}^t-1]'}{[t]'}$$
$$=\lim_{t\to 0}(4+3t)\mathrm{e}^t=4.$$

例 12 求极限 $\lim\limits_{x\to 0^+}x^x$.

解 此为 0^0 型未定式,利用等式 $a=\mathrm{e}^{\ln a}$ 可以将该极限化为指数上的 $0\cdot\infty$ 型未定式.

$$\lim_{x\to 0^+}x^x=\lim_{x\to 0^+}\mathrm{e}^{x\ln x}=\mathrm{e}^{\lim\limits_{x\to 0^+}x\ln x}=\mathrm{e}^0=1.$$

例 13 求极限 $\lim\limits_{x\to 1}x^{\frac{1}{1-x}}$.

解 此为 1^∞ 型未定式,利用等式 $a=\mathrm{e}^{\ln a}$ 可将该极限化为指数上的 $0\cdot\infty$ 型未定式.

$$\lim_{x\to 1}x^{\frac{1}{1-x}}=\lim_{x\to 1}\mathrm{e}^{\frac{1}{1-x}\ln x}=\mathrm{e}^{\lim\limits_{x\to 1}\frac{\ln x}{1-x}}.$$

其中

$$\lim_{x\to 1}\frac{\ln x}{1-x}=\lim_{x\to 1}\frac{\frac{1}{x}}{-1}=-1.$$

故原极限为 e^{-1}.

例 14 求极限 $\lim\limits_{x\to 0^+}(\cot x)^{\frac{1}{\ln x}}$.

解 此为 ∞^0 型未定式,由等式 $a=\mathrm{e}^{\ln a}$ 可将该极限化为指数上的 $0\cdot\infty$ 型未定式.

$$\lim_{x\to 0^+}(\cot x)^{\frac{1}{\ln x}}=\lim_{x\to 0^+}\mathrm{e}^{\frac{\ln\cot x}{\ln x}}=\mathrm{e}^{\lim\limits_{x\to 0^+}\frac{\ln\cot x}{\ln x}}=\mathrm{e}^{-1}.$$

习题 4.2

1. 计算下列极限.

(1) $\lim\limits_{x\to 1}\dfrac{x^5-1}{x^3-1}$;

(2) $\lim\limits_{x\to 0}\dfrac{x(\mathrm{e}^{4x}-1)}{\tan^2 3x}$;

(3) $\lim\limits_{x\to 1}\dfrac{\ln x}{x^2-1}$;

(4) $\lim\limits_{x\to 1}\dfrac{\pi-4\arctan x}{x^2-1}$;

(5) $\lim\limits_{x\to 0} \dfrac{2^x-1}{\arcsin x}$;

(6) $\lim\limits_{x\to 0} \dfrac{x-\sin x}{x^3}$;

(7) $\lim\limits_{x\to +\infty} \dfrac{(2x+1)^3}{x^3+1}$;

(8) $\lim\limits_{x\to +\infty} \dfrac{\ln^2 x}{x+2}$;

(9) $\lim\limits_{x\to +\infty} \dfrac{\ln(1+2\mathrm{e}^x)}{x+1}$;

(10) $\lim\limits_{x\to \frac{\pi}{2}^+} \dfrac{\ln(\cot 3x)}{\ln(\cot 5x)}$;

(11) $\lim\limits_{x\to 0} x\cot 9x$;

(12) $\lim\limits_{x\to 0} x^2 \mathrm{e}^{\frac{1}{x^2}}$;

(13) $\lim\limits_{x\to 2}\left(\dfrac{4}{x^2-4}-\dfrac{1}{x-2}\right)$;

(14) $\lim\limits_{x\to \infty} x^2\left[\dfrac{1}{x}-\ln\left(1+\dfrac{1}{x}\right)\right]$;

(15) $\lim\limits_{x\to 0^+}(1+\sin x^2)^{\frac{\cot x}{2x}}$;

(16) $\lim\limits_{x\to 0}(\cos x)^{\frac{\csc x}{x}}$;

(17) $\lim\limits_{x\to 0^+}\left(\dfrac{1}{x}\right)^{\tan x}$;

(18) $\lim\limits_{x\to 0^+} x^{\frac{x}{1+\ln x}}$;

(19) $\lim\limits_{x\to 1}\dfrac{\ln\cos(x-1)}{1-\sin\frac{\pi}{2}x}$;

(20) $\lim\limits_{x\to 0}\dfrac{\sin x - x\cos x}{\sin^3 x}$.

2. 检查以下求极限的过程,如果有错误,指出并修正.

$\lim\limits_{x\to \infty}\dfrac{\sqrt{x^2+\sin x}}{x+1} = \lim\limits_{x\to \infty}\dfrac{2x+\cos x}{2\sqrt{x^2+\sin x}}$,因为$\lim\limits_{x\to \infty}\cos x$不存在,所以原极限不存在.

4.3 函数的单调性

当一个人沉湎在分析运算中时,他就被这个方法的普遍性和它的不可估量的优越性引导着……

——拉普拉斯 《宇宙体系论》

拉普拉斯(Pierre-Simon Laplace,1749—1827),法国数学家、天文学家,法国科学院院士,天体力学的主要奠基人,天体演化学的创立者之一,应用数学的先驱。拉普拉斯最脍炙人口的天文学著作是《宇宙体系论》,在书中他提出了有名的太阳系生成的星云假说。拉普拉斯在这本著作中尽可能地抛弃了数学公式,深入浅出地论述了天体运动的规律,并从数学上作了简单说明。

> 借助于导数的几何意义,你能发现单调函数有什么特点?

如果可导函数 $y=f(x)$ 在 $[a,b]$ 上单调递增(单调减少),那么它的图形是一条沿 x 轴正向上升(下降)的曲线. 这时曲线上各点处的切线斜率是非负的(非正的),即 $y'=f'(x) \geqslant 0$ ($y'=f'(x) \leqslant 0$)(图 4.3).

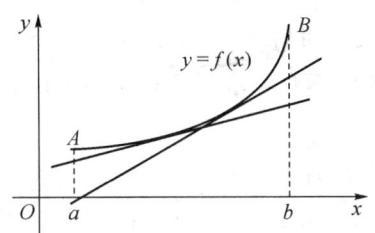 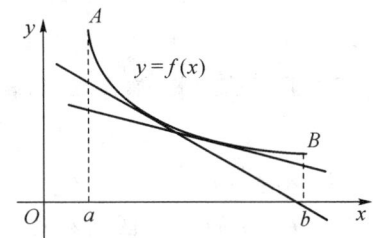

(a) 函数图形上升时切线斜率非负　　(b) 函数图形下降时切线斜率非正

图 4.3

由此可见,函数的单调性与导数的符号有着密切的联系.

反过来,能否用导数的符号来判定函数的单调性呢?

定理 1　如果函数 $y=f(x)$ 在区间 $[a,b]$ 上连续,在 (a,b) 内可导,那么

(1) 若在 (a,b) 内 $f'(x)>0$,则函数 $f(x)$ 在 $[a,b]$ 上单调增加;

(2) 若在 (a,b) 内 $f'(x)<0$,则函数 $f(x)$ 在 $[a,b]$ 上单调减少.

证　以情形(1)为例,任取 $[a,b]$ 中两点 $x_1<x_2$,由拉格朗日中值定理,在 $[x_1,x_2]$ 之间必有一点 x_0,满足

$$f(x_2)-f(x_1)=f'(x_0)(x_2-x_1)>0,$$

这里 $x_1<x_0<x_2$,由 x_1,x_2 的任意性知 $f(x)$ 在 $[a,b]$ 上单调增加.

如果把这个判别法中的闭区间换成其他各种区间(包括无穷区间),结论依然成立.

例 1　讨论函数 $f(x)=e^x-x+2$ 的单调性.

解　函数定义域为 $(-\infty,+\infty)$,$f'(x)=e^x-1$. 当 $x=0$ 时,$y'=0$. 在 $(-\infty,0)$ 上 $y'<0$,所以函数在区间 $(-\infty,0]$ 上单调减少,在 $(0,+\infty)$ 上 $y'>0$,函数在区间 $[0,+\infty)$ 上单调增加.

例 2　讨论函数 $f(x)=\sqrt[5]{x^4}$ 的单调性.

解 函数 $f(x)=\sqrt[5]{x^4}$ 在区间 $(-\infty,+\infty)$ 内连续,$f'(x)=\dfrac{4}{5\sqrt[5]{x}}$. 当 $x=0$ 时,函数的导数不存在. 在 $(-\infty,0)$ 上 $y'<0$,因此函数在 $(-\infty,0]$ 上单调减少,在 $(0,+\infty)$ 上 $y'>0$,故函数在 $[0,+\infty)$ 上单调增加.

函数的单调性往往需要用区间来刻画. 若函数在定义域的某个区间内是单调的,我们称该区间为函数的单调区间.

若函数 $f(x)$ 在定义区间内连续,除去部分点外导数都存在,则我们可以按照以下步骤求得函数 $f(x)$ 的单调区间:

(1) 求 $f'(x)$,得到所有 $f'(x)$ 导数不存在的点及驻点;

(2) $f(x)$ 的定义区间被这些点分割成若干小区间,判定每个小区间上 $f'(x)$ 的符号. 若 $f'(x)>0$,则此区间为 $f(x)$ 的单调增区间,若 $f'(x)<0$,则此区间为 $f(x)$ 的单调减区间.

例 3 求函数 $f(x)=2x^3-3x^2-36x+1$ 的单调区间.

解 $f'(x)=6(x^2-x-6)=6(x+2)(x-3)$,令 $f'(x)=0$,解得驻点 $x_1=-2,x_2=3$.

驻点将定义域分成三个区间 $(-\infty,-2]$,$[-2,3]$ 及 $[3,+\infty)$,由于在区间 $(-\infty,-2]$ 及 $(3,+\infty)$ 上导函数 $f'(x)>0$,而在区间 $(-2,3)$ 上 $f'(x)<0$,因此 $(-\infty,-2]$ 及 $[3,+\infty)$ 是函数的单调增区间,而区间 $[-2,3]$ 是函数的单调减区间.

函数单调区间的求解还可以用下面导数符号的表格(表 4.1)进行讨论.

表 4.1

x	$(-\infty,-2]$	$[-2,3]$	$[3,+\infty)$
$f'(x)$	$+$	$-$	$+$
$f(x)$	↗	↘	↗

有时利用单调性可以帮助我们证明不等式.

例 4 证明:当 $x>0$ 时,$1+\dfrac{1}{2}x>\sqrt{1+x}$.

证 令 $f(x)=1+\dfrac{1}{2}x-\sqrt{1+x}$, $f'(x)=\dfrac{1}{2}\left(1-\dfrac{1}{\sqrt{1+x}}\right)$, 在区间 $(0,+\infty)$ 内 $f'(x)>0$, 因此 $f(x)$ 在区间 $[0,+\infty)$ 内单调增加, $f(0)=0$, 则当 $x>0$ 时,

$$f(x)=1+\dfrac{1}{2}x-\sqrt{1+x}>f(0)=0,$$

即 $1+\dfrac{1}{2}x>\sqrt{1+x}$.

例 5 证明:方程 $\ln x=\dfrac{x}{e}-1$ 在区间 $(0,+\infty)$ 内只有两个实根.

证 令 $f(x)=\ln x-\dfrac{x}{e}+1$, $f'(x)=\dfrac{1}{x}-\dfrac{1}{e}$, 当 $x=e$ 时 $f'(x)=0$.

一方面,在 $(0,e)$ 内 $f'(x)>0$. 又因为 $f(e)=1$, $\lim\limits_{x\to 0^+}f(x)=-\infty$, 故 $f(x)$ 在 $(0,e)$ 有且只有一个零点.

另一方面,在 $(e,+\infty)$ 内 $f'(x)<0$, $f(e^3)=4-e^2<0$, 故 $f(x)$ 在 $(e,+\infty)$ 也只有唯一的零点. 因此 $f(x)$ 在区间 $(0,+\infty)$ 内有且只有两个实根.

例 6 如果一个储户有一笔数额为 a 的钱款需要做一个一年的储蓄投资,揽储公司给予储户的年利率为 r, 为了方便投资者,如果储户在任意时刻提前支取将享受 r_0 不变的年利率并且提取时间不限,即当储户在 $\dfrac{1}{n}$ 年支取时,该储户可以获得 $\dfrac{r_0}{n}$ 的年利率. 这样,精明的储户将会考虑如下的问题:如果在一年中不断地提取并且马上将本金与利息同时存入,就可以不断地享受复利的回报,那么在利率 r_0 不变的前提下存取的频率越高是否就会得到越大的收益?

解 现在假定储户将一年的存期分成 n 段,通过不断地存取则一年后本金为 a 的储户将获得 $a\left(1+\dfrac{r_0}{n}\right)^n$ 的收益. 记 $f(x)=\left(1+\dfrac{1}{x}\right)^x$, 利用复合函数求导法,有

$$f'(x)=\left[e^{x\ln\left(1+\frac{1}{x}\right)}\right]'=\left(1+\dfrac{1}{x}\right)^x\left[\ln\left(1+\dfrac{1}{x}\right)-\dfrac{1}{1+x}\right]$$

$$=\left(1+\dfrac{1}{x}\right)^x\left[\ln\left(1+\dfrac{1}{x}\right)-\dfrac{\dfrac{1}{x}}{1+\dfrac{1}{x}}\right],$$

由 4.1 节例 2 知,当 $x>0$ 时,不等式 $\dfrac{x}{1+x}<\ln(1+x)<x$ 成立,推得导数 $f'(x)>0$,因此函数 $f(x)$ 单调增加,从而数列 $a\left(1+\dfrac{r_0}{n}\right)^n$ 是单调递增的.

这说明如果利率是固定不变的,那么存取的频率越高储户的收益越高. 此外,2.5 节中的第二个重要极限告诉我们,即使存取的次数为无穷,收益也是有限的,一年后该储户将会得到

$$\lim_{n\to\infty} a\left[\left(1+\dfrac{r_0}{n}\right)^n-1\right]=a(e^{r_0}-1)$$

的利息.

习题 4.3

1. 判断函数的单调性.

    (1) $y=\dfrac{1}{3}x^3+x^2-15x+3$;　　(2) $y=8x-x^3-x^2+7$;

    (3) $y=\sqrt{2x+1}$;　　(4) $y=x-\ln x$;

    (5) $y=\sqrt[3]{x-1}$;　　(6) $y=\dfrac{2x+1}{5-3x}$;

    (7) $y=e^{3x}+e^{-x}$;　　(8) $y=e^{\sqrt[3]{x^2}}$;

    (9) $y=x\ln x$;　　(10) $y=x^{\frac{2}{3}}(x+1)$.

2. 已知 $(-\infty,+\infty)$ 上导函数 $f'(x)$ 的表达式,讨论对应 $f(x)$ 的单调性.

    (1) $f'(x)=-2x+5$;　　(2) $f'(x)=3x(x+1)$;

    (3) $f'(x)=(2x-1)e^x$;　　(4) $f'(x)=x^{-\frac{1}{3}}(x^2-2x-3)$;

    (5) $f'(x)=2(x+1)^2(x-1)(x+3)^3$.

3. 证明:当 $x>0$ 时,$1+x\ln(x+\sqrt{1+x^2})>\sqrt{1+x^2}$.

4. 某国十年内石油进口总值可以用函数

$$f(x)=-0.91x^3+17.54x^2+22.18x+2121.58,\quad 1\leqslant x\leqslant 10$$

表示,其中 x 是进口的年数,$f(x)$ 以亿元计算.试讨论这十年来该国石油进口总值上升、下降的情况.

4.4 极值与最值

分析是如此多产,只需把一些特殊的真理译成这个普遍的语言,就会看到从它们本身的表达中又出现众多新的出乎意料的真理,没有另外一种语言是如此优美.

——拉普拉斯 《宇宙体系论》

《宇宙体系论》(1796 年)是一本解释宇宙的、文字通俗的科普读物.拉普拉斯所提出的太阳系生成的星云假设说就收集在此书的附录里.这一假说虽已在 1755 年由康德(Kant,德国哲学家)述及,但康德主要是从哲学的角度加以考虑的,而拉普拉斯则是从数学、力学的角度进行推导的,他不但充实了星云假说的内容,而且作出了详细的科学论证.因此,人们常把这一假说称为"康德-拉普拉斯星云假说".拉普拉斯在《宇宙体系论》文中多次提到微积分强大的应用价值.

4.4.1 函数的极值

依赖函数 $y = f(x)$ 在 (a, b) 上的导数我们就可以确定函数在 $[a, b]$ 上的单调性(图 4.4),你能发现在函数曲线上对应单调性恰好发生变化的点具有什么特点吗?

事实上,以图 4.4 中 x_3,x_4 为例,在 x_3 左侧领域函数单调递减,右侧领域单调递增,则存在 x_3 的一个去心邻域,对于邻域中的任一点 x 都有 $f(x) > f(x_3)$[图 4.5(a)]. 类似地,存在 x_4 的去心邻域,对于邻域中的任一点 x 都有 $f(x) < f(x_4)$[图 4.5(b)].

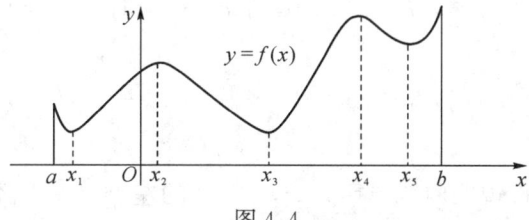

图 4.4

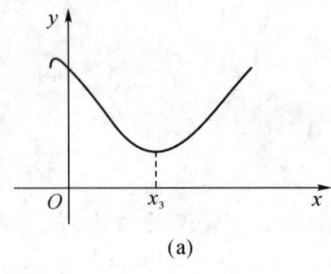
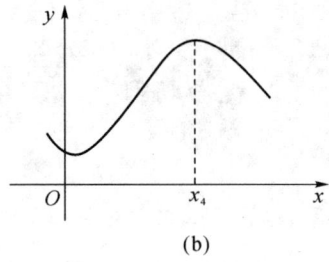

(a)　　　　　　　　　　　　(b)

图 4.5

定义 1　设函数 $f(x)$ 在点 x_0 的某邻域内有定义,如果对于该邻域内任意点 $x \neq x_0$,有

$$f(x) < f(x_0) \text{ (或 } f(x) > f(x_0)\text{)},$$

则称 $f(x_0)$ 是函数 $f(x)$ 的一个极大值(或极小值),称点 x_0 是函数 $f(x)$ 的极大值点(或极小值点).

函数的极大值与极小值统称为函数的极值,使函数取得极值的点统称为函数的极值点.

如何寻找函数的极值点?

若函数可以利用导数确定定义域内的单调区间,我们会发现只有单调区间的分界点才有可能是极值点,这样的点要么是驻点,要么是导数不存在的点. 当然驻点与导数不存在的点未必都是极值点. 例如,函数 $f(x) = x^3$,$f'(x) = 3x^2$,$f'(0) = 0$,因此 $x = 0$ 是驻点,但 $x = 0$ 却不是函数的极值点.

怎样才能准确地从这些可能的极值点中挑出真正的极值点呢?

定理 1(第一充分条件)　设函数 $f(x)$ 在点 x_0 的某邻域连续,并在此邻域(除点 x_0 以外)内可导,那么

(1) 若当 $x < x_0$ 时,$f'(x) < 0$,当 $x > x_0$ 时,$f'(x) > 0$,则 $f(x)$ 在点 x_0 取得极小值;

(2) 若当 $x < x_0$ 时,$f'(x) > 0$,当 $x > x_0$ 时,$f'(x) < 0$,则 $f(x)$ 在点 x_0 取得极大值.

证　(1)的条件说明曲线 $y = f(x)$ 在 x_0 的左侧单调下降,在 x_0 的右侧单调

上升,因此 $y=f(x_0)$ 是函数的极小值.(2)的条件与(1)的条件正好相反,因此 $y=f(x_0)$ 是函数的极大值.

例1 求函数 $f(x)=(x-8)\sqrt[3]{(x+2)^2}$ 的极值.

解 $f'(x)=\dfrac{5}{3}\dfrac{x-2}{\sqrt[3]{x+2}}$,可求得驻点 $x_1=2$ 及导数不存在的点 $x_2=-2$,这两个点将 $f(x)$ 的定义区间分成三段.

当 $x<-2$ 时,$f'(x)>0$,当 $-2<x<2$ 时,$f'(x)<0$. 故 $x=-2$ 是极大值点.

当 $-2<x<2$ 时,$f'(x)<0$,当 $x>2$ 时,$f'(x)>0$. 故 $x=2$ 是极小值点.

此时,极大值为 $f(-2)=0$,极小值为 $f(2)=-12\sqrt[3]{2}$.

例2 求函数 $f(x)=e^x(x^2-3)$ 的单调区间与极值.

解 函数 $f(x)$ 的导数 $f'(x)=e^x(x^2+2x-3)=e^x(x-1)(x+3)$.

令 $f'(x)=0$ 得到驻点 $x_1=-3$,$x_2=1$.

当 $x<-3$ 时,$f'(x)>0$,$-3<x<1$ 时,$f'(x)<0$,故函数取得极大值 $f(-3)=6e^{-3}$.

当 $-3<x<1$ 时,$f'(x)<0$,当 $x>1$ 时,$f'(x)>0$,故取得极小值 $f(1)=-2e$.

我们也可以用表4.2对此例题加以讨论.

表4.2

x	$(-\infty,-3)$	-3	$(-3,1)$	1	$(1,+\infty)$
$f'(x)$	$+$	0	$-$	0	$+$
单调性与极值	单调增	极大值 $f(-3)=6e^{-3}$	单调减	极小值 $f(1)=-2e$	单调增

如果函数 $f(x)$ 在驻点处二阶导数存在且不为零,也可以用下述定理来判定驻点是否是极值点.

定理2(第二充分条件) 设函数 $f(x)$ 在 $x=x_0$ 处具有二阶导数,且 $f'(x_0)=0$,$f''(x_0)\neq 0$. 则

(1) 当 $f''(x_0)<0$ 时,函数 $f(x)$ 在点 x_0 处取得极大值;

(2) 当 $f''(x_0)>0$ 时,函数 $f(x)$ 在点 x_0 处取得极小值.

证 在情形(1),因为

$$f''(x_0) = \lim_{x \to x_0} \frac{f'(x) - f'(x_0)}{x - x_0} = \lim_{x \to x_0} \frac{f'(x)}{x - x_0} < 0,$$

故在 x_0 的某个空心邻域内 $\frac{f'(x - x_0)}{x - x_0} < 0$，即 $f'(x)$ 与 $x - x_0$ 异号. 当 $x < x_0$ 时，$f'(x) > 0$，当 $x > x_0$ 时，$f'(x) < 0$，所以 $f(x)$ 在点 x_0 取得极大值.

类似可证明情形(2).

例 3 求函数 $f(x) = x + \dfrac{4}{x^2} + 3$ 的极值.

解 $f'(x) = 1 - \dfrac{8}{x^3}$，令 $f'(x) = 0$ 得到驻点 $x = 2$，由于

$$f''(2) = \left.\frac{24}{x^4}\right|_{x=2} = \frac{3}{2} > 0,$$

所以函数在点 $x = 2$ 处取得极小值 $f(2) = 6$.

设函数 $f(x)$ 在定义区间内连续，除去部分点外导数都存在，则我们可以按照以下步骤求得函数 $f(x)$ 的极值：

(1) 求 $f'(x)$，得 $f'(x)$ 所有不可导点及驻点；

(2) 判定上述每个点是否为极值点. 若该点为驻点，且该点的二阶导数不为零，可利用第二充分条件进行判断；若该点为不可导点，或为驻点，但该点的二阶导数等于零，可利用第一充分条件进行判断；

(3) 计算极值点对应的函数值，即为函数的极值.

4.4.2 函数的最大值与最小值

极值是局部概念. 例如图 4.4 中的 $f(x_5)$ 在 x_5 附近的小范围是最小值，但在区间 $[a, b]$ 上并不是最小值. 如何求得函数在整体区间上的最大值、最小值？

如果连续函数在区间的内部点取到最大值或最小值,那么该点一定是函数的极值点,这些点要么是函数的驻点,要么是不可导点. 因此我们可以先求出函数在所讨论区间内的驻点和不可导点,再比较这些点处函数值的大小,结合区间端点处函数的取值最终就能得到函数的最大值或最小值.

例 4 求函数 $f(x)=x^2\ln x$ 在区间 $\left[\dfrac{1}{e},e\right]$ 上的最大值与最小值.

解 $f'(x)=2x\ln x+x$,令 $f'(x)=x(2\ln x+1)=0$,求得函数的驻点 $x=\dfrac{1}{\sqrt{e}}$. 比较端点 $x=\dfrac{1}{e}$;$x=e$ 以及驻点 $x=\dfrac{1}{\sqrt{e}}$ 处的函数值:

$$f\left(\dfrac{1}{e}\right)=-\dfrac{1}{e^2}, \quad f\left(\dfrac{1}{\sqrt{e}}\right)=-\dfrac{1}{2e}, \quad f(e)=e^2,$$

从而得到最大值为 $f(e)=e^2$,最小值为 $f\left(\dfrac{1}{\sqrt{e}}\right)=-\dfrac{1}{2e}$.

例 5 将一块边长为 a 的正方形铁皮,从每个角截去同样的正方形小块,然后把四边折起来做成一个无盖的长方形小盒,为了使这个方盒的容积最大,问应该截去边长为多少的小正方形.

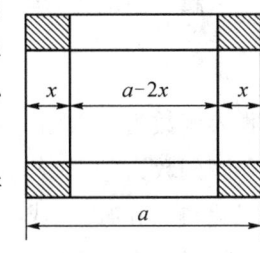

图 4.6

解 如图 4.6 所示,设截去的正方形小块边长为 x,所作成的方盒的容积为

$$V(x)=(a-2x)^2 x,$$

x 的变化范围是 $\left(0,\dfrac{a}{2}\right)$,对函数 $V(x)$ 求导得

$$\begin{aligned}V' &= (a-2x)^2-4(a-2x)x \\ &= (a-2x)(a-6x).\end{aligned}$$

令 $V'=0$,得到 $\left(0,\dfrac{a}{2}\right)$ 上的唯一驻点 $x=\dfrac{a}{6}$,由于在区间 $\left(0,\dfrac{a}{6}\right)$ 上 $V'>0$,函数 $V(x)$ 单调增加,而在区间 $\left(\dfrac{a}{6},\dfrac{a}{2}\right)$ 上 $V'<0$,函数 $V(x)$ 单调减少,因此当 $x=\dfrac{a}{6}$ 时,函数 $V(x)$ 取得最大值,即此时制作的盒子容积最大.

事实上,对于实际应用问题,一般我们需恰当地选择自变量,建立正确且简单的目标函数,然后在对应的讨论范围内讨论目标函数是否有最值,是最大值还是最小值. 如果按照实际问题可以判断目标函数在所讨论的区间内具有最值,并且经过计算只有一个极值点或驻点,则可以断定所求的极值点或驻点就是所求的最值点.

例 6 在经济活动中,一种产品的产量达到 x 时,所花费的总成本 $C(x)$ 称为成本函数,此时 $C'(x)$ 称为边际成本函数,记为 M_c. 若以 $P(x)$ 的价格销售产品,销售量为 x 时,获得的总收益为 $R(x) = xP(x)$, $R(x)$ 称为收益函数,$R(x)$ 的导数 $R'(x)$ 称为边际收益函数,记为 M_R. 当销售量为 x 时,$L(x) = R(x) - C(x)$ 为利润函数,$L(x)$ 的导数 $L'(x)$ 称为边际利润函数,记为 M_L.

设某车间每旬生产某产品的固定成本为 1 000 元,生产 x 个单位产品的成本为 $0.01x^2 + 10x$ 元,如果每单位产品的销售价为 30 元,

(1) 试求每旬生产 x 个单位产品的成本函数,收益函数以及利润函数;

(2) 试求它们的边际成本,边际收入以及边际利润函数;

(3) 如果产品可以全部售完,求产量 x 使得每月销售所得的利润最大.

解 由题设,生产并且售完 x 个单位产品的成本函数为

$$C(x) = 0.01x^2 + 10x + 1000,$$

收入函数为 $R(x) = 30x$.

利润函数为 $L(x) = R(x) - C(x) = -0.01x^2 + 20x - 1000$.

因此,它们的边际成本 $C'(x) = 0.02x + 10$.

边际收入为 $R'(x) = 30$;

边际利润为 $L'(x) = -0.02x + 20$.

令 $L'(x) = -0.02x + 20 = 0$,得 $x = 1000$,由于 $L''(1000) = -0.02 < 0$,因此 $x = 1000$ 是利润函数 $L(x)$ 的极大值点,并且 $x = 1000$ 是唯一的极值点,因此该点是函数的最大值点,即每旬产量为 1 000 个单位时,边际利润最大. 且最大的利润为

$$L(1000) = -0.01 \times (1000)^2 + 20 \times 1000 - 1000 = 9000 \text{(元)}.$$

习题 4.4

1. 求下列函数的极值.

(1) $f(x) = 2x^3 + 3x^2 - 12x + 1$; (2) $f(x) = 12x - x^3$;

(3) $f(x) = x(3x+4)^2$;

(4) $f(x) = 7x^5 - 5x^7$;

(5) $f(x) = x - \ln(1+x)$;

(6) $f(x) = e^x \cdot (x^2 - x - 11)$;

(7) $f(x) = \dfrac{1}{x^2+1}$;

(8) $f(x) = \dfrac{x^3}{3x^2+1}$.

2. 求函数 $f(x) = 4x^3 + 3x^2 - 36x + 1$,$x \in [-1, 2]$ 最大值与最小值.

3. 求函数 $f(x) = \dfrac{x}{x-2}$,$x \in [3, 5]$ 最大值与最小值.

4. 求函数 $f(x) = \dfrac{3}{2}\sin x - \sin^3 x$,$x \in [-\pi, \pi]$ 的最大值与最小值.

5. 求函数 $f(x) = e^x - 3x$,$x \in [0, 2]$ 的最大值与最小值.

6. 某地区防空洞的截面建成矩形加半圆(图 4.7). 截面的面积为 5 m^2. 计划在截面的四周做特殊的密封装饰,问底宽 x 为多少时才能使截面的周长最小,从而使建造时所用的材料最省?

7. 已知某厂生产 x(千件)产品的成本为 $c(x) = x^3 - 6x^2 + 15x$(元),获得的收益为 $r(x) = 9x$(元),求达到最大利润的生产量.

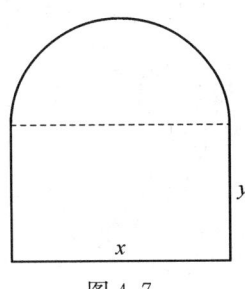

图 4.7

4.5 函数的凹凸性

在曲线与最密接圆之间,不会有别的圆在该点和曲线相切.

——牛顿 《解析几何》

牛顿是第一个对平面高次曲线进行广泛研究的数学家,1671 年他写了《解析几何》一书,介绍了他用微分学处理平面曲线的方法. 此书虽然 1671 年就已完成,但却出版于 1736 年.

4.5.1 函数的凹凸性

在研究曲线的形态时,曲线的升降当然是一个重要的特性,但是仅靠此还不能完全反映曲线的形态,因为曲线在上升或下降的过程中还有弯曲方向的问题.有的曲线弧上任取两点,则连接这两点间的弦总是位于这两点间的弧段上方(图 4.8),则从图象上看函数曲线呈现向下弯曲的形态,而有的曲线弧则正好相反.曲线的这种性质就是曲线的凹凸性.

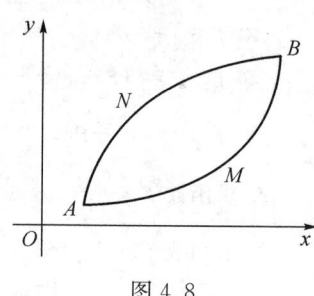

图 4.8

对于一条连续曲线,曲线的凹凸性可以用曲线上任意两点对应的自变量 x_1, x_2 的中点 $\dfrac{x_1+x_2}{2}$ 在弦与曲线弧上对应点的位置关系来描述.

定义 1 设函数 $f(x)$ 在区间 I 上连续,如果在区间 I 内任意取不同的两点 x_1, x_2 总有

$$f\left(\dfrac{x_1+x_2}{2}\right) < \dfrac{f(x_1)+f(x_2)}{2},$$

那么称 $f(x)$ 在区间 I 上的图形是(向下)凹的;而如果

$$f\left(\dfrac{x_1+x_2}{2}\right) > \dfrac{f(x_1)+f(x_2)}{2}$$

始终成立,那么称 $f(x)$ 在区间 I 上的图形是(向上)凸的(图 4.9).

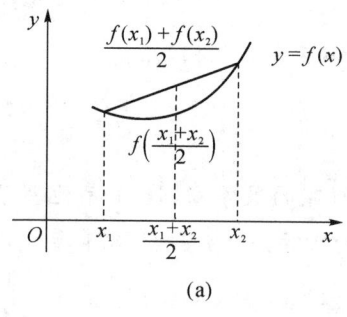

(a)

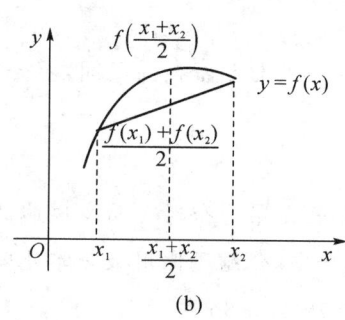

(b)

图 4.9

> 借助于导数的视角,你能发现凹(凸)曲线具有什么特点?

由于光滑①的凹曲线切线的斜率在不断上升,即函数的导函数单调增加,所以它的二阶导数非负.反之,光滑的凸曲线的二阶导数非正(图 4.10).

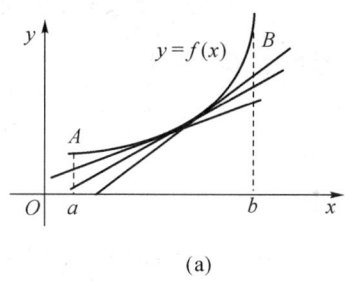
(a)

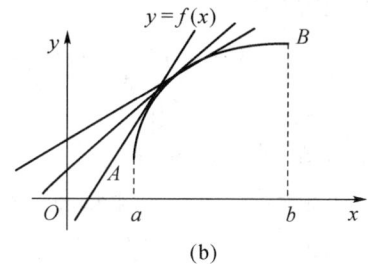
(b)

图 4.10

利用这一特点我们可以得到判别曲线凹凸性的一个好方法.

定理 1 设函数 $f(x)$ 在区间 $[a,b]$ 上二阶可导,那么

(1) 若在 (a,b) 内 $f''(x)>0$,则曲线 $y=f(x)$ 在 $[a,b]$ 上是凹的;

(2) 若在 (a,b) 内 $f''(x)<0$,则曲线 $y=f(x)$ 在 $[a,b]$ 上是凸的.

证 对于情形(1),在 (a,b) 任取 $x_1<x_2$,令 $x_0=\dfrac{x_1+x_2}{2}$,利用拉格朗日中值定理计算

$$f(x_1)+f(x_2)-2f(x_0)=[f(x_1)-f(x_0)]+[f(x_2)-2f(x_0)]$$
$$=f'(\xi_1)(x_1-x_0)+f'(\xi_2)(x_2-x_0).$$

这里 $\xi_1\in(x_1,x_0)$,$\xi_2\in(x_0,x_2)$,$h=x_2-x_0=x_0-x_1$,则

$$f(x_1)+f(x_2)-2f(x_0)=[f'(\xi_2)-f'(\xi_1)]h$$
$$=f''(\eta)(\xi_2-\xi_1)h.$$

这里 $\eta\in(\xi_1,\xi_1)$,故当 $f''(x)>0$ 时,$f(x_1)+f(x_2)-2f(x_0)>0$,即

$$f(\dfrac{x_1+x_2}{2})<\dfrac{f(x_1)+f(x_2)}{2}.$$

情形(2)类似可证明.

如果把上述判定定理中的闭区间换成其他类型区间(包括无限区间),结论依

---

① 光滑曲线是指曲线的切线可以连续滑动.

然成立.

例1 讨论曲线 $y = x^3 - 3x^2 + 2x - 1$ 的凹凸性.

解 函数 $y = x^3 - 3x^2 + 2x - 1$ 在 $(-\infty, +\infty)$ 上具有连续的二阶导数,
$$y' = 3x^2 - 6x + 2, \quad y'' = 6x - 6 = 6(x - 1).$$

令 $y'' = 0$,解得 $x = 1$,由于 $(-\infty, 1)$ 上,$y'' = 6(x - 1) < 0$,曲线在 $(-\infty, 1]$ 上是凸的;而在 $(1, +\infty)$ 上,$y'' = 6(x - 1) > 0$,故曲线在 $[1, +\infty)$ 上是凹的.

我们通常用凹凸区间来描绘函数曲线的凹凸性.

如果曲线 $y = f(x)$ 在经过点 $(x_0, f(x_0))$ 时凹凸性发生改变,则称点 $(x_0, f(x_0))$ 为曲线的拐点.

若函数 $f(x)$ 在定义区间内连续,除去部分点外二阶导数都存在,则我们可以按照以下步骤求得函数 $f(x)$ 的凹凸区间及拐点:

1. 求 $f'(x)$ 及 $f''(x)$,得到所有 $f''(x)$ 不存在的点及 $f''(x)$ 取值为零的点;

2. $f(x)$ 的定义区间被这些点分割成若干小区间,判定每个小区间上 $f''(x)$ 的符号.若 $f''(x) > 0$,则此区间为曲线 $y = f(x)$ 的凹区间,若 $f''(x) < 0$,则此区间为曲线 $y = f(x)$ 的凸区间.凹凸区间的分界点对应曲线的拐点.

例2 求曲线 $y = 3x^4 - 4x^3 + 1$ 的凹凸区间与拐点.

解 $y = 3x^4 - 4x^3 + 1$ 在 $(-\infty, +\infty)$ 上有连续二阶的导数,
$$y' = 12(x^3 - x^2), \quad y'' = 12(3x^2 - 2x) = 36x\left(x - \frac{2}{3}\right),$$

令 $y'' = 0$ 解得 $x_1 = 0$,$x_2 = \frac{2}{3}$,故在区间 $(-\infty, 0)$ 以及 $\left(\frac{2}{3}, +\infty\right)$ 上
$$y'' = 36x\left(x - \frac{2}{3}\right) > 0,$$

曲线在区间 $(-\infty, 0]$ 以及 $\left[\frac{2}{3}, +\infty\right)$ 上是凹的.而在 $\left(0, \frac{2}{3}\right)$ 上 $y'' < 0$,故曲线在 $\left[0, \frac{2}{3}\right]$ 上是凸的.曲线上有两个拐点分别为 $(0, 1)$ 与 $\left(\frac{2}{3}, \frac{11}{27}\right)$.

我们也可以利用二阶导数符号的表格讨论曲线的凹凸性与拐点(表 4.3).

表 4.3

x	$(-\infty, 0)$	0	$\left(0, \dfrac{2}{3}\right)$	$\dfrac{2}{3}$	$\left(\dfrac{2}{3}, +\infty\right)$
$f''(x)$	+	0	—	0	+
凹凸性、拐点	凹	拐点 $(0, 1)$	凸	拐点 $\left(\dfrac{2}{3}, \dfrac{11}{27}\right)$	凹

4.5.2 曲率

即使单调性、凹凸性完全相同,不同曲线的形态也有可能表现出极大的差异(图 4.11),这是因为曲线的"弯曲程度"不同. 数学上我们用曲率 K 表示函数曲线的弯曲程度.

对于简单的函数曲线,我们可以通过分析曲线自身的特点,掌握它的弯曲程度,从而适当定义曲率. 例如半径为 r 的圆,可以看出其上任一点处曲线的弯曲程度都

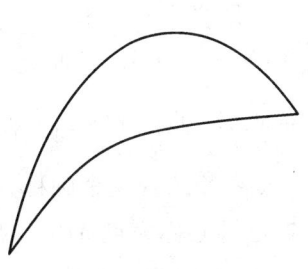

图 4.11

是一样的,且圆的半径越小曲线弯曲程度越大. 因此,可以用半径的倒数来表示圆在任一点处的弯曲程度,即

$$K = \frac{1}{r}.$$

如果圆的半径无限增大最终形成一条直线,可以看出直线在任一点处的曲率 $K = 0$.

对于一般的函数曲线,我们也希望分析曲线上某一点的弯曲程度,即曲率. 下面的定理给出了计算曲线在给定点处曲率的方法.

定理 2 若 $y = y(x)$ 二阶可导,则曲线 $y = y(x)$ 在点 $(x, y(x))$ 处的曲率

$$K = \frac{|y''|}{(1 + y'^2)^{\frac{3}{2}}}.$$

例 3 利用定理 2 中的曲率公式计算直线和圆在任一点处的曲率.

解 (1) 设直线方程为 $y = kx + b$,则 $y' = k$, $y'' = 0$,故 $K = 0$.

(2) 设圆的方程为 $\begin{cases} x = r\cos\theta, \\ y = r\sin\theta, \end{cases}$ 由 3.4 节例 8 知,

$$\frac{dy}{dx} = -\cot\theta, \quad \frac{d^2 y}{dx^2} = -\frac{1}{r\sin^3\theta}.$$

因此圆上各点的曲率为

$$K = \frac{|y''|}{[1+(y')^2]^{\frac{3}{2}}} = \frac{1}{r}.$$

说明定理 2 中利用导数得到的函数曲线的曲率计算公式与我们对生活中曲线"弯曲程度"的认识相符.

曲线上任一点的曲率还可以通过经过该点的一个"特殊圆"来了解.

定义 2 设曲线 $y = f(x)$ 在点 $M(x, y)$ 处的曲率为 $K(K \neq 0)$. 在曲线过点 M 处的法线上凹的一侧取一点 D, 使得 $|DM| = \frac{1}{K} = \rho$. 以 D 为圆心, ρ 为半径作圆(图 4.12), 这个圆称为曲线在点 M 处的曲率圆, 曲率圆的圆心称为点 M 处的曲率中心, 曲率圆的半径称为点 M 处的曲率半径.

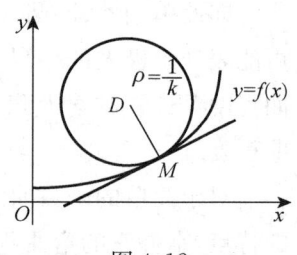

图 4.12

容易看出, 曲率圆与曲线过同一点 M, 在点 M 处有相同的切线、凹凸性和曲率, 且在点 M 附近有相同的凹凸性. 因此在一些实际问题中, 如果误差范围允许, 我们可以用曲率圆在点 M 附近的一段圆弧来近似替代曲线弧, 从而达到用"简单曲线"近似研究"复杂函数"的效果.

例 4 求曲线 $y = \tan x$ 在点 $\left(\dfrac{\pi}{4}, 1\right)$ 处的曲率与曲率半径.

解 $y' = \sec^2 x$, $y'' = 2\sec^2 x \tan x$, 得

$$y'\Big|_{x=\frac{\pi}{4}} = 2, \quad y''\Big|_{x=\frac{\pi}{4}} = 4,$$

$$K = \frac{|y''|}{(1+y'^2)^{\frac{3}{2}}}, \quad \rho = \frac{1}{K},$$

可知曲线在点 $\left(\dfrac{\pi}{4}, 1\right)$ 处的曲率与曲率半径分别为 $K = \dfrac{4\sqrt{5}}{25}$, $\rho = \dfrac{5\sqrt{5}}{4}$.

习题 4.5

1. 已知函数的二阶导数,求下列对应函数曲线在 $(-\infty, +\infty)$ 上的凹凸区间.

   (1) $y'' = x^2 - 5x - 6$; (2) $y'' = x^2(3x - 4)$;

   (3) $y'' = \dfrac{x^2 - 4}{x + 1}$; (4) $y'' = (3x^2 + x - 2)\mathrm{e}^{-x}$.

2. 已知函数的一阶导数,求下列对应函数曲线在 $(-\infty, +\infty)$ 上的凹凸区间.

   (1) $y' = 12 - 5x - 2x^2$; (2) $y' = 2x^3 - x^2 - 8x$;

   (3) $y' = (x^2 - 2x)(x + 3)$; (4) $y' = x^2(5 - x)$;

   (5) $y' = (2x - 1)^{\frac{2}{3}}$; (6) $y' = x^{-\frac{1}{3}}(5x + 4)$.

3. 求下列曲线的凹凸区间与拐点.

   (1) $y = x^2 + x - 6$; (2) $y = x^3 - 3x + 3$;

   (3) $y = 5x^4 + 3x^2 - 7x + 1$; (4) $y = -4x^5 - 6x^3 + 7x$;

   (5) $y = (x + 1)\mathrm{e}^x$; (6) $y = \ln(x^2 + 1)$;

   (7) $y = x(x - 5)^4$; (8) $y = x^{\frac{2}{3}}(3x - 7)$;

   (9) $y = x\mathrm{e}^{\frac{1}{x}}$; (10) $y = x\ln x$.

4. 抛物线 $y = ax^2 + bx + c$ 上哪一点的曲率最大?

5. 求曲线 $y = \sin x + \cos x$ 在 $[0, 2\pi]$ 上的拐点.

6. 求曲线 $y = x + \dfrac{2}{x}$ 在点 $(1, 3)$ 处的曲率与曲率半径.

7. 求曲线 $xy + y^2 = 2$ 在点 $(1, 1)$ 处的曲率与曲率半径.

8. 求曲线 $\begin{cases} x = 2t^3 + 1, \\ y = t^4 \end{cases}$ 在 $t = -1$ 对应点处的曲率与曲率半径.

4.6 函数图形的描绘

几何看来有时候要领先于分析,但事实上,几何的先行于分析,只不过像一个仆人走在主人的前面一样,是为主人开路的.

——詹姆斯·西尔维斯特

西尔维斯特(James Joseph Sylvester,1814—1897),英国数学家. 他在代数学方向取得了突出的成就,发展了行列式理论,创立了代数型的理论,创造了判别式等许多数学名词.

4.6.1 渐近线

利用极限我们已经了解了函数曲线的两种渐近线:铅直渐近线和水平渐近线. 若

$$\lim_{x \to x_0^+} f(x) = \infty \quad \text{或} \quad \lim_{x \to x_0^-} f(x) = \infty,$$

则 $x = x_0$ 就是曲线 $y = f(x)$ 的一条铅直渐近线. 例如,函数 $y = \dfrac{1}{x-2}$ 有铅直渐近线 $x = 2$.

若

$$\lim_{x \to +\infty} f(x) = b \quad \text{或} \quad \lim_{x \to -\infty} f(x) = b,$$

则 $y = b$ 就是曲线 $y = f(x)$ 的一条水平渐近线. 例如,函数 $y = \arctan x$ 有两条水平渐近线 $y = \dfrac{\pi}{2}$ 和 $y = -\dfrac{\pi}{2}$.

类似地,我们可以利用极限定义斜渐近线.

定义 1 若

$$\lim_{x \to +\infty} [f(x) - (kx + b)] = 0 \quad \text{或} \quad \lim_{x \to -\infty} [f(x) - (kx + b)] = 0,$$

其中 $k \neq 0$,则称 $y = kx + b$ 是曲线 $y = f(x)$ 的一条斜渐近线.

由定义我们得到斜渐近线的计算方法[①]:

[①] 计算斜渐近线时,斜率 $\lim\limits_{x \to \infty} \dfrac{f(x)}{x}$ 多为 $\dfrac{\infty}{\infty}$ 型未定式,截距 $\lim\limits_{x \to +\infty} [f(x) - kx]$ 多为 $\infty - \infty$ 型未定式.

若
$$\lim_{x\to\infty}\frac{f(x)}{x}=k, \quad \lim_{x\to\infty}[f(x)-kx]=b,$$
则 $y=kx+b$ 就是曲线 $y=f(x)$ 的斜渐近线.

若 $x\to+\infty$ 或 $x\to-\infty$ 时上述极限成立,则结论也成立.

例 1 求函数 $f(x)=\dfrac{(x+1)(5x+3)}{5x-2}$ 的渐近线.

解 $f(x)=\dfrac{(x+1)(5x+3)}{5x-2}$ 的定义域为 $\left(-\infty,\dfrac{2}{5}\right)\cup\left(\dfrac{2}{5},+\infty\right)$,因为
$$\lim_{x\to\frac{2}{5}}f(x)=\infty,$$
则 $x=\dfrac{2}{5}$ 是 $f(x)$ 的铅直渐近线. 又因为
$$\lim_{x\to\infty}\frac{f(x)}{x}=\lim_{x\to\infty}\frac{(x+1)(5x+3)}{x(5x-2)}=1,$$
$$\lim_{x\to\infty}\left[\frac{(x+1)(5x+3)}{5x-2}-x\right]=\lim_{x\to\infty}\frac{10x+3}{5x-2}=2,$$
则 $y=x+2$ 是 $f(x)$ 的斜渐近线.

4.6.2 描绘函数图形

借助于一阶导数的符号,我们可以确定函数在定义域内的单调性,知道在哪些区间函数图形是上升的,哪些区间函数图形是下降的,在哪些点处函数取得极值和最值. 借助于二阶导数的符号,我们可以确定函数在定义域内的凹凸性,知道在哪些区间函数图形是凸的,哪些区间函数图形是凹的,哪些点是拐点,知道这些信息,就可以掌握函数曲线的具体形态,画出相对比较准确的函数图形.

利用导数描绘函数图形的一般步骤为:

(1) 确定函数 $f(x)$ 的定义域,研究函数特性,如奇偶性、周期性、有界性等,求出函数的一阶导数 $f'(x)$ 和二阶导数 $f''(x)$;

(2) 求满足 $f'(x)=0$ 和 $f''(x)=0$ 的点和一阶、二阶导数不存在的点，这些点把定义域划分成若干个区间；

(3) 确定这些区间内 $f'(x)$ 和 $f''(x)$ 的符号，并由此确定函数的增减性与极值及曲线的凹凸与拐点（可列表进行讨论）；

(4) 确定函数图形的渐近线以及其他变化趋势；

(5) 在坐标平面上描出特殊点（如与坐标轴的交点等）和部分辅助作图点，用平滑曲线连接画出函数的图形。

例 2 画出函数 $f(x)=\dfrac{4(x+1)}{x^2}-2$ 的图形。

解 定义域 $D=\{x\mid x\neq 0\}$，

$$f'(x)=-\frac{4(x+2)}{x^3},\quad f''(x)=\frac{8(x+3)}{x^4},$$

令 $f'(x)=0$，得到 $x=-2$，令 $f''(x)=0$，得到 $x=-3$。

我们可以用表 4.4 确定函数升降区间、凹凸区间及极值点和拐点。

表 4.4

x	$(-\infty,-3)$	-3	$(-3,-2)$	-2	$(-2,0)$	0	$(0,+\infty)$
$f'(x)$	$-$		$-$	0	$+$	不存在	$-$
$f''(x)$	$-$	0	$+$		$+$		$+$
$f(x)$	↘	拐点 $\left(-3,-\dfrac{26}{9}\right)$	↘	极值点 -3	↗	间断点	↘

由 $\lim\limits_{x\to\infty}f(x)=\lim\limits_{x\to\infty}\left[\dfrac{4(x+1)}{x^2}-2\right]=-2$，

得水平渐近线 $y=-2$。

由 $\lim\limits_{x\to 0}f(x)=\lim\limits_{x\to 0}\left[\dfrac{4(x+1)}{x^2}-2\right]=+\infty$，

得铅直渐近线 $x=0$。最终可得函数图形（图 4.13）。

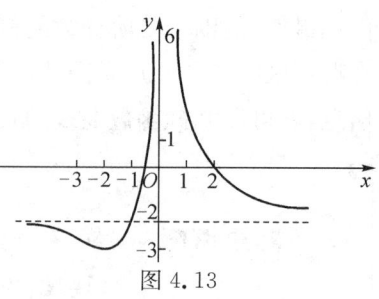

图 4.13

例 3 画出函数 $\varphi(x)=\dfrac{1}{\sqrt{2\pi}}\mathrm{e}^{-\frac{x^2}{2}}$ 的图形。

解 定义域为 $(-\infty, +\infty)$，偶函数，函数图形关于 y 轴对称.

$$\varphi'(x) = -\frac{x}{\sqrt{2\pi}} e^{-\frac{x^2}{2}}, \qquad \varphi''(x) = \frac{(x+1)(x-1)}{\sqrt{2\pi}} e^{-\frac{x^2}{2}},$$

令 $\varphi'(x) = 0$，得 $x = 0$，令 $\varphi''(x) = 0$，得 $x = -1, x = 1$.

我们可以用表 4.5 确定函数升降区间，凹凸区间及极值点和拐点.

表 4.5

x	$(-\infty, -1)$	-1	$(-1, 0)$	0	$(0, 1)$	1	$(1, +\infty)$
$\varphi'(x)$	+		+	0	−		−
$\varphi''(x)$	+	0	−		−	0	+
$\varphi(x)$	↘	拐点 $\left(-1, \dfrac{1}{\sqrt{2\pi e}}\right)$	↘	极大值 $\dfrac{1}{\sqrt{2\pi}}$	↗	拐点 $\left(1, \dfrac{1}{\sqrt{2\pi e}}\right)$	↘

由 $\displaystyle\lim_{x\to\infty}\varphi(x) = \lim_{x\to\infty}\frac{1}{\sqrt{2\pi}} e^{-\frac{x^2}{2}} = 0$，得水平渐近线 $y = 0$. 最终可得函数图形（图 4.14）.

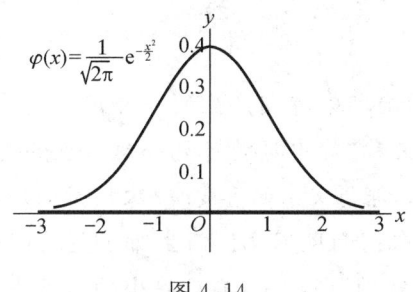

图 4.14

习题 4.6

1. 画出下列函数的图形.

(1) $y = x^3 - 2x^2 - 13x - 10$；

(2) $y = x^3 + 3x^2 - 9x + 5$；

(3) $y = \dfrac{1}{1+x^2}$；

(4) $y = e^{-x^2}$；

(5) $y = \sqrt[3]{x^2} + 2$；

(6) $y = \dfrac{x-1}{x+2}$.

2. 设 $f(x)$ 二阶可导,根据下列描述画出函数 $f(x)$ 的简单图形.

(1) $f(x)$ 的定义域为实数集,值域为 $(-\infty, 5]$,$f(x)$ 在定义域内处处连续. 在 $(-\infty, 2)$ 上 $f'(x) > 0$,$(2, +\infty)$ 上 $f'(x) < 0$,$f''(x)$ 在定义域内取负值.

(2) $f(x)$ 的定义域为实数集,值域为 $(-\infty, +\infty)$,$f(x)$ 在定义域内处处连续. 在 $(-\infty, -1) \bigcup (3, +\infty)$ 上 $f'(x) > 0$,$(-1, 3)$ 上 $f'(x) < 0$,在 $(-\infty, 1)$ 上 $f''(x) < 0$,在 $(1, +\infty)$ 上 $f''(x) > 0$.

(3) $f(x)$ 的定义域为实数集,值域为 $(-\infty, +\infty)$,$f(x)$ 在定义域内处处连续. 在 $(-\infty, 0) \bigcup (0, +\infty)$ 上 $f'(x) > 0$,$f'(0)$ 不存在,在 $(-\infty, 0)$ 上 $f''(x) > 0$,在 $(0, +\infty)$ 上 $f''(x) < 0$.

4.7* 泰勒公式

窥一斑而知全豹.

——《世说新语·方正》

《世说新语》是中国南朝宋时期产生的一部记述魏晋人物言谈轶事的笔记小说. "窥一斑而知全豹"又称"管中窥豹可见一斑",说的是晋朝书法家王羲之的儿子王献之从小聪明过人,深得父亲的喜爱. 一次父亲的朋友及门生在玩骰子时,王献之在旁观看,说了一句:"南风不竞!"门生听了笑道:"小孩子是管中窥豹,只看到一个斑点."取"管中窥豹"即贬义,指从狭小的角度去看待问题,就好比坐井观天一样,说明看待问题不全面. 而取"窥一斑而知全豹"则为褒义,是一个人看事很有见解,从一点可以推出全部,很能举一反三. 数学家也渴望这种"由局部透视整体"的本领. 18世纪早期英国牛顿学派最优秀代表人物之一的数学家泰勒(Brook Taylor)对此做出了杰出的贡献,他以微积分学中将函数展开成无穷级数的定理著称于世. 这一定理是数学中"逼近"思想的一个经典注释. 此处"逼近"的意思是:给定一个函数 f,我们要研究 f 的性质,但 f 可能比较复杂而不易直接进行研究,于是就设法寻找一个比较"简单"的函数 g,使其跟 f 很"接近",那么就可以用 g 来帮助研究 f.

"化繁为简"是数学家处理问题的常见思路. 对于函数也常常希望能够用简单函数来估计复杂函数. 什么函数算是简单的呢？多项式因为只涉及加减法、乘法，故可视为合适的逼近函数. 如图 4.15 所示，在 $x=0$ 附近，多项式

$$y = x - \frac{x^3}{3!} + \frac{x^5}{5!} - \frac{x^7}{7!} + \frac{x^9}{9!} - \frac{x^{11}}{11!}$$

几乎与函数 $y=\sin x$ 的图形重合，说明用多项式确实可以很好地局部模拟函数信息.

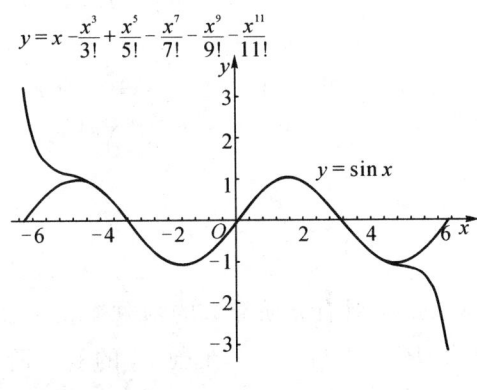

图 4.15

 满足什么条件的多项式 $P(x)$ 可以在一点 $x=x_0$ 处充分反映给定函数 $f(x)$ 的性质呢？

假定 $f(x)$ 在 x_0 处有 n 阶导数，我们认为 $P(x)$ 应该满足（图 4.16）：

(1) 曲线 $P(x)$ 应与 $f(x)$ 在点 x_0 处相交，即 $P(x_0)=f(x_0)$；

(2) 曲线 $P(x)$ 应与 $f(x)$ 在点 x_0 处有相同的切线，即 $P'(x_0)=f'(x_0)$；

(3) 曲线 $P(x)$ 应与 $f(x)$ 在点 x_0 处有相同的凹凸性及弯曲程度，即 $P''(x_0)=f''(x_0)$.

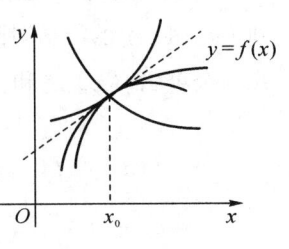

图 4.16

以此类推，若想使得多项式 $P_n(x)$ 与 $f(x)$ 在 x_0 点附近的近似程度尽可能的高，最好有下列各式成立：

$$P_n(x_0)=f(x_0), \quad P_n^{(k)}(x_0)=f^{(k)}(x_0), \quad k=1,2,\cdots,n$$

如果设满足条件的多项式为

$$P(x)=a_0+a_1(x-x_0)+\cdots+a_n(x-x_0)^n,$$

此为 n 次多项式,也可记作 $P_n(x)$,则

$$P(x_0)=f(x_0) \Rightarrow a_0=f(x_0),$$
$$P'(x_0)=f'(x_0) \Rightarrow 1 \cdot a_1=f'(x_0),$$
$$P''(x_0)=f''(x_0) \Rightarrow 2! \cdot a_2=f''(x_0),$$
$$\cdots$$
$$P^{(n)}(x_0)=f^{(n)}(x_0) \Rightarrow n! \cdot a_n=f^{(n)}(x_0),$$

即

$$P_n(x)=f(x_0)+f'(x_0)(x-x_0)+\frac{f''(x_0)}{2!}(x-x_0)^2+\cdots+\frac{f^{(n)}(x_0)}{n!}(x-x_0)^n.$$

此结论说明:对于在 x_0 点具有 n 阶导数的函数 $f(x)$,我们总可以找到一个 n 次多项式 $P_n(x)$,使得 $P_n(x)$ 与 $f(x)$ 在点 x_0 的前 n 阶导数完全相等,从而 $P_n(x)$ 可以作为 $f(x)$ 在点 x_0 附近的一个合适的近似函数.

$f(x)$ 与 $P_n(x)$ 究竟有多大误差呢?

定理 1(泰勒中值定理) 如果函数 $f(x)$ 在含有 x_0 的某个开区间内具有直到 $(n+1)$ 阶的导数,则在点 x_0 附近 $f(x)$ 可以表示为 $(x-x_0)$ 的一个 n 次多项式与余项 $R_n(x)$ 之和:

$$f(x)=f(x_0)+f'(x_0)(x-x_0)+\frac{f''(x_0)}{2!}(x-x_0)^2+\cdots+$$
$$\frac{f^{(n)}(x_0)}{n!}(x-x_0)^n+R_n(x), \tag{4.1}$$

其中,$R_n(x)=\dfrac{f^{(n+1)}(\xi)}{(n+1)!}(x-x_0)^{n+1}$($\xi$ 是介于 x,x_0 之间的某个点).

我们称等式(4.1)为 $f(x)$ 在点 x_0 处按 $(x-x_0)$ 的升幂展开的带有拉格朗日

余项的 n 阶泰勒公式. 其中

$$P_n(x) = f(x_0) + f'(x_0)(x-x_0) + \cdots + \frac{f^{(n)}(x_0)}{n!}(x-x_0)^n$$

称为函数 $f(x)$ 在点 x_0 处的 n 次泰勒多项式.

反复使用洛必达法则,我们可以证明:在 x_0 的较小的邻域内,误差函数 $R_n(x)$ 是 $(x-x_0)^n$ 的高阶无穷小,因此还可简单记作 $o((x-x_0)^n)$,即

$$f(x) = f(x_0) + f'(x_0)(x-x_0) + \frac{f''(x_0)}{2!}(x-x_0)^2 + \cdots +$$
$$\frac{f^{(n)}(x_0)}{n!}(x-x_0)^n + o((x-x_0)^n). \tag{4.2}$$

此式称为 $f(x)$ 在 x_0 处按 $(x-x_0)$ 的升幂展开的带有皮亚诺余项的 n 阶泰勒公式.

定理 2 如果函数 $f(x)$ 在含有 x_0 的某个开区间内具有任意阶导数,并且 $f(x)$ 的各阶导数均有界,则在 x_0 附近 $f(x)$ 可以写成幂级数,

$$f(x) = f(x_0) + f'(x_0)(x-x_0) + \frac{f''(x_0)}{2!}(x-x_0)^2 + \cdots +$$
$$\frac{f^{(n)}(x_0)}{n!}(x-x_0)^n + \cdots$$
$$= \sum_{n=0}^{\infty} \frac{f^{(n)}(x_0)}{n!}(x-x_0)^n. \tag{4.3}$$

即 $f(x)$ 是一个幂级数的和函数,称此幂级数为 $f(x)$ 的泰勒级数,$\frac{f^{(n)}(x_0)}{n!}$ 为泰勒系数. 此时也称 $f(x)$ 在点 x_0 附近可以展开成泰勒级数. 式(4.3)为该函数的泰勒展开式.

证 $f(x)$ 在含有 x_0 的某个开区间内满足泰勒中值定理,即

$$R_n(x) = f(x) - P_n(x) = \frac{f^{(n+1)}(\xi)}{(n+1)!}(x-x_0)^{n+1},$$

ξ 是介于 x, x_0 之间的某个点,且 $|f^{(n+1)}(\xi)| \leqslant M$.

构造幂级数 $\sum_{n=0}^{\infty} \dfrac{M}{(n+1)!}(x-x_0)^{n+1}$，容易看出其收敛半径 $R=\infty$，即对于 x_0 的开区间内任意实数 x，$\sum_{n=0}^{\infty} \dfrac{M}{(n+1)!}(x-x_0)^{n+1}$ 收敛，因此有 $\lim\limits_{n\to\infty} \dfrac{M}{(n+1)!}(x-x_0)^{n+1}=0$，而

$$\left| \dfrac{f^{(n+1)}(\xi)}{(n+1)!}(x-x_0)^{n+1} \right| \leqslant \left| \dfrac{M}{(n+1)!}(x-x_0)^{n+1} \right|,$$

即 $\lim\limits_{n\to\infty} R_n(x) = \lim\limits_{n\to\infty} [f(x)-P_n(x)] = 0$，$f(x) = \sum_{n=0}^{\infty} \dfrac{f^{(n)}(x_0)}{n!}(x-x_0)^n$.

特别地，若 $x_0 = 0$，则称式（4.1）为函数 $f(x)$ 的麦克劳林公式，$\sum_{n=0}^{\infty} \dfrac{f^{(n)}(0)}{n!} x^n$ 称为该函数的麦克劳林级数. 如果在 x_0 的小邻域内 $f(x)$ 可以写成幂级数，则称式（4.2）为该函数的麦克劳林展开式.

此定理旨在阐述：只要函数满足一定的条件，我们可以用函数在某一点处的"信息"，勾画出该点附近整个函数的轮廓.

例 1 讨论函数 $f(x) = \sin x$ 是否可以展开成麦克劳林级数.

解 $f^{(n)}(x) = \sin\left(x + \dfrac{n\pi}{2}\right)$，因此有

$$f^{(n)}(0) = \sin \dfrac{n\pi}{2} = \begin{cases} 0, & n=2k, \\ (-1)^k, & n=2k+1, \end{cases}$$

并且当 $x \in (-\infty, +\infty)$ 时，都有 $|f^{(n)}(x)| = \left|\sin\left(x + \dfrac{n\pi}{2}\right)\right| \leqslant 1$，因此，在 $(-\infty, +\infty)$ 内

$$\sin x = x - \dfrac{1}{3!}x^3 + \dfrac{1}{5!}x^5 - \cdots + (-1)^n \dfrac{x^{2n+1}}{(2n+1)!} + \cdots.$$

类似地，我们可以证明以下常用函数的麦克劳林展开式及展开范围：

$$\cos x = 1 - \dfrac{1}{2!}x^2 + \dfrac{1}{4!}x^4 - \cdots + (-1)^n \dfrac{x^{2n}}{(2n)!} + \cdots, \quad x \in (-\infty, +\infty),$$

$$\mathrm{e}^x = 1 + x + \dfrac{1}{2!}x^2 + \cdots + \dfrac{1}{n!}x^n + \cdots, \quad x \in (-\infty, +\infty),$$

$$\frac{1}{1-x} = \sum_{n=0}^{\infty} x^n, \quad x \in (-1, 1),$$

$$\ln(1+x) = x - \frac{1}{2}x^2 + \frac{1}{3}x^3 - \cdots + (-1)^{n-1}\frac{x^n}{n} + \cdots, \quad x \in (-1, 1].$$

要想把函数 $f(x)$ 展开成为泰勒级数,除了利用高阶导数求得函数的泰勒系数外,还可以利用已知的函数展开式,利用变量替换等方法将所给函数展开成幂级数.

例 2 讨论函数 $f(x) = \dfrac{x+1}{4-x}$ 是否可以展开成麦克劳林级数.

解 $f(x) = \dfrac{x+1}{4-x} = -1 + \dfrac{5}{4-x} = -1 + \dfrac{5}{4} \cdot \dfrac{1}{1-\dfrac{x}{4}}$,

利用当 $t \in (-1, 1)$ 时,$\dfrac{1}{1-t} = \sum_{n=0}^{\infty} t^n$,有

$$f(x) = -1 + \frac{5}{4}\sum_{n=0}^{\infty}\left(\frac{x}{4}\right)^n = \frac{1}{4} + \frac{5x}{4^2} + \frac{5x^2}{4^3} + \cdots,$$

这里要求 $\left|\dfrac{x}{4}\right| < 1$,即 $|x| < 4$.

如果有人说:我可以用一点的函数性质推出任意一点的函数值,以前你可能以为是"天方夜谭",但函数的泰勒展开式理论说明,研究函数确实可以做到"窥一斑可知全豹"! 通过局部了解整体是认识事物的极佳方式,泰勒和麦克劳林为我们提供了实现的可能性.

函数的幂级数展开在近似计算领域中应用极为广泛.

例 3 计算 e 的近似值,要求误差不超过 10^{-5}.

解 因为

$$e^x = 1 + x + \frac{1}{2!}x^2 + \cdots + \frac{1}{n!}x^n + \cdots, \quad x \in (-\infty, +\infty),$$

令 $x = 1$,则

$$e \approx 1 + 1 + \frac{1}{2!} + \cdots + \frac{1}{n!}.$$

这里余项

$$r_n \approx \frac{1}{(n+1)!} + \frac{1}{(n+2)!} + \cdots = \frac{1}{(n+1)!}\left(1 + \frac{1}{n+2} + \cdots\right)$$

$$\leqslant \frac{1}{(n+1)!}\left(1 + \frac{1}{n+1} + \frac{1}{(n+1)^2} + \cdots\right)$$

$$= \frac{1}{n \cdot n!}.$$

要使得 $r_n \leqslant 10^{-5}$,即 $n \cdot n! \geqslant 10^5$,只要 $n \geqslant 8$,故

$$e \approx 1 + 1 + \frac{1}{2!} + \frac{1}{3!} + \cdots + \frac{1}{8!} \approx 2.71828.$$

习题 4.7

1. 求函数 $f(x) = \ln x$ 按 $(x-2)$ 的幂展开的 3 阶泰勒公式.
2. 求函数 $f(x) = x^4 + x^3 + x^2 + x + 1$ 按 $(x+1)$ 的升幂展开的 4 阶泰勒公式.
3. 求函数 $f(x) = \tan x$ 的 3 阶麦克劳林公式.
4. 求函数 $f(x) = xe^x$ 的 5 阶麦克劳林公式.
*5. 将函数 $f(x) = \frac{1}{x}$ 展开成 $(x-3)$ 的幂级数.

4.8 偏导数的应用

在曲面的每一点,都存在一个切平面,该平面在局部上与曲面最接近.
——黎曼 《论作为几何学基础的假设》

黎曼(Georg Friedrich Bernhard Riemann,1826—1866),19 世纪最富创造性的德国数学家、物理学家,复变函数论的主要奠基人,黎曼几何的创立人,组合拓扑学的早期开拓者,并为完善微积分理论做出了创造性贡献.1849 年,黎曼攻读博

士学位,成为高斯的学生. 1851 年,黎曼博士毕业,为面试讲师职位作了题为《论作为几何学基础的假设》的数学演讲,演讲内容被认为是数学史上发表内容最丰富的长篇论文. 黎曼在其中提出了一种新的几何体系.

4.8.1 曲面的切平面与法线

设空间曲面 Σ 方程为 $F(x, y, z) = 0$, $M(x_0, y_0, z_0)$ 是曲面上任一点. 事实上,我们可以证明①,在曲面 Σ 上通过点 M 的任意曲线 Γ 若有切线,则这些切线都在同一平面上(图 4.17). 若函数 $F(x, y, z)$ 的偏导数在点 M 连续且不全为零,该平面的法向量恰为

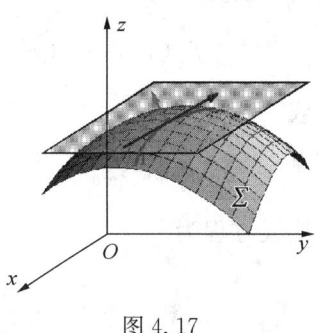

图 4.17

$$\boldsymbol{n} = (F_x(x_0, y_0, z_0), F_y(x_0, y_0, z_0), F_z(x_0, y_0, z_0)).$$

我们称此平面为曲面 Σ 在点 M 处的切平面,切平面方程为
$$F_x(x_0, y_0, z_0)(x - x_0) + F_y(x_0, y_0, z_0)(y - y_0) + F_z(x_0, y_0, z_0)(z - z_0) = 0.$$

通过点 M 且垂直于切平面的直线称为曲面在该点处的法线,法线方程为
$$\frac{x - x_0}{F_x(x_0, y_0, z_0)} = \frac{y - y_0}{F_y(x_0, y_0, z_0)} = \frac{z - z_0}{F_z(x_0, y_0, z_0)}.$$

垂直于曲面切平面的向量称为曲面的法向量,由三元函数 $F(x, y, z)$ 在点 M 处的偏导数构成的向量
$$\boldsymbol{n} = (F_x(x_0, y_0, z_0), F_y(x_0, y_0, z_0), F_z(x_0, y_0, z_0))$$

就是曲面 Σ 在点 M 处的法向量.

若曲面 Σ 方程为 $z = f(x, y)$, 令
$$F(x, y, z) = f(x, y) - z,$$

则
$$F_x(x, y, z) = f_x(x, y), \quad F_y(x, y, z) = f_y(x, y), \quad F_z(x, y, z) = -1.$$

---

① 严格证明需用到多元复合函数的求导链式法则.

曲面在点 $M(x_0, y_0, z_0)$ 处的法向量为

$$n = (f_x(x_0, y_0), f_y(x_0, y_0), -1),$$

切平面方程为

$$f_x(x_0, y_0)(x-x_0) + f_y(x_0, y_0)(y-y_0) - (z-z_0) = 0,$$

或①

$$z - z_0 = f_x(x_0, y_0)(x-x_0) + f_y(x_0, y_0)(y-y_0),$$

法线方程为

$$\frac{x-x_0}{f_x(x_0, y_0)} = \frac{y-y_0}{f_y(x_0, y_0)} = \frac{z-z_0}{-1}.$$

例1 求椭球面 $x^2 + 2y^2 + 3z^2 = 6$ 在点 $(1, 1, 1)$ 处的切平面及法线方程.

解 令

$$F(x, y, z) = x^2 + 2y^2 + 3z^2 - 6,$$
$$F_x(x, y, z) = 2x, \ F_y(x, y, z) = 4y, \ F_z(x, y, z) = 6z,$$
$$n\big|_{(1,1,1)} = (x, 2y, 3z)\big|_{(1,1,1)} = (1, 2, 3),$$

所求切平面方程为

$$(x-1) + 2(y-1) + 3(z-1) = 0,$$

即

$$x + 2y + 3z - 6 = 0.$$

法线方程为

$$x - 1 = \frac{y-1}{2} = \frac{z-1}{3}.$$

例2 求曲面 $z = x^5 + x^3 y^2 - 3y$ 在点 $(1, 2, -1)$ 处的切平面及法线方程.

解 $n = (f_x, f_y, -1) = (5x^4 + 3x^2 y^2, 2x^3 y - 3, -1),$
$$n\big|_{(1,2,-1)} = (17, 1, -1),$$

---

① 说明函数 $z = f(x, y)$ 在点 (x_0, y_0) 处的全微分在几何上表示曲面 $z = f(x, y)$ 在点 (x_0, y_0, z_0) 处切平面上竖坐标的增量.

故所求切平面方程为
$$17(x-1)+(y-2)-(z+1)=0,$$
即
$$17x+y-z-20=0.$$
法线方程为
$$\frac{x-1}{17}=y-2=\frac{z+1}{-1}.$$

4.8.2 方向导数与梯度

偏导数反映了多元函数沿坐标轴方向的变化率,但有时我们还需要了解函数在某一指定方向上的变化率.

以二元函数 $z=f(x,y)$ 为例,设 l 是 xOy 平面上以 $P(x,y)$ 为始点的一条射线,若 $f(x,y)$ 在点 $P(x,y)$ 的某个邻域 $U(P)$ 内有定义,沿 l 在 $U(P)$ 内取另一点 $P'(x+\Delta x,y+\Delta y)$ (图 4.18),记

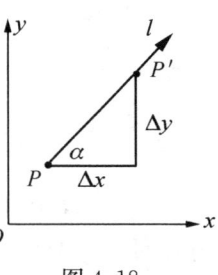

图 4.18

$$\rho=|\overrightarrow{PP'}|=\sqrt{(\Delta x)^2+(\Delta y)^2},\quad \Delta z=f(x+\Delta x,y+\Delta y)-f(x,y),$$

则 $\dfrac{\Delta z}{\rho}$ 反映了 $f(x,y)$ 在方向 $\overrightarrow{PP'}$ 上的平均变化率,而

$$\lim_{\rho\to 0}\frac{f(x+\Delta x,y+\Delta y)-f(x,y)}{\rho}$$

反映了 $f(x,y)$ 在点 P 处沿方向 l 的瞬间变化率. 若此极限存在,我们称其为函数 $f(x,y)$ 在点 P 处沿方向 l 的方向导数,记作 $\left.\dfrac{\partial f}{\partial l}\right|_{(x,y)}$,即

$$\left.\frac{\partial f}{\partial l}\right|_{(x,y)}=\lim_{\rho\to 0}\frac{f(x+\Delta x,y+\Delta y)-f(x,y)}{\rho}.$$

定理 1 如果函数 $f(x,y)$ 在点 $P(x,y)$ 处可微,那么函数在该点处沿任一方向 l 的方向导数都存在,且有

$$\left.\frac{\partial f}{\partial l}\right|_{(x,y)}=f_x(x,y)\cos\alpha+f_y(x,y)\cos\beta,$$

其中 α, β 是方向 l 的方向角.

证 $f(x, y)$ 在点 $P(x, y)$ 处可微,故有

$$\Delta z = f(x+\Delta x, y+\Delta y) - f(x, y)$$
$$= f_x(x, y)\Delta x + f_y(x, y)\Delta y + o(\rho),$$

其中, $\rho = \sqrt{(\Delta x)^2 + (\Delta y)^2}$,则

$$\left.\frac{\partial f}{\partial l}\right|_{(x, y)} = \lim_{\rho \to 0} \frac{f(x+\Delta x, y+\Delta y) - f(x, y)}{\rho}$$
$$= \lim_{\rho \to 0} \frac{f_x(x, y)\Delta x + f_y(x, y)\Delta y + o(\rho)}{\rho}$$
$$= f_x(x, y)\lim_{\rho \to 0}\frac{\Delta x}{\rho} + f_y(x, y)\lim_{\rho \to 0}\frac{\Delta y}{\rho} + \lim_{\rho \to 0}\frac{o(\rho)}{\rho}$$
$$= f_x(x, y)\cos\alpha + f_y(x, y)\cos\beta.$$

对于三元函数 $f(x, y, z)$ 来说,同样可以定义它在空间一点 $P(x, y, z)$ 处沿方向 $e_l = (\cos\alpha, \cos\beta, \cos\gamma)$ 的方向导数为

$$\left.\frac{\partial f}{\partial l}\right|_{(x, y)} = \lim_{\rho \to 0} \frac{f(x+\Delta x, y+\Delta y, z+\Delta z) - f(x, y, z)}{\rho},$$

其中, $\rho = \sqrt{(\Delta x)^2 + (\Delta y)^2 + (\Delta z)^2}$.

类似可以证明:如果函数 $f(x, y, z)$ 在点 $P(x, y, z)$ 处可微,那么函数在该点处沿着方向 $e_l = (\cos\alpha, \cos\beta, \cos\gamma)$ 的方向导数为

$$\left.\frac{\partial f}{\partial l}\right|_{(x, y, z)} = f_x(x, y, z)\cos\alpha + f_y(x, y, z)\cos\beta + f_z(x, y, z)\cos\gamma.$$

例 3 求函数 $f(x, y) = \ln(x^2 + xy)$ 在点 $(1, 2)$ 沿从点 $(1, 2)$ 到点 $(2, 3)$ 方向的方向导数.

解 $f_x(x, y) = \dfrac{2x+y}{x^2+xy}$, $f_y(x, y) = \dfrac{x}{x^2+xy}$, $l = (1, 1)$,故

$$f_x(1, 2) = \frac{4}{3}, \quad f_y(1, 2) = \frac{1}{3}, \quad e_l = (\cos\alpha, \cos\beta) = \left(\frac{1}{\sqrt{2}}, \frac{1}{\sqrt{2}}\right),$$

$$\left.\frac{\partial f}{\partial l}\right|_{(1, 2)} = f_x(1, 2)\cos\alpha + f_y(1, 2)\cos\beta = \frac{5}{3\sqrt{2}}.$$

例 4 求函数 $f(x,y,z)=2x-y+3z$ 在球面 $x^2+y^2+z^2=6$ 上点 $(1,2,1)$ 处沿切平面外法向量方向的方向导数.

解 $f_x(x,y,z)=2$，$f_y(x,y,z)=-1$，$f_z(x,y,z)=3$，球面 $x^2+y^2+z^2=6$ 上点 (x,y,z) 处切平面法向量 $\boldsymbol{n}=(x,y,z)$，点 $(1,2,1)$ 在第一卦限，故外法向量可取

$$\boldsymbol{n}|_{(1,2,1)}=(1,2,1),\quad \boldsymbol{e}_n|_{(1,2,1)}=\left(\frac{1}{\sqrt{6}},\frac{2}{\sqrt{6}},\frac{1}{\sqrt{6}}\right),$$

故

$$\frac{\partial f}{\partial n}\bigg|_{(1,2,1)}=f_x(1,2,1)\cos\alpha+f_y(1,2,1)\cos\beta+f_z(1,2,1)\cos\gamma=\frac{\sqrt{6}}{2}.$$

如果函数 $f(x,y)$ 在点 $P(x,y)$ 处可微，那么函数在该点处沿哪个方向的方向导数最大？

任取点 $P(x,y)$ 为起点的向量 $\boldsymbol{l}$，$\boldsymbol{e}_l=(\cos\alpha,\cos\beta)$ 是与 $\boldsymbol{l}$ 同向的单位向量，

$$\begin{aligned}\frac{\partial f}{\partial l}\bigg|_{(x,y)}&=f_x(x,y)\cos\alpha+f_y(x,y)\cos\beta\\&=(f_x(x,y),f_y(x,y))\cdot(\cos\alpha,\cos\beta)\\&=(f_x(x,y),f_y(x,y))\cdot\boldsymbol{e}_l\\&=|(f_x(x,y),f_y(x,y))|\cos\theta.\end{aligned}$$

其中 θ 是向量 $(f_x(x,y),f_y(x,y))$ 与 $\boldsymbol{l}$ 的夹角. 易知，当 $\boldsymbol{l}$ 与 $(f_x(x,y),f_y(x,y))$ 同向时，函数 $f(x,y)$ 在点 P 处的方向导数最大，其值为该向量的模. 当 $\boldsymbol{l}$ 与 $(f_x(x,y),f_y(x,y))$ 反向时，函数 $f(x,y)$ 在点 P 处的方向导数最小，其值为该向量的模的相反数.

定义 1 设函数 $f(x,y)$ 在平面区域 D 内具有一阶连续偏导数，则对于 D 内任一点 $P(x,y)$ 可定义向量

$$f_x(x,y)\boldsymbol{i}+f_y(x,y)\boldsymbol{j},$$

称此向量为 $f(x,y)$ 在点 P 处的梯度，记作 $\operatorname{grad} f(x,y)$ 或 $\nabla f(x,y)$.

梯度概念可类似推广至三元函数情形. 设函数 $f(x,y,z)$ 在空间区域 G 内

具有一阶连续偏导数,则对于 G 内任一点 $P(x,y,z)$ 可定义向量

$$f_x(x,y,z)\boldsymbol{i}+f_y(x,y,z)\boldsymbol{j}+f_z(x,y,z)\boldsymbol{k},$$

称此向量为 $f(x,y,z)$ 在点 P 处的梯度,记作 $\mathrm{grad}\, f(x,y,z)$ 或 $\nabla f(x,y,z)$.

例 5 求 $\mathrm{grad}\,\dfrac{y}{x}$.

解 设 $f(x,y)=\dfrac{y}{x},\dfrac{\partial f}{\partial x}=-\dfrac{y}{x^2},\dfrac{\partial f}{\partial y}=\dfrac{1}{x}$,则 $\mathrm{grad}\,\dfrac{y}{x}=-\dfrac{y}{x^2}\boldsymbol{i}+\dfrac{1}{x}\boldsymbol{j}$.

例 6 设 $f(x,y,z)=x^3y^2z$,点 $P(1,-1,2)$,求

(1) $f(x,y,z)$ 在点 P 处增加最快的方向;

(2) $f(x,y,z)$ 在点 P 处减少最快的方向上的方向导数.

解 (1) 函数在点 P 处的梯度方向增加最快,

$$\nabla f(1,-1,2)=(3x^2y^2z,2x^3yz,x^3y^2)|_{(1,-1,2)}=(6,-4,1).$$

(2) 函数在点 P 的梯度的负向量 $(-6,4,-1)$ 方向减少最快,此方向的方向导数为

$$-|\nabla f(1,-1,2)|=-\sqrt{53}.$$

4.8.3 多元函数的极值与最值

与一元函数类似,多元函数也可以讨论极值与最值问题,我们以二元函数为例研究极值与最值的计算方法.

定义 2 设函数 $f(x,y)$ 在点 $P_0(x_0,y_0)$ 的某邻域内有定义,如果对于该邻域内任意异于 P_0 的点 $P(x,y)$,有

$$f(x,y)<f(x_0,y_0)\quad(\text{或}\,f(x,y)>f(x_0,y_0)),$$

则称 $f(x_0,y_0)$ 是函数 $f(x,y)$ 的一个极大值(或极小值),称点 (x_0,y_0) 是函数 $f(x,y)$ 的极大值点(或极小值点).

极大值与极小值统称为极值,使函数取得极值的点统称为函数的极值点.

二元函数的极值问题可以利用偏导数来解决.仿照一元函数情形我们可以得

到以下两个定理.

定理 2（必要条件） 设函数 $z=f(x,y)$ 在点 (x_0,y_0) 处具有偏导数，且在点 (x_0,y_0) 处有极值，则有

$$f_x(x_0,y_0)=f_y(x_0,y_0)=0. \tag{4.4}$$

满足式(4.4)的点称为函数 $z=f(x,y)$ 的驻点.定理 2 说明，具有偏导数的函数的极值点一定是驻点，但驻点却未必都是极值点.例如，点$(0,0)$是函数 $z=xy$ 的驻点，但却不是函数的极值点.

怎么判断一个驻点是否为极值点呢？

定理 3（充分条件） 设函数 $z=f(x,y)$ 在点 (x_0,y_0) 的某邻域内连续，且具有一阶及二阶连续偏导数，又 $f_x(x_0,y_0)=0$，$f_y(x_0,y_0)=0$，令

$$f_{xx}(x_0,y_0)=A,\ f_{xy}(x_0,y_0)=B,\ f_{yy}(x_0,y_0)=C.$$

则

(1) 当 $AC-B^2>0$ 时，函数 $f(x,y)$ 在点 (x_0,y_0) 处取得极值，且当 $A<0$ 时，取得极大值，当 $A>0$ 时，取得极小值；

(2) 当 $AC-B^2<0$ 时，函数 $f(x,y)$ 在点 (x_0,y_0) 处没有极值.

设函数 $z=f(x,y)$ 具有二阶连续偏导数，则我们可以按照以下步骤求得函数 $f(x,y)$ 的极值：

(1) 解方程组 $f_x(x,y)=0$，$f_y(x,y)=0$，得 $f(x,y)$ 所有驻点；

(2) 对于每一个驻点，求出二阶偏导数 A，B 及 C；

(3) 确定 $AC-B^2$ 的符号，利用定理 3 的结论判定 $f(x_0,y_0)$ 是不是极值，是极大值还是极小值.

例 7 求函数 $f(x,y)=2x^3+3x^2-3y^2-12x+18y+1$ 的极值.

解 先解方程组

$$\begin{cases} f_x(x,y)=6x^2+6x-12=0, \\ f_y(x,y)=-6y+18=0, \end{cases}$$

求得驻点 $(1,3)$，$(-2,3)$.

再求二阶偏导数

$$f_{xx}(x,y)=12x+6, \quad f_{xy}(x,y)=0, \quad f_{yy}(x,y)=-6.$$

在点 $(1,3)$ 处，$AC-B^2<0$，故点 $(1,3)$ 不是极值点.

在点 $(-2,3)$ 处，$AC-B^2>0$，且 $A<0$，故点 $(-2,3)$ 是极大值点，极大值为 $f(-2,3)=48$.

如果 $f(x,y)$ 在有界闭区域 D 上连续，则 $f(x,y)$ 在 D 上必定能取得最大值与最小值. 此时使函数取得最大值及最小值的点可能在 D 的边界，也有可能在 D 的内部. 若函数在 D 上连续，在 D 内可微且只有有限个驻点，则函数在 D 内取得的最值点一定是驻点. 我们可以通过比较各个驻点对应的函数值大小，找到此点.

例 8 求函数 $f(x,y)=x^3+2xy-2y^2-4x+5$ 在区域 D 上的最值，其中 $D=\{(x,y)\,|\,0\leqslant x\leqslant 2,0\leqslant y\leqslant 1\}$.

解 $f(x,y)$ 在区域 D 上连续，且在 D 内可微，先求 D 的内部驻点.

解方程组

$$\begin{cases} f_x(x,y)=3x^2+2y-4=0, \\ f_y(x,y)=2x-4y=0, \end{cases}$$

求得驻点 $\left(1,\dfrac{1}{2}\right)$，$f\left(1,\dfrac{1}{2}\right)=\dfrac{5}{2}$.

再讨论函数在边界上取得最值的可能性.

在线段 $x=0, 0\leqslant y\leqslant 1$ 上，$f(x,y)=5-2y^2$，此一元函数在区间 $[0,1]$ 上取得最大值 $f(0,0)=5$，最小值 $f(0,1)=3$.

在线段 $x=2, 0\leqslant y\leqslant 1$ 上，$f(x,y)=5+4y-2y^2$，此一元函数在区间 $[0,1]$ 上取得最大值 $f(2,1)=7$，最小值 $f(2,0)=5$.

在线段 $y=0, 0\leqslant x\leqslant 2$ 上，$f(x,y)=x^3-4x+5$，此一元函数在区间 $[0,2]$ 上取得最大值 $f(2,0)=5$，最小值 $f\left(\dfrac{2}{\sqrt{3}},0\right)=5-\dfrac{16}{3\sqrt{3}}$.

在线段 $y=1, 0\leqslant x\leqslant 2$ 上，$f(x,y)=x^3-2x+3$，此一元函数在区间 $[0,2]$ 上取得最大值 $f(2,1)=7$，最小值 $f\left(\sqrt{\dfrac{2}{3}},1\right)=3-\dfrac{4\sqrt{6}}{9}$.

比较以上函数值可知，函数在区域 D 上的最大值为 7，最小值为 $3-\dfrac{4\sqrt{6}}{9}$.

习题 4.8

1. 求下列曲面在指定点处的切平面及法线方程.
   (1) $x^2 + 4y^2 - z^2 = 4$, $M_0(1, 1, 1)$;
   (2) $x^2 + 3xy - y^2 + 2z^3 + 1 = 0$, $M_0(1, 3, -1)$;
   (3) $z = e^{2x^2 - y^3 + 3x + y}$, $M_0(0, 0, 1)$;
   (4) $z = x^2 + 3y^2$, $M_0(1, 1, 4)$.

2. 求曲面 $x + y^2 - z^2 = 4$ 上平行于平面 $x + 4y - 2z = 5$ 的切平面.

3. 求函数 $f(x, y) = x^2 - 3y^3$ 在点 $(2, 1)$ 处沿 $\boldsymbol{a} = 4\boldsymbol{i} + 3\boldsymbol{j}$ 方向的方向导数.

4. 求函数 $f(x, y) = \arctan \dfrac{y}{x}$ 在点 $(1, 1)$ 处沿 $\boldsymbol{a} = 3\boldsymbol{i} - 2\boldsymbol{j}$ 方向的方向导数.

5. 求函数 $f(x, y, z) = x^2 + 2y^3 - 4z$ 在点 $(2, 1, -1)$ 处沿 $\boldsymbol{a} = 3\boldsymbol{i} + 6\boldsymbol{j} - 2\boldsymbol{k}$ 方向的方向导数.

6. 求函数 $f(x, y, z) = \cos xy + \ln xz$ 在点 $(1, 0, 4)$ 处沿 $\boldsymbol{a} = \boldsymbol{i} + 2\boldsymbol{j} + 2\boldsymbol{k}$ 方向的方向导数.

7. 求函数 $f(x, y) = x + y^2 + e^{xy}$ 在点 $(0, -2)$ 处增加最快和减少最快的方向.

8. 求函数 $f(x, y, z) = \ln \sqrt{1 + x^2 + y^2} + 2y - 6z$ 在点 $(1, 1, 0)$ 处增加最快和减少最快的方向.

9. 求下列函数在指定点处的梯度.
   (1) $f(x, y) = y^4 - 3xy + 5x^2$, $M_0(2, 1)$;
   (2) $f(x, y) = \sin(3\pi x + 4y)$, $M_0\left(\dfrac{1}{2}, \dfrac{\pi}{16}\right)$;
   (3) $f(x, y, z) = x^2 + y^2 + z^2 - 3xyz$, $M_0(1, 1, 1)$;
   (4) $f(x, y, z) = e^{xy} \cos z$, $M_0\left(0, 0, \dfrac{\pi}{6}\right)$.

10. 求下列函数的极值.
    (1) $f(x, y) = x^2 + y^2 - 4x + 2y + 11$;
    (2) $f(x, y) = 2xy - 5x^2 - 2y^2 + 4x - 7$;
    (3) $f(x, y) = \dfrac{1}{x} + \dfrac{1}{y} + xy$.

11. 求函数 $f(x, y) = x^2 + xy + y^2 - 2x - 3y - 1$ 在平面区域 D 上的最值,其中 D 是由直线 $x = 0$, $y = 2$, $x = y$ 围成的第一象限部分.

下章寄语

已知函数的导数,我们可以确定函数的单调性、凹凸性、极值点、拐点,甚至可以画出函数的图形. 如果给定 $f(x)$,恰为 $g(x)$ 的导数,即 $f(x) = g'(x)$,那么利用 $f(x)$ 的性质我们可以掌握 $g(x)$ 的函数信息. 问题是:如何由 $f(x)$ 得到 $g(x)$ 呢?敬请期待下一章——不定积分.

总测试题四

1. 在下列空格填写以下选项.

   A. 必要非充分 B. 充分非必要
   C. 充分必要   D. 既非充分又非必要

   (1) 设函数 $f(x)$ 在区间 $[a,b]$ 上有定义,则函数 $f(x)$ 在区间 $[a,b]$ 上单调递减是此函数在 (a,b) 上满足 $f'(x)<0$ 的_____条件;

   (2) 设函数 $f(x)$ 在区间 $[a,b]$ 上二阶可导,则曲线 $y=f(x)$ 在区间 $[a,b]$ 上是凸弧是此函数在 (a,b) 上满足 $f''(x)>0$ 的_____条件;

   (3) 设函数 $f(x)$ 在 x_0 二阶可导,则 $f'(x_0)=0$ 且 $f''(x_0)<0$ 是 $f(x)$ 在 x_0 取得极大值的_____条件;

   (4) 设函数 $f(x), g(x)$ 在区间 $[a,b]$ 上可导,则 $f'(x)=g'(x)$ 是 $f(x)$ 与 $g(x)$ 在区间 $[a,b]$ 上相差一个常数的_____条件.

2. 设 $f(x)$ 在 $(-\infty,+\infty)$ 内可导,且对任意的 $x_1<x_2$ 时都有 $f(x_1)<f(x_2)$,则 ( ).

   A. 对任意 $x, f'(x)>0$
   B. 对任意 $x, f'(-x) \leqslant 0$
   C. 函数 $f(-x)$ 单调增加.
   D. 函数 $-f(-x)$ 单调增加.

3. 设在 $[0,1]$ 上 $f''(x)>0$,则以下结论正确的是( ).

   A. $f'(1)>f'(0)>f(1)-f(0)$
   B. $f'(1)>f(1)-f(0)>f'(0)$
   C. $f(1)-f(0)>f'(1)>f'(0)$
   D. $f'(1)>f(0)-f(1)>f'(0)$

4. 若 $3a^2-5b<0$,则方程 $x^5+2ax^3+3bx+4c=0$( ).

   A. 无实根   B. 有唯一实根
   C. 有三个不同实根 D. 有五个不同实根

5. 证明:多项式 $f(x) = x^3 - 3x + a$ 在 $[0, 1]$ 上不可能有两个零点.

6. 求下列极限.

(1) $\lim\limits_{x \to 1} \dfrac{x - x^2}{1 - x + \ln x}$;

(2) $\lim\limits_{x \to 0} \left[\dfrac{1}{\ln(1+x)} - \dfrac{1}{x} \right]$;

(3) $\lim\limits_{x \to +\infty} \left(\dfrac{2}{\pi} \arctan x \right)^x$;

(4) $\lim\limits_{x \to 0} \cot x \left(\dfrac{1}{\sin x} - \dfrac{1}{x} \right)$.

7. 设 $f(x) = \ln x - \dfrac{x}{\mathrm{e}} + k$,讨论函数在 $(0, +\infty)$ 内的零点个数.

8. 证明:当 $0 < x_1 < x_2 < \dfrac{\pi}{2}$ 时,不等式 $\dfrac{\tan x_2}{\tan x_1} > \dfrac{x_2}{x_1}$ 成立.

9. 设 $a > 1$,$f(x) = a^x - ax$ 在 $(-\infty, +\infty)$ 内的驻点为 $x(a)$.问 a 为何值时,$x(a)$ 最小?并求最小值.

10. 求曲线 $y = x \ln^2 x$ 的拐点.

11. 计算曲线 $y = x\mathrm{e}^{2x}$ 在 $x = 1$ 的曲率.

12. 求曲线 $\begin{cases} x = a(t - \sin t), \\ y = a(1 - \cos t) \end{cases}$ $(a > 0)$,在 $t = \dfrac{\pi}{3}$ 对应点处的曲率半径.

13. 求曲线 $y = \dfrac{2x^2 + x + 3}{x + 1}$ 的渐近线.

14. 若一条曲线 $y = f(x)$ 满足 $f'(x) = 3x^2 - 6x$,并且该曲线经过坐标原点,试画出该曲线的草图(要求必须画出曲线的单调性与凹凸性特点).

15. 画出函数 $y = \dfrac{2x^2}{(3+x)^2}$ 的图形.

16. 求曲面 $z = 10 - \dfrac{x^2}{2} - \dfrac{y^3}{3}$ 在点 $(\sqrt{2}, 3, 0)$ 的切平面与法线方程.

17. 求函数 $u = x^2 + yz - z^3$ 在点 $(3, -2, 1)$ 沿 $2\boldsymbol{i} - \boldsymbol{j} + 2\boldsymbol{k}$ 方向的方向导数.

18. 设 $f(x, y, z) = x^z \ln(y + z)$,求 $\operatorname{grad} f(2, 0, 1)$.

19. 求 $f(x, y) = \mathrm{e}^{2x}(x^2 - y^2)$ 的极值点.

*20. 利用泰勒公式计算 $\lim\limits_{x \to 0} \dfrac{\sin x^2 + \ln(1 - x^2)}{(4^x - 1)(1 - \mathrm{e}^{2x^3})}$.

第5章

不定积分

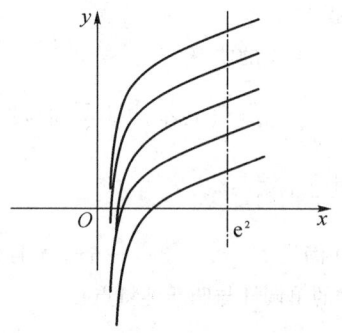

早在牛顿的老师巴罗的著作中就已经显露出积分的痕迹,但巴罗与数学史上最伟大的成果之一失之交臂.牛顿和莱布尼茨很快意识到微分与积分必定是相反的过程.甚至在牛顿的著作中他已经用反微分(即积分)求面积了.在1675年11月11日标题为"切线的反方法的例子"的手稿中,莱布尼茨作为数学史上第一人明确表达出积分与微分的关系,宣告了积分的诞生.本章我们将讨论求导的逆运算——不定积分.

5.1 不定积分

面积可以由求变化率的逆过程得到.

——牛顿 《运用无穷多项方程的分析学》

1669 年,牛顿给朋友发了名为《运用无穷多项方程的分析学》的小册子,在其中他用无穷级数不仅给出了求一个变量对于另一个变量的瞬间变化率的普遍方法,还指出用无穷小面积之和表示的面积能够由反微分得到. 事实上不是只有牛顿一人意识到这一点,牛顿老师巴罗早在几年前发表的一本书中就表达了这一观点,他还阐述了求切线的方法,两个函数积与商的微分定理,幂函数的微分,隐函数微分定理等一系列成果. 但巴罗的几何证明使得隐藏在其中的重要思想难以辨识.

5.1.1 原函数

前面介绍的微分问题是由已知函数 $f(x)$ 求出它的导数 $f'(x)$ 或微分 $f'(x)dx$. 但在某些实际问题中,往往需要考虑与之相反的问题:求一个函数 $F(x)$,使其导数恰好是某一已知函数 $f(x)$. 例如,已知某直线运动质点的速度,求它的位置函数. 又如,知道某条平面曲线各点的切线斜率,求该曲线的方程等.

定义 1 设函数 $F(x)$ 与 $f(x)$ 在区间 I 上有定义. 若在区间 I 上 $F'(x)=f(x)$,则称 $F(x)$ 为 $f(x)$ 在区间 I 上的一个原函数.

例 1 因为 $(\sin x)'=\cos x$,所以在区间 $(-\infty,+\infty)$ 上 $\sin x$ 是 $\cos x$ 的一个原函数.

例 2 当 $-1<x<1$ 时,$(\arcsin x)'=\dfrac{1}{\sqrt{1-x^2}}$,所以在区间 $(-1,1)$ 上 $\arcsin x$ 是 $\dfrac{1}{\sqrt{1-x^2}}$ 的一个原函数.

> 任给一个函数 $f(x)$，它的原函数一定存在吗？

定理 1 若 $f(x)$ 在区间 I 上连续，则 $f(x)$ 在 I 上一定存在原函数①.

> 原函数是唯一的吗？

常数的导数为零，由此我们知道：若 $F(x)$ 是 $f(x)$ 在区间 I 上的一个原函数，则对任意常数 C，$F(x)+C$ 是 $f(x)$ 在区间 I 上的原函数.

> 如果函数 $f(x)$ 在区间 I 上的一个原函数 $F(x)$ 存在，我们能求出所有原函数吗？

设 A 是由 $f(x)$ 在区间 I 上全体原函数构成的集合，即

$$A=\{G(x) \mid G'(x)=f(x)\},$$

则 $[G(x)-F(x)]'=0$，即

$$G(x)-F(x)=C,$$

这里 C 为任意常数，说明 $f(x)$ 的任意原函数都是 $F(x)+C$ 的形式.

5.1.2 不定积分的概念

定义 2 在区间 I 上，$F(x)$ 为 $f(x)$ 的一个原函数，则带有任意常数的原函数 $F(x)+C$ 称为 $f(x)$ 在区间 I 上的不定积分，记为

$$\int f(x)\mathrm{d}x,$$

其中，记号 $\int$ 称为积分号，$f(x)$ 称为被积函数，x 称为积分变量.

---

① 此定理将在下一章给出证明.

例3 计算.

(1) $d\left[\int f(x)dx\right]$；　　(2) $\int df(x)$.

解 (1) 设 $F(x)$ 是 $f(x)$ 的一个原函数,

$$\int f(x)dx = F(x) + C.$$

其中, C 为任意常数. 则

$$d\left[\int f(x)dx\right] = [F(x) + C]'dx = f(x)dx.$$

(2) $\int df(x) = \int f'(x)dx = f(x) + C$, C 为任意常数.

求不定积分就是求导、求微分的逆运算.

例4 证明:(1) e^{x^2} 是 $2xe^{x^2}$ 的原函数;

(2) 在区间 $(-\infty, 0)$ 或 $(0, +\infty)$ 上 $\ln|x|$ 是 $\dfrac{1}{x}$ 的原函数.

解 (1) 利用复合函数的求导法则,有

$$(e^{x^2})' = e^{x^2}(x^2)' = 2xe^{x^2},$$

因此, e^{x^2} 是 $2xe^{x^2}$ 的原函数.

(2) 当 $x > 0$ 时, $(\ln x)' = \dfrac{1}{x}$, 当 $x < 0$ 时,

$$(\ln|x|)' = (\ln(-x))' = \dfrac{1}{x},$$

所以在区间 $(-\infty, 0)$ 或 $(0, +\infty)$ 上, $\ln|x|$ 是 $\dfrac{1}{x}$ 的原函数.

例5 求 $\int \dfrac{1}{1+x^2}dx$.

解 由于 $(\arctan x)' = \dfrac{1}{1+x^2}$, 故

$$\int \dfrac{1}{1+x^2}dx = \arctan x + C, C 为任意常数.$$

例6 设一条曲线落在坐标系的右半平面内,且在任一点处切线的斜率等于

该点横坐标的倒数.

(1) 求满足上述条件下的曲线方程;

(2) 若此时曲线通过点 $(e^2, 3)$, 求曲线方程.

解 (1) 设曲线方程为 $y = f(x)$, 由题意, 曲线切线斜率即 $f'(x) = \dfrac{1}{x}$, 则

$$f(x) = \int \dfrac{dx}{x} = \ln|x| + C.$$

因为 $x > 0$, 故曲线方程为 $y = \ln x + C$ (图 5.1).

(2) 若曲线过点 $(e^2, 3)$, 即 $x = e^2$ 时, $y = 3$, 即

$$f(e^2) = \ln|e^2| + C = 3,$$

推得 $C = 1,$

故曲线方程为 $f(x) = \ln x + 1$.

一般地, 若函数 $F(x)$ 是 $f(x)$ 的一个原函数, 我们称 $y = F(x)$ 的图象为 $f(x)$ 的一条积分曲线.

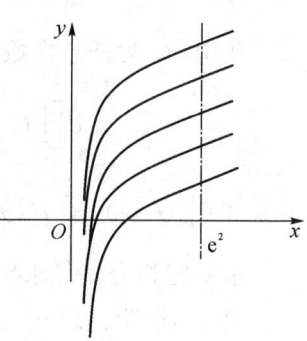

图 5.1

不定积分 $\int f(x) dx = F(x) + C$ 在几何上则表示一族曲线. 该曲线族可看作是曲线 $y = F(x)$ 沿 y 轴上下平移得到.

5.1.3 基本积分表

借助导数(微分)计算的基本公式, 我们可以得到以下基本积分表:

(1) $\int k \, dx = kx + C$ (k 为常数),   (2) $\int x^\mu \, dx = \dfrac{x^{\mu+1}}{\mu+1} + C$ ($\mu \neq -1$),

(3) $\int \dfrac{1}{x} dx = \ln|x| + C$,   (4) $\int e^x \, dx = e^x + C$,

(5) $\int a^x \, dx = \dfrac{a^x}{\ln a} + C$ ($a > 0, a \neq 1$),   (6) $\int \cos x \, dx = \sin x + C$,

(7) $\int \sin x \, dx = -\cos x + C$,   (8) $\int \sec^2 x \, dx = \tan x + C$,

(9) $\int \csc^2 x \, dx = -\cot x + C$,   (10) $\int \sec x \tan x \, dx = \sec x + C$,

(11) $\int \csc x \cot x \, dx = -\csc x + C$,

(12) $\int \dfrac{1}{\sqrt{1-x^2}} \, dx = \arcsin x + C = -\arccos x + C$,

(13) $\int \dfrac{dx}{1+x^2} = \arctan x + C = -\text{arccot}\, x + C$.

例7 求 $\int \dfrac{1}{x\sqrt[5]{x^4}} \, dx$.

解 $\dfrac{1}{x\sqrt[5]{x^4}} = x^{-\frac{9}{5}}$，利用积分公式 $\int x^{\mu} \, dx = \dfrac{x^{\mu+1}}{\mu+1} + C$，得

$$\int \dfrac{1}{x\sqrt[5]{x^4}} \, dx = \dfrac{x^{-\frac{9}{5}+1}}{-\dfrac{9}{5}+1} + C = -\dfrac{5}{4} x^{-\frac{4}{5}} + C.$$

例8 求 $\int 3^x e^x \, dx$.

解 $3^x e^x = (3e)^x$，利用积分公式 $\int a^x \, dx = \dfrac{a^x}{\ln a} + C$，得

$$\int 3^x e^x \, dx = \dfrac{3^x e^x}{\ln(3e)} + C = \dfrac{3^x e^x}{1+\ln 3} + C.$$

5.1.4 不定积分的性质

作为求导的逆运算，不定积分满足的性质可以从求导运算规则中推导出来.

性质1 设函数 $f(x)$ 及 $g(x)$ 的原函数存在，则

$$\int [f(x) + g(x)] \, dx = \int f(x) \, dx + \int g(x) \, dx.$$

证 $\left[\int f(x) \, dx + \int g(x) \, dx \right]' = \left[\int f(x) \, dx \right]' + \left[\int g(x) \, dx \right]' = f(x) + g(x).$

类似可以证明以下性质.

性质2 设函数 $f(x)$ 的原函数存在，k 为非零常数，则

$$\int k f(x) \, dx = k \int f(x) \, dx.$$

两个性质可合并为
$$\int [kf(x)+lg(x)]\mathrm{d}x = k\int f(x)\mathrm{d}x + l\int g(x)\mathrm{d}x,$$
称其为不定积分的线性性质.

例 9 求 $\int \left(\sin x + \dfrac{1}{1+x^2}\right)\mathrm{d}x$.

解 $\int \left(\sin x + \dfrac{1}{1+x^2}\right)\mathrm{d}x = \int \sin x\,\mathrm{d}x + \int \dfrac{1}{1+x^2}\mathrm{d}x = -\cos x + \arctan x + C.$

例 10 求 $\int \left(2\mathrm{e}^x - \dfrac{3}{x}\right)\mathrm{d}x$.

解 $\int \left(2\mathrm{e}^x - \dfrac{3}{x}\right)\mathrm{d}x = 2\int \mathrm{e}^x\mathrm{d}x - 3\int \dfrac{1}{x}\mathrm{d}x = 2\mathrm{e}^x - 3\ln|x| + C.$

例 11 求 $\int \dfrac{(x-1)^2}{x^3}\mathrm{d}x$.

解 $\int \dfrac{(x-1)^2}{x^3}\mathrm{d}x = \int \dfrac{x^2-2x+1}{x^3}\mathrm{d}x = \int \left(\dfrac{1}{x} - \dfrac{2}{x^2} + \dfrac{1}{x^3}\right)\mathrm{d}x$

$\qquad = \int \dfrac{1}{x}\mathrm{d}x - 2\int \dfrac{1}{x^2}\mathrm{d}x + \int \dfrac{1}{x^3}\mathrm{d}x$

$\qquad = \ln|x| + \dfrac{2}{x} - \dfrac{1}{2x^2} + C.$

广角镜

积分号"$\int$"与微分号"d"都是莱布尼茨发明的. 1675 年 10 月 29 日,莱布尼茨在他的手稿中第一次用长写字母"S"(拉丁字母 Summa 的第一个字母,意为和)表示"不可分元"之和,几周后他就开始使用我们今天熟知的微分、微商的符号了. 莱布尼茨对数学形式有超人的直觉. 他的微积分符号已被证明是最好的,如 $\mathrm{d}x$, $\mathrm{d}y$, $\dfrac{\mathrm{d}y}{\mathrm{d}x}$, $\int$, $\mathrm{d}f$ 等,比同时代的牛顿采用的流数方便,易于记忆. 正像阿拉伯数字促进算术和代数发展一样,莱布尼茨所创造的这些数学符号对微积分的发展起了很大的促进作用. 除积分、微分符号外，他创设的符号还有商"$\dfrac{a}{b}$"，比"$a:b$"，相似"$\backsim$"，全等"$\cong$"，并"$\cup$"，交"$\cap$"以及函数"$\log x$"和行列式等符号. 对于 n 阶导数他还引入了"d^n".

此外，我们目前使用的微分、积分的诸多基本定理都是莱布尼茨推出的，例如函数积或商的微分法则，$u \cdot v$ 的 n 阶导数计算规则以及积分表. 正是由于莱布尼茨，微积分从一开始就建立了法则和公式的体系，使其应用更规范，也更广泛.

习题 5.1

1. 函数 $f(x)$ 在区间 I 上的导函数与原函数有什么联系?
2. 函数 $f(x)$ 在区间 I 上的一个原函数与 $f(x)$ 在区间 I 上的不定积分有什么联系?
3. 利用求导运算验证下列等式的正确性.

(1) $\displaystyle\int \dfrac{\mathrm{d}x}{\sqrt{x^2-1}} = \ln(x+\sqrt{x^2-1})+C$;

(2) $\displaystyle\int \dfrac{-3\mathrm{d}x}{(x+1)(x-2)^2} = \dfrac{1}{x-2}+3\ln|x-2|+\ln|x+1|+C$;

(3) $\displaystyle\int \sec x\,\mathrm{d}x = \ln|\tan x+\sec x|+C$;

(4) $\displaystyle\int x\mathrm{e}^x\,\mathrm{d}x = (x-1)\mathrm{e}^x+C$.

4. 利用不定积分公式求下列积分.

(1) $\displaystyle\int \mathrm{e}^2\,\mathrm{d}x$; (2) $\displaystyle\int 2^x \mathrm{e}^x\,\mathrm{d}x$;

(3) $\displaystyle\int \dfrac{1}{x^3}\,\mathrm{d}x$; (4) $\displaystyle\int \dfrac{1}{\sqrt{x}}\,\mathrm{d}x$;

(5) $\displaystyle\int x^2 \sqrt[3]{x^2}\,\mathrm{d}x$; (6) $\displaystyle\int \dfrac{x^4 \sqrt{x}}{\sqrt[3]{x^2}\sqrt[4]{x}}\,\mathrm{d}x$;

(7) $\displaystyle\int \tan^2 x\,\mathrm{d}x$; (8) $\displaystyle\int \cot^2 x\,\mathrm{d}x$;

(9) $\displaystyle\int \dfrac{\cos x}{\sin^2 x}\,\mathrm{d}x$; (10) $\displaystyle\int \sin\dfrac{x}{2}\cos\dfrac{x}{2}\,\mathrm{d}x$;

(11) $\int (x^2-1)^2 dx$;

(12) $\int \dfrac{2 \cdot 3^x - 3 \cdot 2^x}{5^x} dx$;

(13) $\int (2e^x - 3x^2 - 11) dx$;

(14) $\int \dfrac{\cos 2x}{\sin x + \cos x} dx$;

(15) $\int \dfrac{3x^2}{x^2+1} dx$;

(16) $\int \sin x (\cot x - \csc x) dx$.

5. 物体从静止开始运动,经 $t(s)$ 后的速度是 $3t^2 + 6t + 3 (m \cdot s^{-1})$,问

(1) 在 2 s 后物体离开出发点的距离是多少?

(2) 物体走完 511 m 需要多少时间?

6. 设 $f'(x) = \begin{cases} x^2, & x \geqslant 0, \\ \sin x + 1, & x < 0, \end{cases}$ 且 $f(0) = 1$,求 $f(x)$.

5.2 不定积分的计算方法

> 我要用以前没有被发现的或者不是广为人知的知识去充实这座新的微积分宝库.
> ——约翰·伯努利

瑞士的伯努利家族是科学史上少有的数学家族,其中雅克布·伯努利和约翰·伯努利对数学的贡献尤为突出. 如果说牛顿、莱布尼茨是微积分的奠基人,那么正是雅克布·伯努利和约翰·伯努利所做的大量工作,让微积分更具统一性和条理性. 在他们手里,微积分开始具有基本的求导法则、积分方法和初等微分方程的解法. 例如,"积分"一词是雅克布·伯努利创造的,积分公式 $\int \dfrac{1}{x} dx = \ln |x| + C$ 是约翰·伯努利发现的.

5.2.1 分部积分法

微分的加法及数乘运算法则可以推导出不定积分的线性性质,那么,微分的乘法运算法则可以给不定积分的计算带来什么启示?

由函数乘法的微分法则
$$d[u(x)v(x)] = v(x)du(x) + u(x)dv(x),$$
等式两边同时积分,我们可以得到以下公式:
$$\int u(x)dv(x) = u(x)v(x) - \int v(x)du(x).$$
称之为不定积分的分部积分公式. 这种通过交换 u,v 顺序改写积分形式的方法称为不定积分的分部积分法.

例 1 求 $\int \ln x \, dx$.

解 选取 $\ln x$ 作为 $u(x)$,则
$$\int \ln x \, dx = x \ln x - \int x \, d\ln x = x \ln x - \int x \cdot \frac{1}{x} dx$$
$$= x \ln x - x + C.$$

例 2 求 $\int x e^x \, dx$.

解 若选取 e^x 作为 $u(x)$,$x dx$ 作为 $dv(x)$,则
$$\int x e^x \, dx = \int e^x d \frac{x^2}{2} = \frac{x^2}{2} e^x - \int \frac{x^2}{2} de^x = \frac{x^2}{2} e^x - \int \frac{x^2}{2} e^x \, dx.$$

结果发现 $\int \frac{x^2}{2} e^x \, dx$ 比原积分更不易求解,分部积分法没有起到应有的效果.

若选取 x 作为 $u(x)$,$e^x dx$ 作为 $dv(x)$,则
$$\int x e^x \, dx = \int x de^x = x e^x - \int e^x \, dx = x e^x - e^x + C.$$

若不定积分形式为 $\int f(x)g(x)dx$,从中是否能够选取合适的 u,v 对于最终使用分部积分法的效果有很大的影响,这里选择的原则为:

(1) $v(x)$ 微分形式容易写出;

(2) $u(x)$ 求导后积分会变简单.

只有这样才能使得交换 u,v 顺序之后的积分 $\int v du$ 比原积分 $\int u dv$ 易求.

按照这一原则,如果 $f(x)$、$g(x)$ 是 5 种基本初等函数中分别属于不同类型的两种函数,我们可依照五字口诀"反、对、幂、三、指"选择合适的 u,v,其中从左往右是 $u(x)$ 的选择次序,从右往左是 $v(x)$ 的选择次序. 这里的"反"指的是反三角函数,"对"指的是对数函数,"幂"指的是幂函数,"三"指的是三角函数,"指"指的是指数函数.

例 3 求 $\int x^2 \sin x \, \mathrm{d}x$.

解 选取 x^2 作为 u,则

$$\int x^2 \sin x \, \mathrm{d}x = \int x^2 \mathrm{d}(-\cos x)$$
$$= -x^2 \cos x + \int \cos x \cdot (2x) \, \mathrm{d}x.$$

发现 $\int \cos x \cdot (2x) \, \mathrm{d}x$ 比 $\int x^2 \sin x \, \mathrm{d}x$ 简单. 接着选取 $2x$ 作为 u,再次使用分部积分,则

$$\int x^2 \sin x \, \mathrm{d}x = -x^2 \cos x + \int 2x \, \mathrm{d}\sin x$$
$$= -x^2 \cos x + 2x \sin x - \int 2 \sin x \, \mathrm{d}x$$
$$= -x^2 \cos x + 2x \sin x + 2 \cos x + C.$$

例 4 求 $I = \int \mathrm{e}^x \cos x \, \mathrm{d}x$.

解 选取 $\cos x$ 作为 u,则

$$I = \int \cos x \, \mathrm{d}\mathrm{e}^x = \cos x \cdot \mathrm{e}^x - \int \mathrm{e}^x \mathrm{d}\cos x$$
$$= \cos x \cdot \mathrm{e}^x + \int \mathrm{e}^x \sin x \, \mathrm{d}x.$$

对 $\int \mathrm{e}^x \sin x \, \mathrm{d}x$ 再次使用分部积分,则

$$I = \cos x \cdot \mathrm{e}^x + \int \mathrm{e}^x \sin x \, \mathrm{d}x = \cos x \cdot \mathrm{e}^x + \int \sin x \, \mathrm{d}\mathrm{e}^x$$
$$= \cos x \cdot \mathrm{e}^x + \sin x \cdot \mathrm{e}^x - \int \mathrm{e}^x \cos x \, \mathrm{d}x.$$

推得
$$I = \frac{e^x}{2}(\sin x + \cos x) + C.$$

5.2.2 换元法

微分的复合运算法则(即微分形式不变性)给不定积分的计算带来什么启示?

定理 1 若函数 $f(u)$ 具有原函数 $F(u)$，则

$$\begin{aligned}
\int f(\varphi(x))\varphi'(x)dx &= \int f(\varphi(x))d\varphi(x) \\
&= \int f(u)du \qquad [\diamondsuit\, u = \varphi(x)] \\
&= \int dF(u) = F(u) + C \\
&= F(\varphi(x)) + C.
\end{aligned}$$

证 容易验证

$$\frac{d}{dx}[F(\varphi(x))] = f(\varphi(x))\varphi'(x).$$

故函数 $F(\varphi(x))$ 是 $f(\varphi(x))\varphi'(x)$ 的一个原函数.

例 5 求 $\int \cos 2x \, dx$.

解 因为 $\cos 2x$ 是 $\cos u$ 与 $u = 2x$ 的复合函数，故 $\varphi(x) = 2x$ 可以设为中间变量，则有

$$\begin{aligned}
\int \cos 2x \, dx &= \frac{1}{2}\int \cos 2x \cdot (2x)' dx = \frac{1}{2}\int \cos 2x \, d(2x) \\
&= \frac{1}{2}\int \cos u \, du = \frac{1}{2}\sin u + C \\
&= \frac{1}{2}\sin 2x + C.
\end{aligned}$$

例 6 求 $\int x^2 e^{-x^3} dx$.

解 $\int x^2 e^{-x^3} dx = \frac{-1}{3}\int e^{-x^3}(-x^3)' dx = \frac{-1}{3}\int e^{-x^3} d(-x^3)$

$= -\frac{1}{3}\int e^u du = -\frac{1}{3}e^{-x^3} + C.$

例 7 求 $\int \frac{1}{a^2 - x^2} dx \ (a > 0)$.

解 $\int \frac{1}{a^2 - x^2} dx = -\frac{1}{2a}\int \left(\frac{1}{x-a} - \frac{1}{x+a}\right) dx$

$= -\frac{1}{2a}\left(\int \frac{dx}{x-a} - \int \frac{dx}{x+a}\right)$

$= -\frac{1}{2a}\left[\int \frac{d(x-a)}{x-a} - \int \frac{d(x+a)}{x+a}\right]$

$= -\frac{1}{2a}(\ln|x-a| - \ln|x+a|) + C$

$= \frac{1}{2a}\ln\left|\frac{a+x}{a-x}\right| + C.$

例 8 求 $\int \frac{1}{a^2 + x^2} dx \ (a > 0)$.

解 $\int \frac{1}{a^2 + x^2} dx = \frac{1}{a^2}\int \frac{1}{1+\left(\frac{x}{a}\right)^2} dx$

$= \frac{1}{a}\int \frac{1}{1+\left(\frac{x}{a}\right)^2} d\left(\frac{x}{a}\right) = \frac{1}{a}\int \frac{1}{1+u^2} du$

$= \frac{1}{a}\arctan u + C = \frac{1}{a}\arctan \frac{x}{a} + C.$

例 9 求 $\int \tan x \, dx$.

解 $\int \tan x \, dx = \int \frac{\sin x}{\cos x} dx = -\int \frac{1}{\cos x} d\cos x$

$= -\int \frac{1}{u} du = -\ln|u| + C$

$= -\ln|\cos x| + C = \ln|\sec x| + C.$

类似可得

$$\int \cot x \, dx = -\ln|\csc x| + C = \ln|\sin x| + C.$$

例 10 求 $\int \sec x \, dx$.

解
$$\int \sec x \, dx = \int \frac{1}{\cos x} dx = \int \frac{\cos x}{\cos^2 x} dx$$
$$= \int \frac{1}{\cos^2 x} d\sin x = \int \frac{1}{1-\sin^2 x} d\sin x$$
$$= \int \frac{1}{1-u^2} du = \frac{1}{2} \ln \left| \frac{1+u}{1-u} \right| + C$$
$$= \frac{1}{2} \ln \left| \frac{1+\sin x}{1-\sin x} \right| + C = \frac{1}{2} \ln \left| \frac{(1+\sin x)^2}{1-\sin^2 x} \right| + C$$
$$= \ln \left| \frac{1+\sin x}{\cos x} \right| + C = \ln|\sec x + \tan x| + C.$$

类似可得

$$\int \csc x \, dx = \ln|\csc x - \cot x| + C = \frac{1}{2} \ln \left| \frac{1-\cos x}{1+\cos x} \right| + C$$
$$= \ln \left| \tan \frac{x}{2} \right| + C.$$

换元法所涉及的不定积分通常被积函数含有复合函数,换元的关键是"凑"里层函数的微分,故不定积分换元法又称为凑微分法. 常用的凑微分形式有

(1) $\int f(ax+b) dx = \frac{1}{a} \int f(ax+b) d(ax+b) \ (a \neq 0)$;

(2) $\int x^{\mu} f(x^{\mu+1}) dx = \frac{1}{\mu+1} \int f(x^{\mu+1}) dx^{\mu+1} \ (\mu \neq -1)$;

(3) $\int \frac{1}{x} f(\ln x) dx = \int f(\ln x) d\ln x$;

(4) $\int e^x f(e^x) dx = \int f(e^x) de^x$;

(5) $\int f(\sin x)\cos x\,\mathrm{d}x = \int f(\sin x)\,\mathrm{d}\sin x$;

(6) $\int f(\cos x)\sin x\,\mathrm{d}x = -\int f(\cos x)\,\mathrm{d}\cos x$;

(7) $\int f(\tan x)\sec^2 x\,\mathrm{d}x = \int f(\tan x)\,\mathrm{d}\tan x$;

(8) $\int f(\cot x)\csc^2 x\,\mathrm{d}x = -\int f(\cot x)\,\mathrm{d}\cot x$;

(9) $\int f(\sec x)\sec x\tan x\,\mathrm{d}x = \int f(\sec x)\,\mathrm{d}\sec x$;

(10) $\int f(\csc x)\csc x\cot x\,\mathrm{d}x = -\int f(\csc x)\,\mathrm{d}\csc x$.

例 11 求 $I = \int \sec^3 x\,\mathrm{d}x$.

解 $I = \int \sec x \cdot \sec^2 x\,\mathrm{d}x = \int \sec x\,\mathrm{d}\tan x$

$= \sec x\tan x - \int \tan x\,\mathrm{d}\sec x$

$= \sec x\tan x - \int \tan^2 x \sec x\,\mathrm{d}x$

$= \sec x\tan x - \int (\sec^2 x - 1)\sec x\,\mathrm{d}x$

$= \sec x\tan x - \int \sec^3 x\,\mathrm{d}x + \int \sec x\,\mathrm{d}x$.

求解这个关于原积分 $I = \int \sec^3 x\,\mathrm{d}x$ 的方程,得

$$I = \frac{1}{2}(\sec x\tan x + \ln|\sec x + \tan x|) + C.$$

不定积分的换元公式还可以倒过来应用

$$\int f(x)\,\mathrm{d}x = \int f(\varphi(t))\,\mathrm{d}\varphi(t) = \int f(\varphi(t))\varphi'(t)\,\mathrm{d}t.$$

例 12 求 $\int \sqrt{a^2 - x^2}\,\mathrm{d}x\ (a > 0)$.

解 这个积分求解的困难之处在于根式 $\sqrt{a^2 - x^2}$,我们可以利用三角恒

等式
$$\sin^2 x + \cos^2 x = 1$$
把根式去掉.

令 $x = a\sin t$,$-\dfrac{\pi}{2} \leqslant t \leqslant \dfrac{\pi}{2}$,则

$$\sqrt{a^2 - x^2} = \sqrt{a^2 - a^2 \sin^2 t} = a\cos t,\ \mathrm{d}x = a\cos t\,\mathrm{d}t,$$
$$\int \sqrt{a^2 - x^2}\,\mathrm{d}x = \int a\cos t \cdot a\cos t\,\mathrm{d}t = a^2 \int \cos^2 t\,\mathrm{d}t.$$

我们需要将三角函数 $\cos^2 t$ 的次数降低,利用倍角公式
$$\cos^2 t = \frac{1 + \cos 2t}{2}$$
得
$$\int \sqrt{a^2 - x^2}\,\mathrm{d}x = a^2 \int \frac{1 + \cos 2t}{2}\,\mathrm{d}t = \frac{a^2}{2}\Big(\int \mathrm{d}t + \int \cos 2t\,\mathrm{d}t\Big).$$

利用例 4 结果,得
$$\int \sqrt{a^2 - x^2}\,\mathrm{d}x = \frac{a^2}{2}\Big(t + \frac{\sin 2t}{2}\Big) + C = \frac{a^2}{2}(t + \sin t \cos t) + C.$$

由 $x = a\sin t$,$-\dfrac{\pi}{2} \leqslant t \leqslant \dfrac{\pi}{2}$ 可推出

$$t = \arcsin \frac{x}{a},\quad \sin t = \frac{x}{a},$$
$$\cos t = \sqrt{1 - \sin^2 t} = \sqrt{1 - \Big(\frac{x}{a}\Big)^2} = \frac{\sqrt{a^2 - x^2}}{a},$$

故
$$\int \sqrt{a^2 - x^2}\,\mathrm{d}x = \frac{a^2}{2}\Big(\arcsin \frac{x}{a} + \frac{x}{a} \cdot \frac{\sqrt{a^2 - x^2}}{a}\Big) + C$$
$$= \frac{a^2}{2}\arcsin \frac{x}{a} + \frac{1}{2}x \cdot \sqrt{a^2 - x^2} + C.$$

例 13 求 $\int \mathrm{e}^{\sqrt{x}}\,\mathrm{d}x$.

解 这个积分的难点是根式 $\sqrt{x}$，令 $\sqrt{x}=t$，则
$$x=t^2, \quad dx=2t\,dt,$$
于是
$$\int e^{\sqrt{x}}\,dx = 2\int t\,e^t\,dt,$$
利用例 2 结果，得
$$\int e^{\sqrt{x}}\,dx = 2e^t(t-1)+C,$$
再将 $\sqrt{x}=t$ 回代可得
$$\int e^{\sqrt{x}}\,dx = 2e^{\sqrt{x}}(\sqrt{x}-1)+C.$$

习题 5.2

1. 利用分部积分法计算下列不定积分.

(1) $\int x\sin x\,dx$；

(2) $\int x^2\cos x\,dx$；

(3) $\int x^3\ln x\,dx$；

(4) $\int \dfrac{\ln x}{\sqrt{x}}\,dx$；

(5) $\int x\,e^{-x}\,dx$；

(6) $\int x^2 e^x\,dx$；

(7) $\int x\sec^2 x\,dx$；

(8) $\int e^x \sin x\,dx$；

(9) $\int x\arctan x\,dx$；

(10) $\int x\cot^2 x\,dx$.

2. 利用换元法计算下列不定积分.

(1) $\int \dfrac{dx}{9+x^2}$；

(2) $\int \dfrac{dx}{1+9x^2}$；

(3) $\int \dfrac{dx}{\sqrt{1-4x^2}}$；

(4) $\int \dfrac{x}{\sqrt{1-x^2}}\,dx$；

(5) $\int \dfrac{x}{1+x^2}\,dx$；

(6) $\int \dfrac{x}{2-x}\,dx$；

(7) $\int \sin x\cos^2 x\,dx$；

(8) $\int \sin^2 x\,dx$；

(9) $\int \cos^3 x \, dx$;

(10) $\int \sin^3 x \, dx$;

(11) $\int \tan^3 x \sec^2 x \, dx$;

(12) $\int \tan x \sec^3 x \, dx$;

(13) $\int \dfrac{1}{x(x+2)} \, dx$;

(14) $\int \dfrac{1}{x^2-9} \, dx$;

(15) $\int \dfrac{1}{x^2+2x+2} \, dx$;

(16) $\int \dfrac{1}{\sqrt{5-2x-x^2}} \, dx$;

(17) $\int \dfrac{1}{x\sqrt{x^2-1}} \, dx$;

(18) $\int \dfrac{4x}{\sqrt[5]{(1-x^2)^4}} \, dx$;

(19) $\int \dfrac{5e^x}{(2e^x+1)^3} \, dx$;

(20) $\int \dfrac{e^x}{e^{2x}+1} \, dx$;

(21) $\int \dfrac{1}{\sqrt{1+x^2}} \, dx$;

(22) $\int \sqrt{1+x^2} \, dx$;

(23) $\int \dfrac{1}{(1+4x^2)^{\frac{3}{2}}} \, dx$;

(24) $\int \sqrt{1-4x^2} \, dx$.

3. 选择适当的方法计算下列积分.

(1) $\int e^{\sqrt{x+1}} \, dx$;

(2) $\int x \cos 2x \, dx$;

(3) $\int x \sqrt{x+3} \, dx$;

(4) $\int \sin \sqrt{x} \, dx$;

(5) $\int x \sin(x+1) \, dx$;

(6) $\int x \sec^2 3x \, dx$;

(7) $\int e^{-x} \sin 2x \, dx$;

(8) $\int \ln(1+\sqrt{x}) \, dx$.

5.3 简单的微分方程

对自然界的深刻研究是数学最丰富的源泉,数学分析与自然界本身同样的广阔!

——傅里叶 《热的解析理论》

傅里叶(Jean Baptiste Joseph Fourier,1768—1830))法国数学家、物理学家,

傅立叶级数(三角级数)创始人. 傅里叶在1807年就写成一篇关于热传导方程的论文,发现此类微分方程的解函数可以由三角函数构成的级数形式表示,从而提出任一函数都可以展成三角函数的无穷级数,极大地推动了微分方程理论的发展. 该文获1812年科学院大奖. 1822年,傅里叶出版了专著《热的解析理论》,这部经典著作将欧拉、伯努利等人在一些特殊情形下使用的三角级数方法发展成内容丰富的一般理论. 傅里叶的工作迫使数学家修正、推广函数概念,特别是引起了对不连续函数的探讨,其中三角级数收敛性问题更刺激了集合论的诞生. 因此,《热的解析理论》影响了整个19世纪数学分析严格化的进程.

5.3.1 微分方程的基本概念

我们在实践中常常会发现面对这样一类新问题,即根据问题所提供的条件,不能直接找出所需要的函数关系,而是可以列出含有要找函数及其导数的关系式. 这样的关系式我们就称为微分方程.

例1 一曲线过点$(1, 2)$,且在该曲线上任一点(x, y)处切线斜率为$3x^2$,求曲线方程.

解 设所求曲线方程为$y = \varphi(x)$,由导数的几何意义知

$$\frac{dy}{dx} = 3x^2 \quad \text{或} \quad y' = 3x^2, \tag{5.1}$$

则

$$y = \int 3x^2 dx = x^3 + C.$$

代入条件"$x=1$时$y=2$",可得$C=1$,故所求曲线为$y = x^3 + 1$.

一般地,含有未知函数的导数或微分的等式称为微分方程,简称方程.

未知函数为一元函数的微分方程称为常微分方程. 未知函数为多元函数的微分方程称为偏微分方程.

微分方程中所出现的未知函数的最高阶导数的阶数,称为微分方程的阶. 式(5.1)是个一阶常微分方程. 方程$\frac{\partial^2 u}{\partial x^2} + \frac{\partial^2 u}{\partial y^2} + \frac{\partial^2 u}{\partial z^2} = 0$是二阶偏微分方程.

二阶及二阶以上的微分方程又称为高阶微分方程.

以下我们将以常微分方程为例,简单介绍微分方程的求解理论.

如果把某一个函数代入微分方程后,方程成为恒等式,则称此函数为微分方程的一个解.求微分方程解的过程称为解微分方程.

不含任意常数 C 的解称为微分方程的特解.如果微分方程的解中含有任意常数,且任意常数相互独立,个数与微分方程的阶数相同,这样的解称为微分方程的通解[①].这里所说的相互独立的任意常数,是指它们不能通过合并而使得通解中的任意常数的个数减少.

如果添加一些附加条件确定通解中的任意常数,这些附加条件称为初始条件,也称为定解条件.

一般地,一阶常微分方程 $f(x,y,y')=0$ 的初始条件为 $y\mid_{x=x_0}=a$. 二阶常微分方程 $f(x,y,y',y'')=0$ 的初始条件为 $y\mid_{x=x_0}=a$, $y'\mid_{x=x_0}=b$,其中 x_0, a 和 b 都是已知常数.

带有初始条件的微分方程称为微分方程的初值问题.例如,一阶常微分方程的初值问题,记为

$$\begin{cases} f(x,y,y')=0, \\ y\mid_{x=x_0}=a. \end{cases}$$

常微分方程的特解的图形是一条曲线,称为微分方程的积分曲线.

例 2 验证:函数

$$x=C_1 e^{-2t}+C_2 e^{t} \tag{5.2}$$

是微分方程

$$\frac{d^2 x}{dt^2}+\frac{dx}{dt}-2x=0 \tag{5.3}$$

的通解,并求满足初始条件 $x\mid_{t=0}=-2$, $\dfrac{dx}{dt}\bigg|_{t=0}=-5$ 的特解.

证 求所给函数的一阶、二阶导数

$$\frac{dx}{dt}=-2C_1 e^{-2t}+C_2 e^{t},$$

$$\frac{d^2 x}{dt^2}=4C_1 e^{-2t}+C_2 e^{t},$$

[①] 通解未必是微分方程的所有解.有时,通解是微分方程的大部分解.

则

$$\frac{d^2x}{dt^2} + \frac{dx}{dt} = (4C_1 e^{-2t} + C_2 e^t) + (-2C_1 e^{-2t} + C_2 e^t)$$

$$= 2(C_1 e^{-2t} + C_2 e^t) = 2x.$$

说明将函数(5.2)代入方程(5.3)中,方程成为恒等式,因此是方程的解. 所给函数含有两个独立的任意常数,所以是方程的通解.

由条件 $x\big|_{t=0} = -2$,$\dfrac{dx}{dt}\big|_{t=0} = -5$,得 $C_1 = 1$,$C_2 = -3$,代入函数的表达式得所求特解为 $x = e^{-2t} - 3e^t$.

5.3.2 常用的一阶常微分方程

下面我们来介绍几类常见的一阶常微分方程及其解法.

若微分方程可以写成

$$g(y)dy = f(x)dx \tag{5.4}$$

的形式,则称其为可分离变量的微分方程.

假定 $g(y)$ 和 $f(x)$ 连续,两边积分,得

$$\int g(y)dy = \int f(x)dx,$$

设 $G(y)$ 和 $F(x)$ 分别为 $g(y)$ 和 $f(x)$ 的原函数,于是有

$$G(y) = F(x) + C. \tag{5.5}$$

等式(5.5)两边求微分即为方程(5.4),因此方程(5.5)确定的隐函数就是微分方程的解,由于等式含有一个任意常数 C,因此,

$$G(y) = F(x) + C$$

称为方程(5.4)的隐式通解.

例 3 求微分方程

$$\frac{dy}{dx} = 2xy$$

的通解.

解 分离变量后方程为

$$\frac{\mathrm{d}y}{y} = 2x\mathrm{d}x,$$

两端积分

$$\int \frac{\mathrm{d}y}{y} = \int 2x\mathrm{d}x,$$

得

$$\ln|y| = x^2 + C_1,$$

从而

$$y = \pm e^{x^2 + C_1} = \pm e^{C_1} \cdot e^{x^2}.$$

因 $\pm e^{C_1}$ 表示任意非零常数,且 $y \equiv 0$ 也是解,故方程的通解为

$$y = Ce^{x^2}.$$

例 4 求微分方程 $\mathrm{d}x + xy\mathrm{d}y = y^2\mathrm{d}x + y\mathrm{d}y$ 的通解.

解 先合并 $\mathrm{d}x$, $\mathrm{d}y$ 的各项,得

$$y(x-1)\mathrm{d}y = (y^2 - 1)\mathrm{d}x,$$

设 $y^2 - 1 \neq 0$, $x - 1 \neq 0$, 分离变量得

$$\frac{y}{y^2 - 1}\mathrm{d}y = \frac{1}{x-1}\mathrm{d}x,$$

两端积分得

$$\frac{1}{2}\ln|y^2 - 1| = \ln|x - 1| + \ln|C_1|,$$

于是

$$y^2 - 1 = \pm C_1^2 (x-1)^2.$$

记 $C = \pm C_1^2$,从而得到方程的通解①为

$$y^2 - 1 = C(x-1)^2.$$

若微分方程可以写成

---

① 可分离变量微分方程求解过程中,如果关于未知函数部分的积分出现了涉及对数的积分结果,我们可以通过对任意常数的变形去掉积分中的绝对值.

$$\frac{dy}{dx} = \varphi\left(\frac{y}{x}\right) \tag{5.6}$$

的形式,则称其为齐次方程.

在方程中引入新的未知函数

$$u = \frac{y}{x},$$

则

$$y = ux, \quad \frac{dy}{dx} = u + x\frac{du}{dx},$$

代入原方程,得

$$u + x\frac{du}{dx} = \varphi(u),$$

化为可分离变量的微分方程

$$\frac{du}{\varphi(u) - u} = \frac{dx}{x}.$$

两端积分,得

$$\int \frac{du}{\varphi(u) - u} = \int \frac{dx}{x},$$

求出积分后,再以 $\frac{y}{x}$ 代回 u,便可得到原来齐次方程的解.

例5 解方程

$$y^2 + x^2 \frac{dy}{dx} = xy\frac{dy}{dx}.$$

解 原方程可写成

$$\frac{dy}{dx} = \frac{y^2}{xy - x^2} = \frac{\left(\frac{y}{x}\right)^2}{\frac{y}{x} - 1},$$

这是齐次方程. 令 $\frac{y}{x} = u$,则原方程变为

$$u + x\frac{\mathrm{d}u}{\mathrm{d}x} = \frac{u^2}{u-1}, \quad 即\ x\frac{\mathrm{d}u}{\mathrm{d}x} = \frac{u}{u-1},$$

分离变量,得

$$\left(1 - \frac{1}{u}\right)\mathrm{d}u = \frac{\mathrm{d}x}{x}.$$

两端积分,得

$$u - \ln|u| + C = \ln|x|, \quad 或写为\ \ln|xu| = u + C,$$

即

$$xu = \pm \mathrm{e}^C \cdot \mathrm{e}^u.$$

因 $\pm \mathrm{e}^C$ 依然表示任意常数,代入 $u = \dfrac{y}{x}$,得方程的通解为

$$y = C\mathrm{e}^{\frac{y}{x}}.$$

例 6 解方程

$$\begin{cases} \dfrac{\mathrm{d}y}{\mathrm{d}x} - \dfrac{y}{x} = \cos^2\dfrac{y}{x}, \\ y\mid_{x=1} = \dfrac{\pi}{4}. \end{cases}$$

解 令 $\dfrac{y}{x} = u$,则原方程变为

$$x\frac{\mathrm{d}u}{\mathrm{d}x} = \cos^2 u,$$

化为可分离变量微分方程

$$\sec^2 u\,\mathrm{d}u = \frac{\mathrm{d}x}{x}.$$

得通解

$$\tan u = \ln|x| + C,$$

代回 $u = \dfrac{y}{x}$，即

$$\tan \dfrac{y}{x} = \ln|x| + C.$$

当 $x = 1$ 时，$y = \dfrac{\pi}{4}$，推得 $C = 1$. 所求特解为 $\tan \dfrac{y}{x} = \ln|x| + 1$.

若微分方程可以写成

$$\dfrac{\mathrm{d}y}{\mathrm{d}x} + P(x)y = Q(x) \tag{5.7}$$

的形式，则称其为一阶线性微分方程. 如果 $Q(x) = 0$，称方程 (5.7) 为一阶齐次线性微分方程；如果 $Q(x) \neq 0$，称方程 (5.7) 为一阶非齐次线性微分方程.

若方程 (5.7) 是齐次线性微分方程，即

$$\text{一阶} \dfrac{\mathrm{d}y}{\mathrm{d}x} + P(x)y = 0 \quad \text{或} \quad \dfrac{\mathrm{d}y}{y} = -P(x)\mathrm{d}x,$$

这是可分离变量的微分方程. 两端积分，得①

$$\ln|y| = -\int P(x)\mathrm{d}x + C_1,$$

即

$$y = C\mathrm{e}^{-\int P(x)\mathrm{d}x}.$$

若 $Q(x) \neq 0$，可令 $y = u(x)\mathrm{e}^{-\int P(x)\mathrm{d}x}$，代入方程中解得

$$u = \int Q(x)\mathrm{e}^{\int P(x)\mathrm{d}x} \mathrm{d}x + C,$$

从而得到非齐次线性微分方程的通解为②

---

① 这里的 $\int P(x)\mathrm{d}x$ 表示 $P(x)$ 的某个确定的原函数.

② 非齐次线性微分方程的通解中的 $\mathrm{e}^{-\int P(x)\mathrm{d}x}$ 来自齐次线性微分方程的通解公式，也来自可分离变量微分方程的求解过程，因而 $\int P(x)\mathrm{d}x$ 的积分结果如果出现对数，绝对值可以去掉.

$$y = e^{-\int P(x)dx}\left(\int Q(x)e^{\int P(x)dx}dx + C\right).$$

例 7 求方程

$$y' + \frac{1}{x}y = \frac{\sin x}{x}$$

的通解.

解 由方程知 $P(x) = \frac{1}{x}$, $Q(x) = \frac{\sin x}{x}$, 则

$$y = e^{-\int \frac{1}{x}dx}\left(\int \frac{\sin x}{x} \cdot e^{\int \frac{1}{x}dx}dx + C\right)$$

$$= e^{-\ln x}\left(\int \frac{\sin x}{x} \cdot e^{\ln x}dx + C\right)$$

$$= \frac{1}{x}\left(\int \sin x\,dx + C\right) = \frac{1}{x}(-\cos x + C).$$

例 8 求方程 $y^3 dx + (2xy^2 - 1)dy = 0$ 的通解.

解 如果把 y 看成 x 的函数,方程可以改写为

$$\frac{dy}{dx} = \frac{y^3}{1 - 2xy^2},$$

这不是一阶线性微分方程.

如果把 x 看成 y 的函数,方程可以改写为

$$\frac{dx}{dy} + \frac{2x}{y} = \frac{1}{y^3},$$

这是一阶线性微分方程. 由方程知 $P(y) = \frac{2}{y}$, $Q(y) = \frac{1}{y^3}$, 则

$$x = e^{-\int \frac{2}{y}dy}\left(\int \frac{1}{y^3} \cdot e^{\int \frac{2}{y}dy}dy + C\right) = y^{-2}\left(\int \frac{1}{y^3} \cdot y^2 dx + C\right)$$

$$= \frac{1}{y^2}(\ln|y| + C).$$

习题 5.3

1. 写出下列各微分方程的阶数.

   (1) $x^2(y')^3 - 4yy'' + xy + 5 = 0$;

   (2) $\dfrac{y'''}{x} + y'\sin x + y^2 = 0$;

   (3) $y^{(5)} + 2y''' + y' + \ln x = 0$;

   (4) $(x+y)\mathrm{d}x + (x-y)\mathrm{d}y = 0$;

   (5) $L\dfrac{\mathrm{d}^2 Q}{\mathrm{d}t^2} + R\dfrac{\mathrm{d}Q}{\mathrm{d}t} + \dfrac{Q}{C} = 0$;

   (6) $\dfrac{\mathrm{d}^3 w}{\mathrm{d}s^3} + sw = \tan^2 w$.

2. 指出下列各题中的函数是否为所给微分方程的解.

   (1) $x^4 y' = y^2 + x^3 y$, $y = 2x^3$;

   (2) $yy'' = (y')^2$, $y = -3\mathrm{e}^{2x}$;

   (3) $y'' + y = x^2$, $y = 4\sin x + 5\cos x + x^2 - 1$;

   (4) $(x-1)y'' - xy' + y = 0$, $y = 6x - 7\mathrm{e}^x$.

3. 求下列可分离变量微分方程的解.

   (1) $x^2 y' - y(\ln y)^2 = 0$;

   (2) $3x^2 - 2x + yy' = 0$;

   (3) $\sec^2 x \tan y \mathrm{d}x + \sec^2 y \tan x \mathrm{d}y = 0$;

   (4) $(y-1)^3 \dfrac{\mathrm{d}y}{\mathrm{d}x} + 4x^3 = 0$;

   (5) $5y' = \mathrm{e}^{2x+3y}$, $y\mid_{x=0} = 0$;

   (6) $y'\cos x = \cot^2 y$, $y\mid_{x=2\pi} = 2$.

4. 求下列齐次方程的解.

   (1) $xy' - y - \sqrt{4x^2 - y^2} = 0$;

   (2) $x\dfrac{\mathrm{d}y}{\mathrm{d}x} = y + y\ln\dfrac{y}{x}$;

   (3) $(x^4 + y^4)\mathrm{d}x - 4xy^3 \mathrm{d}y = 0$;

   (4) $y' = \dfrac{2x^2}{3y^2} + \dfrac{y}{x}$, $y\mid_{x=1} = 2$;

   (5) $(y^2 - x^2)\mathrm{d}y + xy\mathrm{d}x = 0$, $y\mid_{x=1} = 1$.

5. 求下列一阶线性微分方程的解.

   (1) $\dfrac{\mathrm{d}y}{\mathrm{d}x} + 2y = 3\mathrm{e}^{-x}$;

   (2) $xy' - y = 3x^2 + 2x$;

   (3) $y' + y\cos x = \mathrm{e}^{-\sin x}$;

   (4) $y' + y\tan x = \sin 2x$;

   (5) $\dfrac{\mathrm{d}y}{\mathrm{d}x} + \dfrac{2 - 3x^2}{x^3}y = 1$, $y\mid_{x=1} = 0$;

   (6) $\dfrac{\mathrm{d}y}{\mathrm{d}x} + 2xy = x^3$, $y\mid_{x=1} = 2$.

下章寄语

积分的研究最早来源于求不规则图形的面积、体积等几何问题,但这种积分并不是我们刚刚学过的求导逆运算的不定积分,它涉及一种特殊的和式以及这种和式的极限.不定积分与它是什么关系?为什么都称为积分?敬请期待下一章——定积分.

总测试题五

1. 在下列结论后填写字母"T"表示正确及"F"表示错误.若结论错误,请写出相关正确结论.

(1) $\int f'(x)\mathrm{d}x = f(x)$ _____;

(2) $\int x f'(x)\mathrm{d}x = \dfrac{f^2(x)}{2} + C$ _____;

(3) $\dfrac{\mathrm{d}}{\mathrm{d}x}\left[\int f(x)\mathrm{d}x\right] = f(x)$ _____;

(4) $\mathrm{d}\left[\int f(x)\mathrm{d}x\right] = f(x)$ _____.

2. 若 $\int \mathrm{d}f(x) = \int \mathrm{d}g(x)$,在下列结论后填写字母"T"表示正确及"F"表示错误.

(1) $f(x) = g(x)$ _____;   (2) $f'(x) = g'(x)$ _____;

(3) $\mathrm{d}f(x) = \mathrm{d}g(x)$ _____;   (4) $\mathrm{d}\int f'(x)\mathrm{d}x = \mathrm{d}\int g'(x)\mathrm{d}x$ _____.

3. 下列各对函数中,是同一函数的原函数的是( ).

A. $\arcsin x$ 和 $\operatorname{arccot} x$ B. $\dfrac{2^x}{\ln 2}$ 和 $2^x + \ln 2$

C. $\ln(x+3)$ 和 $\ln x + \ln 3$ D. $(e^x - e^{-x})^2$ 和 $e^{2x} + e^{-2x}$

4. $xy''' + 2x^2 y'^2 + x^3 y = x^4 + 1$ 是_____阶微分方程.

5. 若函数 $f(x)$ 的导函数为 $\sin x$,则 $f(x)$ 有一个原函数为( ).

A. $1 + \sin x$ B. $1 - \sin x$ C. $1 + \cos x$ D. $1 - \cos x$

6. 设 $\int xf(x)dx = \arccos x + C$, 则 $\int \dfrac{1}{f(x)}dx = $ _____.

7. 已知 $f(x)$ 有一个原函数为 $\ln^2 x$, 则 $\int x^2 f'(x)dx = $ _____.

8. 已知 $\int f(x)dx = x^3 - x + C$, 则 $\int xf(2+x^2)dx = $ _____.

9. 下列函数中,微分方程 $y'' - 7y' + 12y = 0$ 的解是( ).
   A. $y = x^3$　　　　B. $y = x^2$　　　　C. $y = e^{3x}$　　　　D. $y = e^{2x}$

10. 计算下列不定积分.

    (1) $\int \dfrac{dx}{e^x - e^{-x}}$;

    (2) $\int \dfrac{x\,dx}{(1-x)^3}$;

    (3) $\int \dfrac{(1+\cos x)dx}{x + \sin x}$;

    (4) $\int \tan^4 x\,dx$;

    (5) $\int \sin x \sin 2x \sin 3x\,dx$;

    (6) $\int \ln(1+x^2)dx$;

    (7) $\int \arctan\sqrt{x}\,dx$;

    (8) $\int \dfrac{xe^x dx}{(1+e^x)^2}$;

    (9) $\int \dfrac{\sin x + \cos x}{\sqrt[3]{\sin x - \cos x}}dx$;

    (10) $\int x\sin^2 x\,dx$.

11. 设 $f(x) = \begin{cases} xe^{x^2}, & x \geq 0 \\ \cos x - 1 - 2x^3, & x < 0 \end{cases}$, 是 $F(x)$ 的导数,且 $F(0) = 1$, 求 $F(x)$.

12. 已知 $x + y^2 + e^{C_1 x + y^2} + C_2 = 0$ 是某二阶微分方程的通解,求该方程满足初始条件 $y(1) = 1, y'(1) = -\dfrac{1}{2}$ 的特解.

13. 设 $y = e^x$ 是微分方程 $xy' + p(x)y = e^x (x > 0)$ 的一个解,求此微分方程满足条件 $y(1) = 2e$ 的特解.

14. 求微分方程 $xy'\ln x + y = 2x(\ln x + 1)$ 的通解.

*15. 求微分方程 $xy' + y = 2\sqrt{xy}$ 的通解.

16. 求过点 $(1,0)$ 且满足关系式 $y'\arctan x + \dfrac{y}{1+x^2} = 1$ 的曲线方程.

*17. 已知 $y = y(x)$ 在任意点 x 处的增量 Δy 满足 $\Delta y = \dfrac{1+y^2}{1+x^2}\Delta x + \beta$, 且当 $\Delta x \to 0$ 时, β 是 Δx 的高阶无穷小, $y(-1) = 1$, 求 $y(-\sqrt{3})$.

第6章

定 积 分

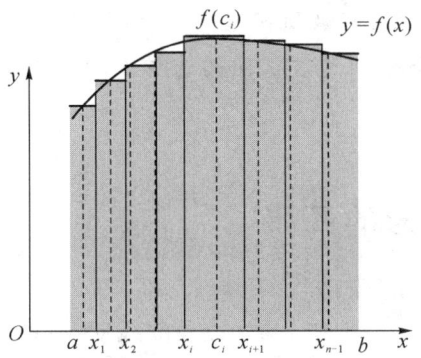

在微积分历史中出现最早的问题涉及面积、体积、弧长的计算,从古希腊时期就有人借助"量是无限可分"的思想用"穷竭法"近似计算这些量.本章我们将沿着先哲的足迹,用现代数学极限的思想探究从上述问题中提炼出来的定积分的定义,并讨论它的性质、计算方法以及在各领域的广泛应用.

6.1 定积分的概念

> 求面积、体积和曲线长度的方法,包含一个新的过程,即极限过程.
> ——格雷戈里 《论圆和双曲线的求积》

詹姆士·格雷戈里(James Gregory,1638—1675),苏格兰数学家和天文学家.和牛顿一样,他也用无穷级数研究过微积分,并且在数学上首先系统地研究了收敛级数.格雷戈里常与牛顿通过共同的通信人柯林斯(John Collins)分享他们在数学上的成果.

6.1.1 曲边梯形的面积

由三条直线 $y=0$,$x=a$ 和 $x=b$ 以及曲线 $y=f(x)$($f(x)\geqslant 0$)围成的图形被称为曲边梯形(图 6.1). 对于此类不规则图形我们没有类似矩形面积公式 $S=l\cdot h$(图 6.2)可以代入,如何精确计算它的面积呢?

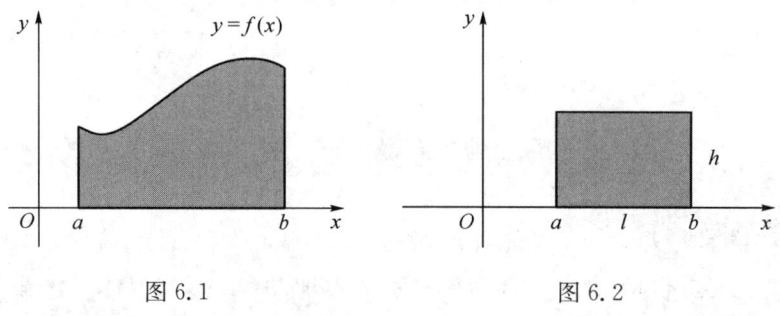

图 6.1   图 6.2

❓ 我们是否可以用已知的矩形面积公式近似计算曲边梯形的面积呢?

从图 6.3 知,先分割曲边梯形,把闭区间 $[a,b]$ 分割成若干小区间,大的曲边梯形自然分割为若干小曲边梯形. 在每个小曲边梯形上用矩形做近似, 近似面积容易计算, 且分割的小曲边梯形越多, 矩形总面积就越接近曲边梯形面积.

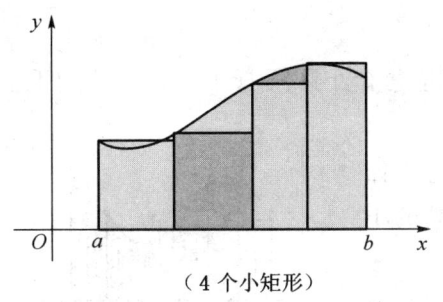 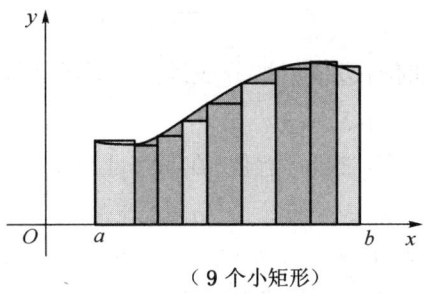

图 6.3

近似用到的小矩形高度应该如何选取呢？我们做个试验: 在由直线 $y=0$, $x=a$ 和 $x=b$ 以及连续曲线 $y=f(x)$ 围成的曲边三角形(图 6.4)中, 将区间 $[a,b]$ n 等分, 小区间的左端点称为下分点, 右端点称为上分点. 相应地图形被分成 n 个小曲边梯形. 我们分别以下分点对应函数值作为高构造近似矩形, 所得矩形面积之和称为下和; 以上分点对应函数值作为高构造近似矩形, 所得矩形面积之和称为上和. 图 6.5 给出 $n=3$, $n=13$, $n=23$ 时, 上和、下和的示意图. 不难看出, 无论怎样选取小矩形的高, 当分点无限增多时(此时小区间长度越来越小), 上和、下和的变化趋势是一致的, 此变化趋势就是曲边三角形的面积.

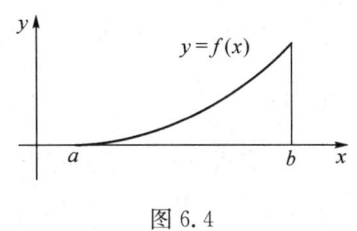

图 6.4

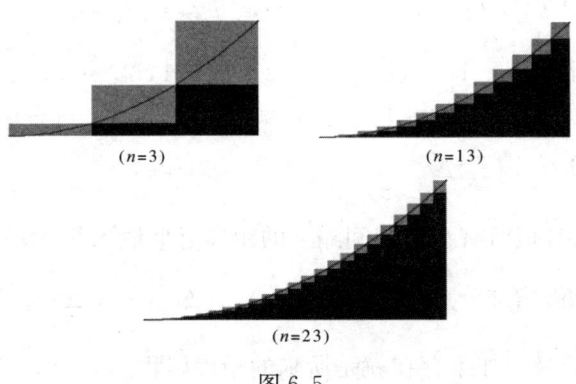

图 6.5

以上分析说明我们可以通过以下四个步骤得到图 6.1 中曲边梯形的面积.

第一步:(分割)在区间 $[a,b]$ 内插入若干个分点,

$$a=x_0<x_1<x_2<\cdots<x_{n-1}<x_n=b,$$

此时曲边梯形被分成若干个小曲边梯形,对应每个小区间 $[x_{i-1},x_i]$,记小区间长度为 $\Delta x_i=x_i-x_{i-1}(i=1,2,\cdots,n)$.

第二步:(近似)在每个小区间 $[x_{i-1},x_i]$ 中任取一点 ξ_i,则以 $[x_{i-1},x_i]$ 为底,$f(\xi_i)$ 为高的小矩形面积为 $f(\xi_i)\Delta x_i$ (图 6.6).

第三步:(求和)把所有近似矩形面积求和,得

$$\sum_{i=1}^n f(\xi_i)\Delta x_i.$$

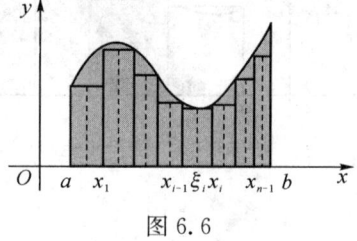

图 6.6

第四步:(逼近)增加分点,令分割无限加细,即每个小区间长度都趋于 0,相应地,近似值 $\sum_{i=1}^n f(\xi_i)\Delta x_i$ 的极限如果存在就是所求的面积.

再来看一个类似的问题. 设某质点做直线运动,速度 $v=v(t)$ 是时间间隔 $[T_1,T_2]$ 上的一个连续函数,求物体在这段时间内所经过的路程.

> 对于匀速运动,我们有公式:路程=速度×时间. 那么,变速运动的路程如何计算?

解决问题的基本思路可以用"匀速"近似计算"变速".

第一步:(分割)在区间 $[T_1,T_2]$ 内插入若干个分点,

$$T_1=t_0<t_1<t_2<\cdots<t_{n-1}<t_n=T_2,$$

对应每个小区间 $[t_{i-1},t_i]$,令 $\Delta t_i=t_i-t_{i-1}(i=1,2,\cdots,n)$.

第二步:(近似)在时间间隔 $[t_{i-1},t_i]$ 中任取一点 τ_i,则这一段时间间隔所产生的路程 Δs_i 近似为 $v(\tau_i)\Delta t_i$.

第三步:(求和)把所有小时间间隔上的距离近似值求和,得 $s\approx\sum_{i=1}^n v(\tau_i)\Delta t_i$.

第四步:(逼近)增加分点,令 $\lambda=\max\{\Delta t_1,\Delta t_2,\cdots,\Delta t_n\}$,当 $\lambda\to 0$ 时,近似值 $\sum_{i=1}^n v(\tau_i)\Delta t_i$ 的极限如果存在就是所求的精确路程.

6.1.2 定积分的定义

以上求面积、距离的方法我们提取其中本质的数学思想,就可以抽象出定积分的定义.

定义 1 设函数 $f(x)$ 在 $[a,b]$ 有界,在 $[a,b]$ 中任意插入若干个分点

$$a=x_0<x_1<x_2<\cdots<x_{n-1}<x_n=b,$$

把区间 $[a,b]$ 分成 n 个小区间,

$$[x_0,x_1],[x_1,x_2],\cdots,[x_{n-1},x_n],$$

小区间长度依次记为

$$\Delta x_1,\Delta x_2,\cdots,\Delta x_n,$$

在每个小区间 $[x_{i-1},x_i]$ 中任取一点 ξ_i,作乘积 $f(\xi_i)\Delta x_i$,并求和

$$S=\sum_{i=1}^{n}f(\xi_i)\Delta x_i,$$

令 $\lambda=\max\{\Delta x_1,\Delta x_2,\cdots,\Delta x_n\}$. 如果无论 $[a,b]$ 如何分割,ξ_i 如何选取,当 $\lambda\to 0$ 时,和 S 总是趋近一个确定的极限 I,那么称函数 $f(x)$ 在区间 $[a,b]$ 上可积,称 I 为 $f(x)$ 在 $[a,b]$ 上的定积分,记作 $\int_a^b f(x)\mathrm{d}x$,即

$$\int_a^b f(x)\mathrm{d}x=\lim_{\lambda\to 0}\sum_{i=1}^{n}f(\xi_i)\Delta x_i,$$

其中 $f(x)$ 称为被积函数,$f(x)\mathrm{d}x$ 称为被积表达式,x 称为积分变量[①],$[a,b]$ 称为积分区间,a 与 b 分别称为积分下限和积分上限.

 任给一个函数 $f(x)$,它在区间 $[a,b]$ 上一定可积吗?

定理 1 设 $f(x)$ 在区间 $[a,b]$ 上连续,则 $f(x)$ 在 $[a,b]$ 上可积.

---

① 定积分的积分变量来自被积函数的自变量,因而有 $\int_a^b f(x)\mathrm{d}x=\int_a^b f(t)\mathrm{d}t=\int_a^b f(u)\mathrm{d}u$.

定理 2 设 $f(x)$ 在区间 $[a,b]$ 上有界,且只有有限个间断点,则 $f(x)$ 在 $[a,b]$ 上可积.

当 $f(x) \geqslant 0$ 时,$\int_a^b f(x)\mathrm{d}x$ 在几何上表示由三条直线 $y=0$,$x=a$,$x=b$ 及一条曲线 $y=f(x)$ 所围成的曲边梯形的面积. 当 $f(x)=1$ 时,$\int_a^b f(x)\mathrm{d}x$ 表示由直线 $x=a$,$x=b$,$y=0$ 及 $y=1$ 围成的矩形面积,即 $\int_a^b 1\cdot\mathrm{d}x=b-a$.

例1 利用定积分定义计算 $\int_0^1 x^2 \mathrm{d}x$.

解 被积函数 $f(x)=x^2$ 在 $[0,1]$ 上连续,因而可积,则定积分的值与区间 $[0,1]$ 的分法及点 ξ_i 的选取无关. 为了便于计算,我们将 $[0,1]$ 分成 n 等份,取 $\xi_i=\dfrac{i}{n}$,$\lambda=\Delta x_i=\dfrac{1}{n}$,则

$$\int_0^1 x^2 \mathrm{d}x = \lim_{\lambda\to 0}\sum_{i=1}^n \left(\frac{i}{n}\right)^2\cdot\frac{1}{n} = \lim_{n\to\infty}\sum_{i=1}^n \left(\frac{i}{n}\right)^2\cdot\frac{1}{n}$$

$$= \lim_{n\to\infty}\frac{1^2+2^2+\cdots+n^2}{n^3}$$

$$= \lim_{n\to\infty}\frac{\dfrac{n(n+1)(2n+1)}{6}}{n^3} = \frac{1}{3}.$$

6.1.3 定积分的性质

为了以后计算及应用方便,对定积分作以下两点补充规定:

(1) 当 $a=b$ 时,$\int_a^b f(x)\mathrm{d}x=0$;

(2) 当 $a>b$ 时,$\int_b^a f(x)\mathrm{d}x=-\int_a^b f(x)\mathrm{d}x$.

由此可知,交换定积分的上下限时,定积分的绝对值不变而符号相反.

利用定积分定义容易证明以下定积分的性质,且若无特别说明,涉及的积分上下限将不分大小.

性质1 设 $f(x)$,$g(x)$ 是 $[a,b]$ 上的可积函数,k 是常数,则有

(1) $\int_a^b [f(x) \pm g(x)] \mathrm{d}x = \int_a^b f(x) \mathrm{d}x \pm \int_a^b g(x) \mathrm{d}x$;

(2) $\int_a^b k f(x) \mathrm{d}x = k \int_a^b f(x) \mathrm{d}x$.

性质 1 可以合并为以下形式:

$$\int_a^b [k_1 f(x) + k_2 g(x)] \mathrm{d}x = k_1 \int_a^b f(x) \mathrm{d}x + k_2 \int_a^b g(x) \mathrm{d}x,$$

称为定积分的线性性质.

若在 $[a,b]$ 上 $f(x) \leqslant 0$, 由性质 1 中结论(2)知, $\int_a^b f(x) \mathrm{d}x$ 在几何上表示由直线 $y=0$, $x=a$, $x=b$ 及曲线 $y=f(x)$ 所围成的曲边梯形面积的相反数.

性质 2 如果积分 $\int_a^b f(x) \mathrm{d}x$, $\int_a^c f(x) \mathrm{d}x$, $\int_c^b f(x) \mathrm{d}x$ 都存在, 则有

$$\int_a^b f(x) \mathrm{d}x = \int_a^c f(x) \mathrm{d}x + \int_c^b f(x) \mathrm{d}x,$$

称为定积分的区间可加性.

若 $f(x)$ 在 $[a,b]$ 上 $f(x)$ 既可取正值又可取负值, 由区间可加性知 $\int_a^b f(x) \mathrm{d}x$ 在几何上表示由直线 $y=0$, $x=a$, $x=b$ 及曲线 $y=f(x)$ 所围成的图形在 x 轴上方的面积减去 x 轴下方的面积所得之差.

性质 3 如果在 $[a,b]$ 上 $f(x) \geqslant 0$ (或 $f(x) \leqslant 0$), 则

$$\int_a^b f(x) \mathrm{d}x \geqslant 0 \left(\text{或} \int_a^b f(x) \mathrm{d}x \leqslant 0 \right),$$

称为定积分的保号性.

推论 1 如果在 $[a,b]$ 上 $f(x) \geqslant g(x)$ (或 $f(x) \leqslant g(x)$), 则

$$\int_a^b f(x) \mathrm{d}x \geqslant \int_a^b g(x) \mathrm{d}x \left(\text{或} \int_a^b f(x) \mathrm{d}x \leqslant \int_a^b g(x) \mathrm{d}x \right),$$

称为定积分的保不等式性质.

证 令 $h(x) = f(x) - g(x)$, $h(x) \geqslant 0$, 则

$$\int_a^b h(x) \mathrm{d}x \geqslant 0,$$

即

$$\int_a^b f(x)\mathrm{d}x \geqslant \int_a^b g(x)\mathrm{d}x.$$

$f(x) \leqslant g(x)$ 的情形类似可证.

借由此性质我们还可以得到以下推论：

推论 2 设 $a < b$，则

$$\left| \int_a^b f(x)\mathrm{d}x \right| \leqslant \int_a^b |f(x)| \mathrm{d}x.$$

此不等式称为定积分的绝对值不等式.

证 利用不等式

$$-|f(x)| \leqslant f(x) \leqslant |f(x)|,$$

得

$$-\int_a^b |f(x)| \mathrm{d}x \leqslant \int_a^b f(x)\mathrm{d}x \leqslant \int_a^b |f(x)| \mathrm{d}x.$$

推论 3 若 $f(x)$ 在 $[a,b]$ 上有最大值 M 和最小值 m，则

$$m(b-a) \leqslant \int_a^b f(x)\mathrm{d}x \leqslant M(b-a).$$

此不等式称为定积分的估值不等式.

证 在 $[a,b]$ 上有 $m \leqslant f(x) \leqslant M$，则

$$m(b-a) = \int_a^b m\,\mathrm{d}x \leqslant \int_a^b f(x)\mathrm{d}x \leqslant \int_a^b M\,\mathrm{d}x = M(b-a).$$

性质 4 如果 $f(x)$ 是区间 $[a,b]$ 上的连续函数，则在 $[a,b]$ 上存在一点 ξ，使得

$$\int_a^b f(x)\mathrm{d}x = f(\xi)(b-a),$$

称为积分中值定理.

证 若 $f(x)$ 是区间 $[a,b]$ 上的连续函数，满足最值定理，则

$$m(b-a) \leqslant \int_a^b f(x)\mathrm{d}x \leqslant M(b-a),$$

其中，m、M 分别为 $f(x)$ 在 $[a,b]$ 上的最小值和最大值，令

$$C=\frac{\int_a^b f(x)\mathrm{d}x}{b-a},$$

借由介值定理，则在 $[a,b]$ 上存在一点 ξ，使得

$$f(\xi)=C.$$

积分中值定理说明：由三条直线 $y=0$、$x=a$ 和 $x=b\ (b>a)$ 以及一条曲线 $y=f(x)\ (f(x)>0)$ 围成的曲边梯形的面积确实等于以 $f(\xi)$ 为高，$b-a$ 为底的矩形面积．

例 2 比较积分值 $\int_0^{-2}\mathrm{e}^x\mathrm{d}x$ 和 $\int_0^{-2}x\mathrm{d}x$ 的大小．

解 令 $f(x)=\mathrm{e}^x-x$，由于 $f(x)$ 在 $[-2,0]$ 上取值为正，则

$$\int_{-2}^0(\mathrm{e}^x-x)\mathrm{d}x\geqslant 0,$$

即

$$\int_{-2}^0\mathrm{e}^x\mathrm{d}x\geqslant\int_{-2}^0 x\mathrm{d}x,$$

故而有

$$\int_0^{-2}\mathrm{e}^x\mathrm{d}x\leqslant\int_0^{-2}x\mathrm{d}x.$$

例 3 估计积分值 $\int_0^\pi\frac{1}{3+\sin^3 x}\mathrm{d}x$ 的值．

解 令 $f(x)=\frac{1}{3+\sin^3 x}$，$x\in[0,\pi]$．此时 $0\leqslant\sin^3 x\leqslant 1$，因而有

$$\frac{1}{4}\leqslant\frac{1}{3+\sin^3 x}\leqslant\frac{1}{3},$$

则

$$\int_0^\pi\frac{1}{4}\mathrm{d}x\leqslant\int_0^\pi\frac{1}{3+\sin^3 x}\mathrm{d}x\leqslant\int_0^\pi\frac{1}{3}\mathrm{d}x,$$

即

$$\frac{\pi}{4}\leqslant\int_0^\pi\frac{1}{3+\sin^3 x}\mathrm{d}x\leqslant\frac{\pi}{3}.$$

> **广角镜**
>
> 在处理实际问题中我们发现,如果所求量 U 符合以下条件:
>
> (1) U 与变量 x 的某变化区间 $[a,b]$ 有关;
>
> (2) U 对于区间 $[a,b]$ 具有可加性,即把 $[a,b]$ 分成许多小区间,U 相应地也被分成许多部分量 ΔU,且 U 等于所有部分量之和;
>
> (3) 可以找到连续函数 $f(x)$,使得每一个部分量 ΔU 可以近似由对应区间上某一点的函数值与小区间长度的乘积来计算,即 $\Delta U \approx f(x)\Delta x$,则我们就可以用 $f(x)$ 在 $[a,b]$ 上的定积分来求量 U 了.
>
> 这种方法叫作元素法(或微元法).我们把求量 U 过程中起关键作用的 $f(x)\Delta x$ 称为 U 的元素,记作 $\mathrm{d}U$,即 $\mathrm{d}U = f(x)\mathrm{d}x$.

习题 6.1

1. 设 $\int_{-1}^{2} f(x)\mathrm{d}x = 5$,$\int_{-1}^{2} g(x)\mathrm{d}x = -2$,利用线性性质计算下列定积分.

(1) $\int_{-1}^{2}[4f(x) - 3g(x)]\mathrm{d}x$;

(2) $\int_{-1}^{2}[f(x) + 5g(x)]\mathrm{d}x$;

(3) $\int_{2}^{-1} 8f(x)\mathrm{d}x$;

(4) $\int_{2}^{-1}[7f(x) + 2g(x)]\mathrm{d}x$.

2. 设 $\int_{-2}^{0} 5f(x)\mathrm{d}x = 4$,$\int_{0}^{1}[f(x) + 1]\mathrm{d}x = -3$,$\int_{1}^{3} 6f(x)\mathrm{d}x = 12$,计算 $\int_{-2}^{3} f(x)\mathrm{d}x$.

3. 利用定积分的几何意义计算下列定积分.

(1) $\int_{0}^{5}(2x+1)\mathrm{d}x$;

(2) $\int_{-3}^{3}\sqrt{9-x^2}\mathrm{d}x$;

(3) $\int_{-\pi}^{\pi}\sin^7 x\mathrm{d}x$;

(4) $\int_{0}^{\pi}\cos^3 x\mathrm{d}x$.

4. 设 $f(x) = \begin{cases} 5-x, & x \leqslant 2, \\ 1+x, & x > 2, \end{cases}$ 计算 $\int_{1}^{4} f(x)\mathrm{d}x$.

5. 利用定积分的估值不等式估计下列定积分的值.

(1) $I = \int_{1}^{4}(x^2 - 4x + 7)\mathrm{d}x$;

(2) $I = \int_{-1}^{0} e^{x^2 - x + 1}\mathrm{d}x$.

6. 比较下列各组定积分的大小.

(1) $\int_{0}^{1} x^4\mathrm{d}x$ 与 $\int_{0}^{1}\sqrt[3]{x^2}\mathrm{d}x$; (2) $\int_{3}^{5}\ln^2 x\mathrm{d}x$ 与 $\int_{1}^{2}\ln^5 x\mathrm{d}x$; (3) $\int_{0}^{1} x\mathrm{d}x$ 与 $\int_{0}^{1}\ln(1+x)\mathrm{d}x$.

6.2 微积分基本定理

作为求和过程的积分是微分的逆.

——莱布尼茨 《切线的反方法的例子》

莱布尼茨(Gottfried Wilhelm Leibniz, 1646—1716),德国数学家、哲学家、法学家、历史学家、语言学家以及先驱的地质学家.莱布尼茨从 1684 年起开始发表微积分的论文,但事实上他的许多成果大多收藏于他自 1673 年起写的、但他本人从未发表过的成百页的笔记本中.由于研究过牛顿的老师巴罗的著作,莱布尼茨很早就认识到微分与积分必定是相反的过程,但他第一次明确表达积分与微分的关系,是在注有"1675 年 11 月 11 日",标题为《切线的反方法的例子》的手稿中.在跨越十几年、长达百页的手稿中,莱布尼茨虽然不能给出描绘微分和积分的精确定义,但他依然尽其所能探索着积分与微分的运算规则.在 1675 年 10 月 29 日的一篇手稿中莱布尼茨已经给出分部积分公式的雏形.

6.2.1 微积分基本定理

由 6.1 节例 1 知 $\int_0^1 x^2 \mathrm{d}x = \frac{1}{3}$,被积函数 x^2 在 $[0,1]$ 上的原函数为 $F(x) = \frac{x^3}{3}$,而

$$F(1) - F(0) = \frac{1}{3},$$

此时恰有

$$\int_0^1 x^2 \mathrm{d}x = F(1) - F(0).$$

若速度 $v = v(t)$ 是时间间隔 $[T_1, T_2]$ 上的一个连续函数,由 6.1 节知,运动

物体在这段时间内所经过的路程 s 为 $\int_{T_1}^{T_2} v(t)dt$，被积函数 $v(t)$ 在 $[T_1, T_2]$ 上的原函数为路程函数 $s(t)$，则 $s = s(T_2) - s(T_1)$，此时恰有

$$\int_{T_1}^{T_2} v(t)dt = s(T_2) - s(T_1).$$

是否可以猜测：若 $F(x)$ 是连续函数 $f(x)$ 在区间 $[a, b]$ 上的一个原函数，则 $\int_a^b f(x)dx = F(b) - F(a)$？

任取 $[a, b]$ 上一点 x，$f(x)$ 在区间 $[a, x]$ 上连续，构造新函数

$$\Phi(x) = \int_a^x f(t)dt,$$

称为 $f(x)$ 在 $[a, b]$ 上的积分上限函数.

定理 1 如果 $f(x)$ 在区间 $[a, b]$ 上连续，则 $\Phi(x)$ 在 $[a, b]$ 上可导，且

$$\Phi'(x) = f(x),$$

即 $\Phi(x)$ 是 $f(x)$ 在 $[a, b]$ 上的一个原函数.

证 如图 6.7 所示，$\Phi(x + \Delta x) = \int_a^{x+\Delta x} f(t)dt$，

$$\begin{aligned}\Delta \Phi &= \Phi(x + \Delta x) - \Phi(x) \\ &= \int_a^{x+\Delta x} f(t)dt - \int_a^x f(t)dt \\ &= \int_a^x f(t)dt + \int_x^{x+\Delta x} f(t)dt - \int_a^x f(t)dt \\ &= \int_x^{x+\Delta x} f(t)dt.\end{aligned}$$

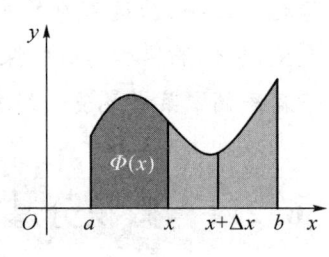

图 6.7

由积分中值定理，$\Delta \Phi = f(\xi)\Delta x$，$\xi$ 介于 x 与 $x + \Delta x$ 之间，故

$$\lim_{\Delta x \to 0} \frac{\Delta \Phi}{\Delta x} = \lim_{\Delta x \to 0} f(\xi) = f(x),$$

即 $\Phi'(x) = f(x)$.

例 1 设 $F(x) = \int_3^{x^3} e^{t^2} dt$，求 $F'(x)$.

解 $F(x)$ 可以看作由 $\Phi(u) = \int_3^u e^{t^2} dt$ 及 $u = x^3$ 复合而成的函数，则

$$F'(x) = e^{u^2} \cdot (x^3)' = 3x^2 e^{x^6}.$$

如果 $f(t)$ 连续，$\varphi(x)$、$\psi(x)$ 可导，

(1) 若 $F(x) = \int_a^{\varphi(x)} f(t)dt$，则

$$F'(x) = \left[\int_a^{\varphi(x)} f(t)dt\right]' = f[\varphi(x)]\varphi'(x);$$

(2) 若 $F(x) = \int_{\psi(x)}^a f(t)dt$，则

$$F'(x) = \left[\int_{\psi(x)}^a f(t)dt\right]' = -f[\psi(x)]\psi'(x);$$

(3) 若 $F(x) = \int_{\psi(x)}^{\varphi(x)} f(t)dt$，则

$$F'(x) = \left[\int_{\psi(x)}^{\varphi(x)} f(t)dt\right]' = f[\varphi(x)]\varphi'(x) - f[\psi(x)]\psi'(x).$$

定理 2(微积分基本定理) 如果函数 $F(x)$ 是连续函数 $f(x)$ 在区间 $[a,b]$ 上的一个原函数，则

$$\int_a^b f(x)dx = F(x)\big|_a^b = F(b) - F(a). \tag{6.1}$$

证 由于 $F(x)$ 与 $\Phi(x)$ 同为 $f(x)$ 的原函数，则 $\Phi(x) = F(x) + C$. 令 $x = a$，得 $C = -F(a)$，再令 $x = b$，得

$$\Phi(b) = F(b) - F(a),$$

即

$$\int_a^b f(x)dx = F(b) - F(a).$$

公式(6.1)称为微积分基本公式，又称为牛顿-莱布尼茨公式，它揭示了定积分与不定积分之间的联系. 它表明：一个连续函数在 $[a,b]$ 上的定积分等于它的任一原函数在端点处的函数差值. 从而把定积分的计算从原本繁复的和式极限转化为熟悉的不定积分后再求值.

例2 计算 $\int_{-\frac{1}{2}}^{\frac{\sqrt{3}}{2}} \frac{1}{\sqrt{1-x^2}} dx$.

解 $\int_{-\frac{1}{2}}^{\frac{\sqrt{3}}{2}} \frac{1}{\sqrt{1-x^2}} dx = \arcsin x \Big|_{-\frac{1}{2}}^{\frac{\sqrt{3}}{2}}$

$= \arcsin \frac{\sqrt{3}}{2} - \arcsin \left(-\frac{1}{2}\right)$

$= \frac{\pi}{3} - \left(-\frac{\pi}{6}\right) = \frac{\pi}{2}.$

例3 计算 $\int_{-2}^{-6} \frac{dx}{x}$.

解 当 $x < 0$ 时，$\frac{1}{x}$ 的一个原函数是 $\ln|x|$，故

$$\int_{-2}^{-6} \frac{dx}{x} = \ln|x| \Big|_{-2}^{-6} = \ln 6 - \ln 2 = \ln 3.$$

例4 计算 $\int_0^1 (x^2 + x + 1) dx$.

解 $\int_0^1 (x^2 + x + 1) dx = \left(\frac{1}{3}x^3 + \frac{1}{2}x^2 + x\right) \Big|_0^1 = \frac{11}{6}.$

例5 计算 $\int_0^{\frac{\pi}{2}} (\sin x + 2\cos x) dx$.

解 $\int_0^{\frac{\pi}{2}} (\sin x + 2\cos x) dx = \int_0^{\frac{\pi}{2}} \sin x \, dx + 2 \int_0^{\frac{\pi}{2}} \cos x \, dx$

$= -\cos x \Big|_0^{\frac{\pi}{2}} + 2 \sin x \Big|_0^{\frac{\pi}{2}}$

$= 3.$

例6 求由曲线 $f(x) = 5x - x^2 - 6$ 与 $g(x) = x^2 - 5x + 2$ 所围成区域的面积.

解 先求两条曲线的交点 $(1, -2)$，$(4, -2)$，且当 $1 \leqslant x \leqslant 4$ 时，$f(x) \geqslant g(x)$，则

$A = \int_1^4 f(x) dx - \int_1^4 g(x) dx$

$= -2 \int_1^4 (x^2 - 5x + 4) dx$

$= -2 \left(\frac{1}{3}x^3 - \frac{5}{2}x^2 + 4x\right) \Big|_1^4$

$= 9.$

6.2.2 定积分的换元法

? 不定积分有换元法,定积分也有类似的方法吗?

利用牛顿-莱布尼茨公式及不定积分换元法我们可以证明以下结论.

定理 3 设函数 $f(x)$ 在区间 $[a,b]$ 上连续,函数 $x=\varphi(t)$ 满足条件:
(1) $a=\varphi(\alpha)$,$b=\varphi(\beta)$;
(2) $\varphi(t)$ 在 $[\alpha,\beta]$(或 $[\beta,\alpha]$)上具有连续导数,且 $a\leqslant\varphi(t)\leqslant b$,则有

$$\int_a^b f(x)\mathrm{d}x = \int_\alpha^\beta f[\varphi(t)]\varphi'(t)\mathrm{d}t. \tag{6.2}$$

公式(6.2)称为定积分的换元公式. 它说明定积分的计算也可以使用换元法,只是换元的同时必须换掉对应的上下限,定积分的值才能保持不变.

例 7 计算 $\int_0^{\frac{\pi}{2}}\cos^5 x\sin x\mathrm{d}x$.

解 令 $t=\cos x$,当 $x=0$ 时,$t=1$;当 $x=\frac{\pi}{2}$ 时,$t=0$,故

$$\int_0^{\frac{\pi}{2}}\cos^5 x\sin x\mathrm{d}x = -\int_0^{\frac{\pi}{2}}\cos^5 x\mathrm{d}\cos x$$
$$= -\int_1^0 t^5\mathrm{d}t = \frac{t^6}{6}\Big|_0^1 = \frac{1}{6}.$$

例 8 计算 $\int_0^a\sqrt{a^2-x^2}\mathrm{d}x$ $(a>0)$.

解 令 $x=a\sin t$,则 $\mathrm{d}x=a\cos t\mathrm{d}t$,且当 $x=a$ 时,$t=\frac{\pi}{2}$;当 $x=0$ 时,$t=0$,故

$$\int_0^a\sqrt{a^2-x^2}\mathrm{d}x = \int_0^{\frac{\pi}{2}}a^2\cos^2 t\mathrm{d}t = \frac{a^2}{2}\int_0^{\frac{\pi}{2}}(1+\cos 2t)\mathrm{d}t$$
$$= \frac{a^2}{2}\Big[t+\frac{1}{2}\sin 2t\Big]_0^{\frac{\pi}{2}} = \frac{\pi a^2}{4}.$$

例9 计算 $\int_0^5 \dfrac{x-1}{\sqrt{3x+1}}\mathrm{d}x$.

解 令 $\sqrt{3x+1}=t$，则 $x=\dfrac{t^2-1}{3}$，$\mathrm{d}x=\dfrac{2}{3}t\mathrm{d}t$，且当 $x=0$ 时，$t=1$；当 $x=5$ 时，$t=4$，故

$$\int_0^5 \dfrac{x-1}{\sqrt{3x+1}}\mathrm{d}x = \dfrac{2}{9}\int_1^4 (t^2-4)\mathrm{d}t = \dfrac{2}{9}\left(\dfrac{t^3}{3}-4t\right)\Big|_1^4 = 2.$$

用换元法我们还可以得到

定理 4 设函数 $f(x)$ 是对称区间 $[-a, a]$ 上的连续函数，

(1) 若 $f(x)$ 是奇函数，则 $\int_{-a}^a f(x)\mathrm{d}x = 0$；

(2) 若 $f(x)$ 是偶函数，则 $\int_{-a}^a f(x)\mathrm{d}x = 2\int_0^a f(x)\mathrm{d}x$.

证 由定积分的区间可加性，$\int_{-a}^a f(x)\mathrm{d}x = \int_0^a f(x)\mathrm{d}x + \int_{-a}^0 f(x)\mathrm{d}x$，令 $x=-t$，$\mathrm{d}x=-\mathrm{d}t$，且当 $x=-a$ 时，$t=a$；当 $x=0$ 时，$t=0$，则

$$\int_{-a}^0 f(x)\mathrm{d}x = -\int_a^0 f(-t)\mathrm{d}t = \int_0^a f(-t)\mathrm{d}t.$$

若 $f(x)$ 是奇函数，则

$$\int_{-a}^0 f(x)\mathrm{d}x = -\int_0^a f(t)\mathrm{d}t,$$

若 $f(x)$ 是偶函数，则

$$\int_{-a}^0 f(x)\mathrm{d}x = \int_0^a f(t)\mathrm{d}t.$$

从而结论成立.

6.2.3 定积分的分部积分法

依据微积分基本定理及不定积分的分部积分法，可得

$$\int_a^b u(x)\mathrm{d}v(x) = \left[u(x)v(x)\right]_a^b - \int_a^b v(x)\mathrm{d}u(x), \tag{6.3}$$

公式(6.3)称为定积分的分部积分公式.

例 10 计算 $\int_1^e \ln x \, dx$.

解 $\int_1^e \ln x \, dx = [x \ln x]_1^e - \int_1^e x \, d\ln x = e - \int_1^e x \cdot \frac{1}{x} dx = 1.$

例 11 计算 $\int_{\frac{1}{2}}^1 e^{-\sqrt{2x-1}} \, dx$.

解 令 $t = \sqrt{2x-1}$,则 $t \, dt = dx$. 当 $x = \frac{1}{2}$ 时,$t = 0$;当 $x = 1$ 时,$t = 1$. 于是有

$$\int_{\frac{1}{2}}^1 e^{-\sqrt{2x-1}} \, dx = \int_0^1 t e^{-t} \, dt.$$

再使用分部积分法,令 $u = t$,$dv = e^{-t} dt$,则

$$\int_{\frac{1}{2}}^1 e^{-\sqrt{2x-1}} \, dx = -t e^{-t} \Big|_0^1 + \int_0^1 e^{-t} dt = -\frac{1}{e} - (e^{-t})\Big|_0^1$$

$$= 1 - \frac{2}{e}.$$

习题 6.2

1. 试求函数 $y = \int_0^x e^{\sin t} \, dt$ 当 $x = 0$ 及 $x = \frac{\pi}{6}$ 时的导数.

2. 设函数 $f(x)$ 连续,$\varphi(x)$、$\psi(x)$ 可导,证明以下结论.

   (1) $\left[\int_a^{\varphi(x)} f(t) dt \right]' = f[\varphi(x)] \varphi'(x)$;

   (2) $\left[\int_{\psi(x)}^a f(t) dt \right]' = -f[\psi(x)] \psi'(x)$;

   (3) $\left[\int_{\psi(x)}^{\varphi(x)} f(t) dt \right]' = f[\varphi(x)] \varphi'(x) - f[\psi(x)] \psi'(x)$.

3. 求由方程 $\int_0^y e^{t^2} dt + \int_{x^3}^1 t \, dt - 2x = 1$ 所确定的隐函数的导数 $\frac{dy}{dx}$.

4. 求由参数方程 $x = \int_0^t \tan u \, du$,$y = \int_0^t \csc u \, du$ 所确定的隐函数的导数 $\frac{dy}{dx}$.

5. 当 x 为何值时,函数 $I = \int_0^x (t^2 - t - 6) e^{t^2} dt$ 有极值?

6. 计算下列定积分.

(1) $\int_{\frac{1}{\sqrt{3}}}^{\sqrt{3}} \dfrac{dx}{1+x^2}$;

(2) $\int_{-\frac{1}{2}}^{\frac{1}{2}} \dfrac{dx}{\sqrt{1-x^2}}$;

(3) $\int_0^{\frac{\pi}{3}} \sec^2 \theta d\theta$;

(4) $\int_0^{\frac{\pi}{4}} \tan^2 \theta d\theta$;

(5) $\int_0^2 (x^3 + 2x^2 + 1) dx$;

(6) $\int_0^{\frac{\pi}{6}} (\sin x - \cos x + 1) dx$;

(7) $\int_0^2 (e^x - x^3) dx$;

(8) $\int_1^0 \dfrac{2x^4 + 2x^2 - 3}{x^2 + 1} dx$;

(9) $\int_{-e-2}^{-3} \dfrac{dx}{2+x}$;

(10) $\int_0^3 \dfrac{dx}{\sqrt{9-x^2}}$;

(11) $\int_1^2 \left(1 + \dfrac{1}{x^2} + \dfrac{1}{x^4}\right) dx$;

(12) $\int_4^9 \sqrt{x}(2 + \sqrt{x} + 3x) dx$;

(13) $\int_{-1}^2 f(x) dx$, 其中 $f(x) = \begin{cases} 1 - x^2, & x \leqslant 0, \\ 2 + x - e^x, & x > 0. \end{cases}$

7. 利用换元法计算下列定积分.

(1) $\int_0^{\frac{\pi}{3}} \sin\left(3x + \dfrac{\pi}{4}\right) dx$;

(2) $\int_{-1}^1 \dfrac{dt}{(3+2t)^2}$;

(3) $\int_0^{\frac{\pi}{2}} \sin v \cos^4 v dv$;

(4) $\int_{\frac{\pi}{6}}^{\frac{\pi}{2}} \cos^2 \varphi d\varphi$;

(5) $\int_0^2 w^2 \sqrt{8 - w^3} dw$;

(6) $\int_1^e \dfrac{\ln^3 y}{y} dy$;

(7) $\int_{-\frac{1}{2}}^1 \dfrac{(\arcsin x)^2}{\sqrt{1-x^2}} dx$;

(8) $\int_{-1}^1 \dfrac{(\arctan x)^3}{1+x^2} dx$;

(9) $\int_0^1 s e^{-s^2} ds$;

(10) $\int_0^1 \dfrac{1+t}{1+t^2} dt$;

(11) $\int_{-\frac{\pi}{2}}^{\frac{\pi}{2}} \sin x \sin 3x dx$;

(12) $\int_1^4 \dfrac{dx}{1+\sqrt{x}}$;

(13) $\int_0^3 x \sqrt{1+x} dx$;

(14) $\int_0^{\sqrt{3}} \dfrac{dx}{\sqrt{1+x^2}}$.

8. 利用分部积分法计算下列定积分.

(1) $\int_0^1 x e^{-x} dx$;

(2) $\int_1^e x^3 \ln x dx$;

(3) $\int_0^{\frac{\pi}{4}} x \sec^2 x dx$;

(4) $\int_0^1 x \arcsin x dx$;

(5) $\int_1^e \dfrac{\ln x}{\sqrt[5]{x^4}} dx$;

(6) $\int_0^{\frac{\pi}{2}} e^x \sin x \, dx$.

*9. 证明:

(1) $\int_{-\pi}^{\pi} \sin mx \sin nx \, dx = \begin{cases} 0, & m \neq n \\ \pi, & m = n \end{cases}$ $(m, n = 1, 2, 3, \cdots)$;

(2) $\int_{-\pi}^{\pi} \cos mx \cos nx \, dx = \begin{cases} 0, & m \neq n \\ \pi, & m = n \end{cases}$ $(m, n = 1, 2, 3, \cdots)$;

(3) $\int_{-\pi}^{\pi} \sin mx \cos nx \, dx = 0$ $(m, n = 1, 2, 3, \cdots)$.

6.3 定积分的应用

……虽然如此多的工作时常获得圆满的成功,但是我们还远远没有穷尽分析(微积分)在几何上的所有应用,不应该相信我们已经接近了这些科学必定会停滞不前的终点(因为它们达到了人类精神力量的极限),我们应该公开声称,我们仅仅踏在万里征途的第一步上.这些新的实际应用对分析的进步是必需的.

——孔多塞 《人类精神进步史表纲要》

孔多塞(Anroine-Nicoles de Condorcet,1743—1794),18 世纪法国著名的哲学家、数学家,法国启蒙运动的杰出代表人物.孔多塞的理论有两方面的成就:其一是主张社会政治研究必须引用数理方法,从而成为 18 世纪建立有效社会科学的最有贡献的人之一;其二是在其专著《人类精神进步史表纲要》中提出的"人类不断进步"的历史观念,从而成为西方历史哲学中历史进步观的奠基人之一.

6.3.1 平面区域的面积

早在古埃及尼罗河泛滥的农田时期,人们就意识到测量不规则平面图形面积的重要性.如果农民的农田受淹,我们如何精确计算他们的土地面积损失?

曲边梯形的面积可以由定积分计算,更一般地,我们仿照 6.1 节讨论可以得到图 6.9(a)的图形面积为

$$A = \int_a^b [\varphi_2(x) - \varphi_1(x)] dx.$$

图 6.9(a)中平面区域 D 的图形特点为,区域 D 被夹在两直线 $x=a$ 和 $x=b$ 之间,介于这两条直线之间的任何一条垂直于 x 轴的直线穿过区域,与边界至多交两点,上交点始终在曲线 $y=\varphi_2(x)$ 上,下交点始终在曲线 $y=\varphi_1(x)$ 上,即

$$a \leqslant x \leqslant b, \quad \varphi_1(x) \leqslant y \leqslant \varphi_2(x).$$

我们称这样的图形为 X-型区域.

类似地,如图 6.8(b)所示的图形称为 Y-型区域. 它的特点为整个区域被夹在两直线 $y=c$ 和 $y=d$ 之间,介于这两条直线之间的任何一条垂直于 y 轴的直线穿过区域,与边界至多交两点,左右交点始终在固定曲线 $x=\varphi_1(y)$ 和 $x=\varphi_2(y)$ 上,即

$$c \leqslant y \leqslant d, \quad \varphi_1(y) \leqslant x \leqslant \varphi_2(y).$$

我们可以证明 Y-型区域的面积为

$$A = \int_c^d [\varphi_2(y) - \varphi_1(y)] dy.$$

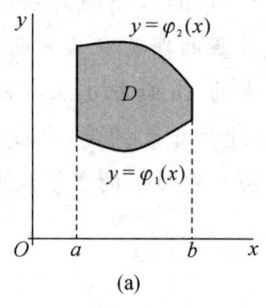
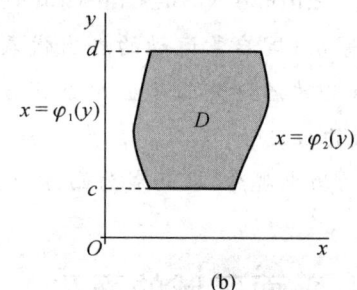

(a)　　　　　　　　(b)

图 6-8

例 1 计算由两条抛物线 $y=x^2$ 及 $x=y^2$ 所围成的图形面积.

解 两曲线交点为 $(0,0)$、$(1,1)$(图 6.9),图形既为 X-型区域,满足 $0 \leqslant x \leqslant 1, x^2 \leqslant y \leqslant \sqrt{x}$,故面积

$$A = \int_0^1 (\sqrt{x} - x^2) dx = \left[\frac{2}{3} x^{\frac{3}{2}} - \frac{x^3}{3}\right]_0^1$$
$$= \frac{1}{3}.$$

图形又为 Y-型区域,满足 $0 \leqslant y \leqslant 1$, $y^2 \leqslant x \leqslant \sqrt{y}$,故面积

$$A = \int_0^1 (\sqrt{y} - y^2) dy = \left[\frac{2}{3} y^{\frac{3}{2}} - \frac{y^3}{3}\right]_0^1 = \frac{1}{3}.$$

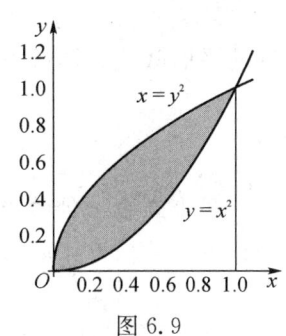

图 6.9

例 2 计算由曲线 $y^2 = 2x$ 与直线 $y = x - 4$ 所围成的图形面积.

解 两曲线交点为 $(2, -2)$ 和 $(8, 4)$(图 6.10),图形为 Y-型,满足 $-2 \leqslant y \leqslant 4$, $\frac{y^2}{2} \leqslant x \leqslant y + 4$,故面积

$$A = \int_{-2}^4 \left[(y + 4) - \frac{y^2}{2}\right] dy = \left[-\frac{y^3}{6} + \frac{y^2}{2} + 4y\right]_{-2}^4 = 18.$$

对于一般的平面图形我们可以先分割成若干个 X-型或 Y-型区域,再求面积之和(图 6.11).

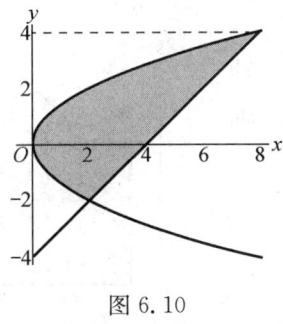

图 6.10

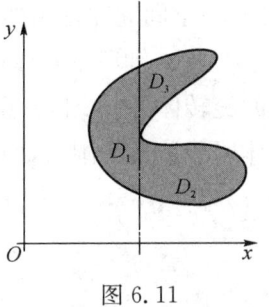

图 6.11

6.3.2 已知截面面积的立体体积

> 空间立体图形的体积如面积一般也具有可加性,是否也可以利用定积分计算立体体积呢?

如图 6.12 所示,一物体位于 $x=a$ 与 $x=b$ 之间,过 x 轴上一点 x 作垂直于 x 轴的平面截此立体所截截面面积 $A(x)$ 为 x 的连续函数,则物体的体积为

$$V = \int_a^b A(x) \mathrm{d}x.$$

用垂直于 x 轴的平面沿区间 $[a,b]$ 分割立体为若干小立体,每一部分小立体的体积可近似看作底面积为 $A(x)$,高为 Δx 的柱体的体积(图 6.13),则

$$V \approx \sum A(x) \Delta x,$$

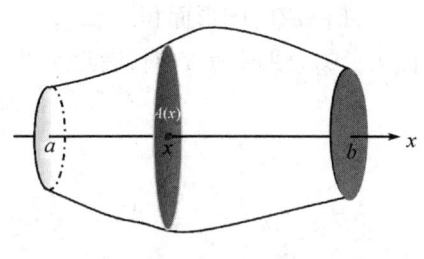

图 6.12

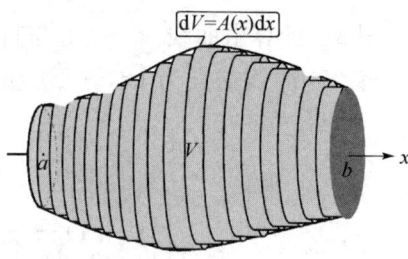

图 6.13

无限细分,利用定积分定义可知,最终 $V = \int_a^b A(x) \mathrm{d}x$.

特别地,若有一空间立体是由曲线 $y=f(x)$,直线 $x=a$,$x=b$ 及 x 轴所围的曲边梯形绕 x 轴旋转一周而成的旋转体(图 6.14),则垂直于 x 轴的平面截此立体所截截面为圆盘,面积为

$$A(x) = \pi [f(x)]^2,$$

故其体积为

$$V = \int_a^b \pi [f(x)]^2 \mathrm{d}x.$$

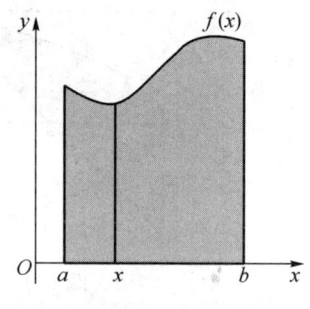

图 6.14

例 3 求底半径为 r,高为 h 的圆锥体体积.

解 过原点及点 $P(h,r)$ 作一条直线,方程为 $y = \dfrac{r}{h} x$. 圆锥体可看作由此直线与 x 轴及直线 $x=h$ 所围的三角形区域绕 x 轴旋转一周而成的旋转体(图 6.15),故体积为

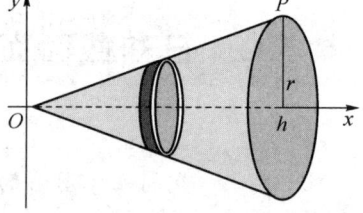

图 6.15

$$V = \int_0^h \pi \left(\frac{r}{h}x\right)^2 dx = \frac{\pi r^2}{h^2}\left[\frac{x^3}{3}\right]_0^h = \frac{\pi h r^2}{3}.$$

例 4 求由抛物线 $y = 2 - x^2$ 与 $y = x^2$ 所围成的图形绕 x 轴旋转一周形成的立体体积.

解 两曲线的交点为 $(-1, 1)$, $(1, 1)$. 记曲线 $y = 2 - x^2$, 直线 $x = -1$, $x = 1$ 和 x 轴围成的图形绕 x 轴旋转一周形成的立体体积为 V_1. 记曲线 $y = x^2$, 直线 $x = -1$、$x = 1$ 和 x 轴围成的图形绕 x 轴旋转一周形成的立体体积为 V_2, 其中

$$V_1 = \int_{-1}^1 \pi(2-x^2)^2 dx = 2\pi \int_0^1 (x^4 - 4x^2 + 4) dx$$
$$= 2\pi\left[\frac{x^5}{5} - \frac{4}{3}x^3 + 4x\right]_0^1 = \frac{86}{15}\pi,$$

$$V_2 = \int_{-1}^1 \pi(x^2)^2 dx = 2\pi\left[\frac{x^5}{5}\right]_0^1$$
$$= \frac{2}{5}\pi.$$

所求立体体积 $V = V_1 - V_2$, 故 $V = \frac{16}{3}\pi$.

6.3.3 平面曲线的弧长

> 浩瀚天际, 无法实现实际测量, 人们是如何通过天体运行轨迹推测运行距离的?

天文学家首先通过观测来推断天体运行的轨迹, 设其为函数曲线, 然后再计算曲线的弧长从而求得运行距离. 若曲线为 $y = f(x)$ $(a \leqslant x \leqslant b)$, 其中 $f(x)$ 在 $[a, b]$ 上有连续的一阶导数(图 6.16), 利用定积分定义我们可以计算这一段弧的弧长恰为

$$s = \int_a^b \sqrt{1 + y'^2}\, dx.$$

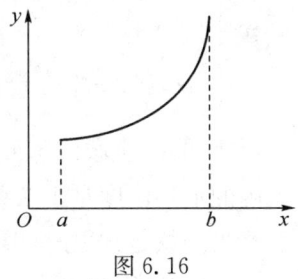

图 6.16

例 5 计算曲线 $y = \dfrac{2}{3} x^{\frac{3}{2}}$ ($1 \leqslant x \leqslant 2$) 的弧长.

解 由于 $y' = x^{\frac{1}{2}}$,故

$$s = \int_1^2 \sqrt{1+x}\,\mathrm{d}x = \dfrac{2}{3}(1+x)^{\frac{3}{2}} \Big|_1^2 = 2\sqrt{3} - \dfrac{4}{3}\sqrt{2}.$$

例 6 计算圆 $\begin{cases} x = a\cos\theta, \\ y = a\sin\theta \end{cases}$ ($0 \leqslant \theta \leqslant 2\pi$) 的周长.

解 利用圆的对称性,得

$$s = 4\int_0^a \sqrt{1+(y')^2}\,\mathrm{d}x.$$

其中,$\dfrac{\mathrm{d}y}{\mathrm{d}x} = \dfrac{y'(\theta)}{x'(\theta)} = -\cot\theta$. 对上述定积分使用换元法,令 $x = a\cos\theta$,$y = a\sin\theta$,当 $x = 0$ 时,$\theta = \dfrac{\pi}{2}$;当 $x = a$ 时,$\theta = 0$,则

$$s = 4\int_{\frac{\pi}{2}}^0 \sqrt{1+\cot^2\theta} \cdot (-a\sin\theta)\,\mathrm{d}\theta$$

$$= 4a\int_0^{\frac{\pi}{2}} \mathrm{d}\theta = 2\pi a.$$

6.3.4 连续函数的平均值

n 个数 $x_1, x_2, \cdots, x_n$ 的代数平均值为

$$\bar{x} = \dfrac{x_1 + x_2 + \cdots + x_n}{n}.$$

那么,一个连续函数 $f(x)$ 在 $[a, b]$ 上的平均值该如何计算?

例如,一座城市每天温度的上升和下降是一个连续函数,那么如果说"本市一天内的平均温度是 17℃",这是什么意思?

当函数是常数时,容易计算. 常数值为 C 的函数在 $[a, b]$ 上的平均值依然是 C. 此时函数图象在 $[a, b]$ 上构成高为 C 的矩形,函数的平均值在几何上可以理

解为矩形面积除以它的宽度 $b-a$.

一般地,我们把连续函数 $f(x)$ 在区间 $[a,b]$ 上的平均值定义[①]为函数图形在 $[a,b]$ 上形成的曲边梯形的面积除以区间长度 $b-a$,即

$$\text{平均值 } \bar{f}=\frac{1}{b-a}\int_a^b f(x)\mathrm{d}x.$$

例 7 求函数 $f(x)=\sin x$ 在区间 $[0,\pi]$ 上的平均值.

解 平均值为 $\dfrac{1}{\pi}\displaystyle\int_0^\pi \sin x\mathrm{d}x=\dfrac{1}{\pi}[-\cos x]_0^\pi=\dfrac{2}{\pi}$.

6.3.5 量的积累

如果已知连续函数 $F(x)$ 的表达式,则 $F(x)$ 在区间 $[a,b]$ 上的积累值为 $F(b)-F(a)$. 如果此时不知道 $F(x)$ 的表达式,只知道 $F(x)$ 的瞬间变化率 $f(x)$,又如何计算量的积累?

微积分基本公式(即牛顿-莱布尼茨公式)

$$\int_a^b f(x)\mathrm{d}x=F(x)\Big|_a^b=F(b)-F(a),$$

如果从右往左看,说明原函数 $F(x)$ 在区间 $[a,b]$ 上的积累值可以转化为导数 $f(x)$ 在区间 $[a,b]$ 上的定积分.

例 8 已知某图书馆藏书每年的毁损率(对时间 t 的变化率)为

$$f(t)=\frac{0.12}{3t+1},$$

如果 5 年不添新书,则图书馆需淘汰多少藏书(百分比表示)?

解 毁损量为

$$\int_0^5 f(t)\mathrm{d}t=\int_0^5 \frac{0.12}{3t+1}\mathrm{d}t=0.04\ln(3t+1)\Big|_0^5$$
$$=0.04\ln 16\approx 12.85\%.$$

[①] 连续函数平均值的计算公式还可以利用定积分的定义来严格证明.

习题 6.3

1. 求下列各组曲线围成图形的面积.

   (1) $y = x^2$ 与 $y = 8 - x^2$； (2) $y = \dfrac{4}{x}$ 与直线 $y = x$ 及 $x = 3$；

   (3) $y = e^x, y = e^{-x}$ 与直线 $x = 1$； (4) $y = \sqrt{x}$ 与 $y = \dfrac{x}{2}$；

   (5) $y = 4 - x^2$ 与直线 $y = 3x$； (6) $y = \ln x, y = 0$ 与直线 $x = e^2$.

2. 求抛物线 $y = x^2 + 1$ 与其在点 $(-1, 2)$ 和 $(1, 2)$ 处的切线所围成的图形面积.

3. 求下列已知曲线所围成的图形绕指定数轴旋转所产生的旋转体的体积.

   (1) $y = \sqrt{x^3}, x = 2, y = 0$，绕 x 轴；

   (2) $y^2 = 4x, y = 2, x = 0$，绕 y 轴；

   (3) $y = e^x, x = 0, x = 1, y = 0$，绕 x 轴；

   (4) $y = \arcsin x, y = \dfrac{\pi}{2}, x = 0$，绕 y 轴；

   (5) $y = e^{-x}, x = 1, y = 1 + x$，绕 x 轴；

   (6) $y = x^2, y = 2 - x, x = 0$，绕 y 轴.

4. 计算曲线 $y = \dfrac{\sqrt{x}}{3}(3 - x)$ 上相应于 $1 \leqslant x \leqslant 3$ 的一段弧（图 6.17）的长度.

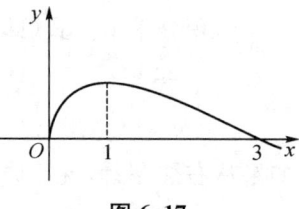

图 6.17

5. 计算曲线 $y^2 = x^3$ 被直线 $y = 2x$ 截得的第一象限部分一段弧的长度.

6. 求下列函数在指定区间的平均值.

   (1) $f(x) = \dfrac{1}{(2x-1)^3}, [1, 2]$； (2) $f(x) = x^3 + 2x^2 - x + 1, [0, 2]$；

   (3) $f(x) = \cos^3 x, \left[-\dfrac{\pi}{2}, \dfrac{\pi}{2}\right]$； (4) $f(x) = \dfrac{2x+1}{x^2+1}, [-1, 1]$

   (5) $f(x) = x^2 e^{\frac{x^3}{3}} + x^4, [0, 1]$.

7. 一家公司每年的净值利润率为

$$f(t) = 3t e^{0.15t},$$

其中 t 表示年数，$f(t)$ 以百万元计. 求这家公司 10 年的净利润.

6.4 反常积分

无限!再没有其他问题如此深刻地打动人类的心灵……只要一门科学分支充满大量的问题,它就充满生命力.缺少问题意味着死亡或独立发展的终止.正如人类的每种事业都为了达到某种最终目的一样,数学需要问题.问题的解决锻炼了研究者的力量,通过解决问题,他发现新方法及新观点并扩大他的眼界.

——希尔伯特 《数学问题》

大卫·希尔伯特(David Hilbert,1862—1943),德国数学家,19 世纪末 20 世纪初最具影响力的数学家之一.他因为发明和发展了大量的思想观念(例如不变量理论、公理化几何、希尔伯特空间)而被尊为伟大的数学家、科学家.他在数学上的领导地位充分体现于:1900 年,在巴黎举行的第 2 届国际数学家大会上,38 岁的希尔伯特作了题为《数学问题》的著名讲演,提出了新世纪所面临的 23 个问题.这 23 个问题涉及了现代数学的大部分重要领域,著名的哥德巴赫猜想就是第 8 个问题中的一部分.对这些问题的研究,有力地推动了 20 世纪各个数学分支的发展.在这具有历史意义的演讲中,希尔伯特首先强调了重大问题在数学发展中的作用,指出:正如人类的每一项事业都追求确定的目标一样,数学研究也需要自己的问题.正是通过这些问题的解决,研究者发现新观点,达到更为广阔的思考境界.

定积分存在需要满足以下两个必要条件:
(1) 积分区间 $[a,b]$ 是有限的;
(2) 被积函数在区间 $[a,b]$ 是有界的.
但在利用定积分处理一些实际问题时,我们发现这两个条件未必都能满足.

例如,下图中求曲线 $y=e^{-\frac{x}{2}}$ 与 x 轴、y 轴围成阴影部分的面积[图 6.18(a)],求曲线 $y=\dfrac{1}{\sqrt{x}}$ 与 y 轴、$x=1$ 围成阴影部分的面积[图 6.18(b)]时就会遇到这样

的问题. 它们看上去似是求曲边梯形的面积, 与定积分相关, 但又不满足定积分存在的必要条件. 解决问题的关键是需要在定积分的基础上借助极限的思想.

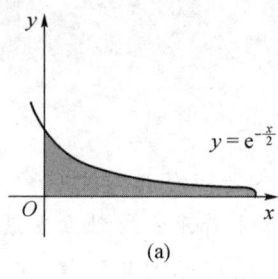
(a)

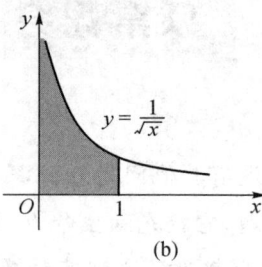
(b)

图 6.18

6.4.1 无穷限反常积分

考察图 6.18(a) 中的无限区域, 任取直线 $x=b(0<b)$ (图 6.19), 则从 $x=0$ 到 $x=b$ 的曲边梯形的面积, 可以用定积分计算

$$A(b)=\int_0^b \mathrm{e}^{-\frac{x}{2}}\mathrm{d}x=(-2)\,\mathrm{e}^{-\frac{x}{2}}\Big|_0^b=2-2\mathrm{e}^{-\frac{b}{2}}.$$

让 $b\to+\infty$, 求 $A(b)$ 的极限

$$\lim_{b\to+\infty}A(b)=\lim_{b\to+\infty}(2-2\mathrm{e}^{-\frac{b}{2}})=2.$$

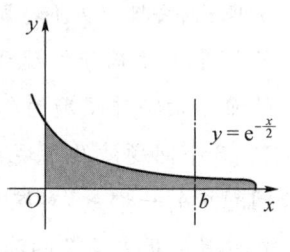

图 6.19

此极限必定为所求阴影部分的面积.

定义 1 以下三种积分形式被称为无穷限的反常积分.

(1) 若 $f(x)$ 在 $[a,+\infty)$ 上连续, 则规定

$$\int_a^{+\infty}f(x)\mathrm{d}x=\lim_{b\to+\infty}\int_a^b f(x)\mathrm{d}x;$$

(2) 若 $f(x)$ 在 $(-\infty,b]$ 上连续, 则规定

$$\int_{-\infty}^b f(x)\mathrm{d}x=\lim_{a\to-\infty}\int_a^b f(x)\mathrm{d}x;$$

(3) 若 $f(x)$ 在 $(-\infty,+\infty)$ 上连续,则规定

$$\int_{-\infty}^{+\infty} f(x)\mathrm{d}x = \int_{-\infty}^{0} f(x)\mathrm{d}x + \int_{0}^{+\infty} f(x)\mathrm{d}x$$
$$= \lim_{a \to -\infty} \int_{a}^{0} f(x)\mathrm{d}x + \lim_{b \to +\infty} \int_{0}^{b} f(x)\mathrm{d}x.$$

在第(1)、(2)项中,如果极限存在,就称反常积分收敛,并且把极限定义为反常积分的值. 如果极限不存在,则称反常积分发散.

在上述定义的第(3)项中,若公式右端的两个积分都收敛,左端积分才称为收敛;否则左端积分称为发散.

从定义看,反常积分与定积分密切相关,那么反常积分是否也可以利用不定积分来计算呢?

反常积分可以用牛顿-莱布尼茨公式的推广形式来计算,

$$\int_{a}^{+\infty} f(x)\mathrm{d}x = \lim_{b \to +\infty}\int_{a}^{b} f(x)\mathrm{d}x = \lim_{x \to +\infty} F(x) - F(a) \xlongequal{\text{记作}} F(x)\Big|_{a}^{+\infty}.$$

同理有

$$\int_{-\infty}^{b} f(x)\mathrm{d}x = F(x)\Big|_{-\infty}^{b} = F(b) - \lim_{x \to -\infty} F(x),$$

$$\int_{-\infty}^{+\infty} f(x)\mathrm{d}x = F(x)\Big|_{-\infty}^{+\infty} = \lim_{x \to +\infty} F(x) - \lim_{x \to -\infty} F(x).$$

例 1 计算反常积分 $\displaystyle\int_{-\infty}^{+\infty} \frac{1}{1+x^2}\mathrm{d}x$.

解
$$\int_{-\infty}^{+\infty} \frac{\mathrm{d}x}{1+x^2} = \arctan x \Big|_{-\infty}^{+\infty} = \lim_{x \to +\infty} \arctan x - \lim_{x \to -\infty} \arctan x$$
$$= \frac{\pi}{2} - \left(-\frac{\pi}{2}\right) = \pi.$$

参照定积分的换元法、分部积分法,反常积分也有类似的计算技巧. 但在使用分部积分计算 $\displaystyle\int_{a}^{+\infty} u\mathrm{d}v$ 时,要保证 $u \cdot v \Big|_{a}^{+\infty}$ 与 $\displaystyle\int_{a}^{+\infty} v\mathrm{d}u$ 每一部分都是收敛的. 否则将不能使用分部积分. 其他情形类似.

例 2 计算 $\displaystyle\int_{\frac{2}{\pi}}^{+\infty} \frac{1}{x^2}\cos\frac{1}{x}\mathrm{d}x$.

解 因 $\frac{1}{x^2}dx = -d\left(\frac{1}{x}\right)$，令 $t = \frac{1}{x}$，则

$$\int_{\frac{2}{\pi}}^{+\infty} \frac{1}{x^2}\cos\frac{1}{x}dx = -\int_{\frac{2}{\pi}}^{+\infty} \cos\frac{1}{x}d\left(\frac{1}{x}\right) = \int_0^{\frac{\pi}{2}} \cos t\, dt = \sin t \Big|_0^{\frac{\pi}{2}} = 1.$$

例 3 计算 $\int_1^{+\infty} \frac{\ln x}{x^2}dx$.

解
$$\int_1^{+\infty} \frac{\ln x}{x^2}dx = -\int_1^{+\infty} \ln x\, d\frac{1}{x}$$
$$= -\left(\frac{1}{x}\ln x \Big|_1^{+\infty} - \int_1^{+\infty} \frac{1}{x^2}dx\right)$$
$$= -\lim_{x\to+\infty}\left(\frac{1}{x}\ln x\right) + \int_1^{+\infty} \frac{1}{x^2}dx$$
$$= -\left(\frac{1}{x}\right)\Big|_1^{+\infty} = -\lim_{x\to+\infty}\frac{1}{x} + 1 = 1.$$

例 4 计算 $\int_1^{+\infty} \frac{dx}{x(x+1)}$.

解
$$\int_1^{+\infty} \frac{dx}{x(x+1)} = \int_1^{+\infty}\left(\frac{1}{x} - \frac{1}{x+1}\right)dx = \ln\frac{x}{x+1}\Big|_1^{+\infty}$$
$$= \lim_{x\to+\infty}\left(\ln\frac{x}{x+1}\right) - \ln\frac{1}{2} = \ln\left(\lim_{x\to+\infty}\frac{x}{x+1}\right) + \ln 2$$
$$= \ln 2.$$

这里一定要注意反常积分使用线性性质时需检查"拆开"的每一部分是否收敛，如果有一部分不收敛则不可以使用线性性质．例如，

$$\int_1^{+\infty}\left(\frac{1}{x} - \frac{1}{x+1}\right)dx \neq \int_1^{+\infty} \frac{1}{x}dx - \int_1^{+\infty} \frac{1}{x+1}dx,$$

因为 $\int_1^{+\infty} \frac{1}{x}dx$ 及 $\int_1^{+\infty} \frac{1}{x+1}dx$ 不收敛.

6.4.2 瑕积分

考察图 6.18(b)，曲线 $y = \frac{1}{\sqrt{x}}$ 在 $x = 0$ 处具有铅直渐近线，则曲线夹在 $x = 0$

与 $x=1$ 之间的区域是个无限区域. 任取直线 $x=a(0<a<1)$（图 6.20），则从 $x=a$ 到 $x=1$ 的曲边梯形的面积, 可以用定积分计算

$$A(a)=\int_a^1 \frac{1}{\sqrt{x}}\mathrm{d}x=2\sqrt{x}\Big|_a^1=2-2\sqrt{a}.$$

让 $a\to 0^+$，求 $A(a)$ 的极限

$$\lim_{a\to 0^+}A(a)=\lim_{a\to 0^+}(2-2\sqrt{a})=2,$$

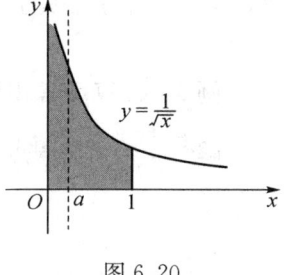

图 6.20

即为曲线 $y=\dfrac{1}{\sqrt{x}}$ 下方从 $x=0$ 到 $x=1$ 的面积.

若直线 $x=a$ 是曲线 $y=f(x)$ 的铅直渐近线，则称点 $x=a$ 为函数 $y=f(x)$ 的瑕点，也称无穷间断点.

定义 2 以下三种积分形式被称为无界函数的反常积分，或称为瑕积分.

(1) 若 $f(x)$ 在 $(a,b]$ 上连续，点 a 为 $f(x)$ 的瑕点，则规定

$$\int_a^b f(x)\mathrm{d}x=\lim_{t\to a^+}\int_t^b f(x)\mathrm{d}x;$$

(2) 若 $f(x)$ 在 $[a,b)$ 上连续，点 b 为 $f(x)$ 的瑕点，则规定

$$\int_a^b f(x)\mathrm{d}x=\lim_{t\to b^-}\int_a^t f(x)\mathrm{d}x;$$

(3) 若 $f(x)$ 在 $[a,c)\cup(c,b]$ 上连续，点 c 为 $f(x)$ 的瑕点，则规定

$$\int_a^b f(x)\mathrm{d}x=\int_a^c f(x)\mathrm{d}x+\int_c^b f(x)\mathrm{d}x.$$

在第(1)、(2)项中，如果极限是存在的，则称对应的反常积分收敛，并且把极限定义为反常积分的值. 如果极限不存在，则称反常积分发散.

在上述定义的第(3)项中，若公式右端的两个积分都收敛，左端积分才称为收敛；否则左端积分称为发散.

瑕积分也可以用牛顿-莱布尼茨公式的推广形式计算，

(1) 若点 a 为 $f(x)$ 的瑕点，

$$\int_a^b f(x)\mathrm{d}x=\lim_{t\to a^+}\int_t^b f(x)\mathrm{d}x=F(b)-\lim_{x\to a^+}F(x)\xlongequal{\text{记作}}F(x)\Big|_a^b;$$

(2) 若点 b 为 $f(x)$ 的瑕点，

$$\int_a^b f(x)\mathrm{d}x = F(x)\Big|_a^b = \lim_{x\to b^-} F(x) - F(a) \xlongequal{\text{记作}} F(x)\Big|_a^b.$$

例 5 计算反常积分 $\int_{-1}^{1} \dfrac{1}{x}\mathrm{d}x$.

解 $x=0$ 是瑕点,故

$$\int_{-1}^{1} \dfrac{1}{x}\mathrm{d}x = \int_{-1}^{0} \dfrac{1}{x}\mathrm{d}x + \int_{0}^{1} \dfrac{1}{x}\mathrm{d}x,$$

其中

$$\int_{0}^{1} \dfrac{1}{x}\mathrm{d}x = \ln x \Big|_0^1 = 0 - \lim_{x\to 0^+}\ln x = +\infty,$$

故反常积分发散.

若忽视 $x=0$ 是瑕点,可能会得到以下错误结果:

$$\int_{-1}^{1} \dfrac{1}{x}\mathrm{d}x = \ln|x|\Big|_{-1}^{1} = 0.$$

瑕积分也有类似于无穷限反常积分的计算方法,如换元法、分部积分法等.

例 6 计算反常积分 $\int_{1}^{3} \dfrac{1}{(x-1)^{\frac{2}{3}}}\mathrm{d}x$.

解 $x=1$ 是瑕点,令 $t=x-1$,故

$$\int_{1}^{3} \dfrac{1}{(x-1)^{\frac{2}{3}}}\mathrm{d}x = \int_{0}^{2} t^{-\frac{2}{3}}\mathrm{d}t = 3t^{\frac{1}{3}}\Big|_0^2 = 3\sqrt[3]{2}.$$

习题 6.4

判定下列各反常积分的收敛性,如果收敛,计算反常积分的值.

(1) $\int_{2}^{+\infty} \dfrac{\mathrm{d}x}{x^5}$;

(2) $\int_{1}^{+\infty} \dfrac{\mathrm{d}x}{9\sqrt[3]{x^2}}$;

(3) $\int_{0}^{+\infty} \mathrm{e}^{-3x}\mathrm{d}x$;

(4) $\int_{2}^{+\infty} \dfrac{\mathrm{d}x}{x-x^2}$;

(5) $\int_{0}^{+\infty} \mathrm{e}^{-t}\cos t\,\mathrm{d}t$;

(6) $\int_{-\infty}^{+\infty} \dfrac{\mathrm{d}x}{x^2+2x+5}$;

(7) $\int_{0}^{\frac{1}{2}} \dfrac{x\mathrm{d}x}{\sqrt{1-x^2}}$;

(8) $\int_{0}^{2} \dfrac{\mathrm{d}x}{(1-x)^3}$;

(9) $\int_{-1}^{2} \dfrac{x\,\mathrm{d}x}{\sqrt{x+1}}$; (10) $\int_{1}^{e} \dfrac{\mathrm{d}x}{x\sqrt{1-\ln^{2} x}}$.

6.5 二重积分

积分是对无穷小的求和.

——欧拉

多重积分在牛顿早期工作中已有所涉猎,他在其闻名遐迩的论著《原理》中讨论球与球壳作用于质点上的万有引力时,就用几何方法论述过. 1770 年,欧拉对二重积分有了清晰地认识,他给出了用二次积分计算这种积分的过程.

定积分是某种确定形式的和的极限. 这种和的极限的概念推广至多元函数情形,便得到重积分的概念.

6.5.1 二重积分的定义

1. 曲顶柱体的体积

我们知道平顶柱体的高是不变的,它的体积可以用公式

$$\text{柱体体积}=\text{底面积}\times\text{高}$$

来计算(图 6.21).

 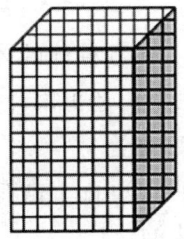

图 6.21

若有一立体,它的底是 xOy 面上的闭区域 D,侧面是以 D 的边界为准线,母线平行于 z 轴的柱面,顶面是曲面 $z=f(x,y)$,这里 $f(x,y)\geqslant 0$ 且在 D 上连续. 这种立体叫作曲顶柱体(图 6.22).

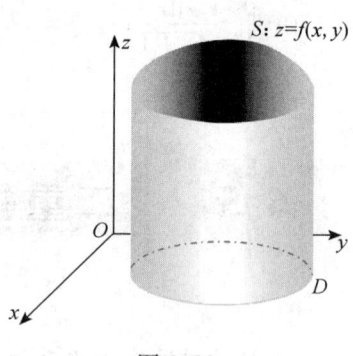

图 6.22

当点 (x,y) 在区域 D 上变动时,高度 $f(x,y)$ 是个变量,因此上述的体积公式不能直接用于计算. 借助一元函数定积分计算平面曲边梯形的思路,我们可以用以下步骤计算曲顶柱体的体积:

(1) 用曲线网任意划分 D 为 n 个小闭区域

$$\Delta\sigma_1, \Delta\sigma_2, \cdots, \Delta\sigma_n,$$

其中, $\Delta\sigma_i$ 也代表第 i 个小块的面积. 分别以这些小闭区域的边界曲线为准线,作母线平行于 z 轴的柱面,这些柱面把原来的曲顶柱体分为 n 个小曲顶柱体;

(2) 对每个小曲顶柱体的体积作近似计算,在每个 $\Delta\sigma_i$ 上任取一点 (ξ_i, η_i),把小曲顶柱体视作高为 $f(\xi_i, \eta_i)$,底为 $\Delta\sigma_i$ 的平顶柱体,计算

$$f(\xi_i, \eta_i)\cdot\Delta\sigma_i\ (i=1, 2, \cdots, n)\ (图\ 6.23);$$

(3) 计算这些平顶柱体体积之和

$$\sum_{i=1}^{n} f(\xi_i, \eta_i)\cdot\Delta\sigma_i,$$

得到整个曲顶柱体体积的近似值;

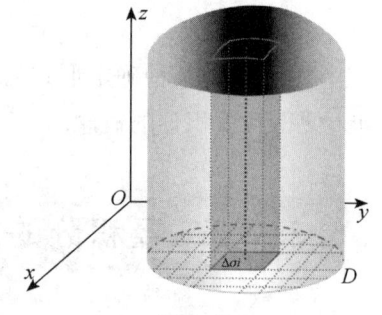

图 6.23

(4) 称小区域中两点间最大距离为直径, n 个小区域直径的最大值记作 λ,添加曲线网细分 D,令 $\lambda\to 0$,若极限

$$V=\lim_{\lambda\to 0}\sum_{i=1}^{n} f(\xi_i, \eta_i)\cdot\Delta\sigma_i$$

存在,所得极限便为曲顶柱体的体积.

用类似的方法我们还可以计算平面薄片的质量.

2. 平面薄片的质量

设平面薄片在 xOy 面上占有平面区域 D,其面密度为 $\mu(x,y)$,现在我们来计算该薄片的质量 M.

若 $\mu(x,y)=\mu$ 是常数, D 的面积是 σ,则 $M=\mu\cdot\sigma$.

若 $\mu(x, y)$ 是变量,可以用以下步骤计算 M:

(1) 用 xOy 平面上曲线网任意划分 D 为 n 个小部分 $\Delta\sigma_1, \Delta\sigma_2, \cdots, \Delta\sigma_n$,其中,$\Delta\sigma_i$ 也代表第 i 个小块的面积;

(2) 视小区域为均匀薄片,对每个 $\Delta\sigma_i$ 作近似计算,任取 $\Delta\sigma_i$ 上一点 (ξ_i, η_i),计算
$$\mu(\xi_i, \eta_i) \cdot \Delta\sigma_i \quad (i=1, 2, \cdots, n);$$

(3) 求和
$$\sum_{i=1}^{n} \mu(\xi_i, \eta_i) \cdot \Delta\sigma_i;$$

(4) 取极限,得质量
$$M = \lim_{\lambda \to 0} \sum_{i=1}^{n} \mu(\xi_i, \eta_i) \cdot \Delta\sigma_i.$$

上述两个问题看似不同,但不难看出二者又有很大的共性:

(1) 解决问题的步骤相同,通过"分割,近似,求和,逼近",最终由四步和式极限得到所求量;

(2) 所求量的结构式相同

曲顶柱体的体积 $\quad V = \lim_{\lambda \to 0} \sum_{i=1}^{n} f(\xi_i, \eta_i) \cdot \Delta\sigma_i;$

平面薄片的质量 $\quad M = \lim_{\lambda \to 0} \sum_{i=1}^{n} \mu(\xi_i, \eta_i) \cdot \Delta\sigma_i.$

事实上,在物理、力学、天文学等诸多科学和工程技术领域中,有很多相关量都可以归结为这类形式的和的极限.将这类和式极限的本质抽象出来,我们可以得到下述二重积分的定义.

定义 1 设 $z = f(x, y)$ 是有界闭区域 D 上的有界函数.将闭区域 D 任意分成 n 个小闭区域
$$\Delta\sigma_1, \Delta\sigma_2, \cdots, \Delta\sigma_n,$$
其中,$\Delta\sigma_i$ 代表第 i 个小闭区域,也表示它的面积.在每个 $\Delta\sigma_i$ 上任取一点 (ξ_i, η_i),作乘积 $f(\xi_i, \eta_i) \cdot \Delta\sigma_i (i=1, 2, \cdots, n)$,并作和 $\sum_{i=1}^{n} f(\xi_i, \eta_i) \cdot$

$\Delta\sigma_i$,如果当各小区域的直径中的最大值 $\lambda \to 0$ 时,和式极限

$$\lim_{\lambda \to 0}\sum_{i=1}^{n}f(\xi_i, \eta_i)\cdot\Delta\sigma_i$$

总存在,且其值与闭区域 D 的分法及点 (ξ_i, η_i) 的取法无关,那么此极限称为函数 $f(x, y)$ 在区域 D 上的二重积分.记作 $\iint\limits_{D} f(x,y)\mathrm{d}\sigma$,即

$$\iint\limits_{D}f(x, y)\mathrm{d}\sigma = \lim_{\lambda \to 0}\sum_{i=1}^{n}f(\xi_i, \eta_i)\cdot\Delta\sigma_i,$$

其中,称 $f(x, y)$ 为被积函数,$f(x, y)\mathrm{d}\sigma$ 为被积表达式,$\mathrm{d}\sigma$ 为面积元素,D 为积分区域,x, y 为积分变量,$\sum_{i=1}^{n}f(\xi_i, \eta_i)\cdot\Delta\sigma_i$ 为积分和.

当函数 $f(x, y)$ 在区域 D 上连续,上述和式极限必定存在.如果没有特别说明,我们总假定 $f(x, y)$ 在区域 D 上连续,即 $f(x, y)$ 在区域 D 上的二重积分都存在.

如果在平面直角坐标系下用平行于坐标轴的直线划分 D,那么除了包含边界点的一些小闭区域外,其余的小闭区域都是矩形闭区域,则 $\Delta\sigma_i = \Delta x_j \cdot \Delta y_k$.因此在直角坐标系中,可以记

$$\mathrm{d}\sigma = \mathrm{d}x\mathrm{d}y,$$

于是二重积分可以记为

$$\iint\limits_{D}f(x, y)\mathrm{d}\sigma = \iint\limits_{D}f(x, y)\mathrm{d}x\mathrm{d}y.$$

由二重积分的定义知,当 $f(x, y) \geqslant 0$ 时,曲顶柱体的体积就是函数 $f(x, y)$ 在底区域 D 上的二重积分,即

$$V = \iint\limits_{D}f(x, y)\mathrm{d}\sigma.$$

特别地,$\iint\limits_{D}1\mathrm{d}\sigma = \sigma$,其中 σ 表示 D 的面积.

若 $\mu(x, y) \geqslant 0$ 时,平面薄片的质量就是面密度 $\mu(x, y)$ 在薄片所占有的闭区域 D 上的二重积分,即

$$M = \iint\limits_{D}\mu(x, y)\mathrm{d}\sigma.$$

6.5.2 二重积分的性质

二重积分的定义与定积分定义本质是一致的,因而可以用定义证明与定积分类似的一系列性质.

性质 1 设 α 与 β 为常数,则

$$\iint\limits_{D}[\alpha f(x,y)+\beta g(x,y)]\mathrm{d}\sigma=\alpha\iint\limits_{D}f(x,y)\mathrm{d}\sigma+\beta\iint\limits_{D}g(x,y)\mathrm{d}\sigma$$

称为二重积分的线性性质.

由此可知,当 $f(x,y)\leqslant 0$ 时,曲顶柱体在 xOy 面的下方,二重积分的绝对值依然表示柱体的体积,但二重积分是负的.

性质 2 设闭区域 D 可以分为两个闭区域 D_1 与 D_2,则

$$\iint\limits_{D}f(x,y)\mathrm{d}\sigma=\iint\limits_{D_1}f(x,y)\mathrm{d}\sigma+\iint\limits_{D_2}f(x,y)\mathrm{d}\sigma$$

称为二重积分的区域可加性.

由此可知如果 $f(x,y)$ 在 D 的若干部分区域上的函数值是正的,而在其他的部分区域上的函数值是负的,$f(x,y)$ 在 D 上的二重积分等于 xOy 面上方的柱体面积减去 xOy 面下方的柱体面积.

性质 3 若在闭区域 D 上有 $f(x,y)\leqslant 0$ ($f(x,y)\geqslant 0$),则有

$$\iint\limits_{D}f(x,y)\mathrm{d}\sigma\leqslant 0\ (\iint\limits_{D}f(x,y)\mathrm{d}\sigma\geqslant 0),$$

称为二重积分的保号性.

推论 1 若在闭区域 D 上有 $f(x,y)\leqslant g(x,y)$ ($f(x,y)\geqslant g(x,y)$),则有

$$\iint\limits_{D}f(x,y)\mathrm{d}\sigma\leqslant \iint\limits_{D}g(x,y)\mathrm{d}\sigma\ (\iint\limits_{D}f(x,y)\mathrm{d}\sigma\geqslant \iint\limits_{D}g(x,y)\mathrm{d}\sigma),$$

称为二重积分的保不等式性质.

特别地,由于 $-|f(x,y)|\leqslant f(x,y)\leqslant |f(x,y)|$,故有

$$\left|\iint_D f(x,y)\mathrm{d}\sigma\right| \leqslant \iint_D |f(x,y)|\mathrm{d}\sigma,$$

称为二重积分的绝对值不等式.

推论2 设 M 与 m 分别是 $f(x,y)$ 在闭区域 D 上的最大值和最小值,σ 是 D 的面积,则有

$$m\sigma \leqslant \iint_D f(x,y)\mathrm{d}\sigma \leqslant M\sigma,$$

称为二重积分的估值不等式.

性质 4（积分中值定理） 设 $f(x,y)$ 在闭区域 D 上连续,则在 D 上至少存在一点 (ξ,η),使得

$$\iint_D f(x,y)\mathrm{d}\sigma = f(\xi,\eta)\sigma.$$

与一元函数一样,二元函数也可以定义奇偶性.

若 $f(-x,y)=-f(x,y)$,称 $f(x,y)$ 关于 x 为奇函数;

若 $f(-x,y)=f(x,y)$,称 $f(x,y)$ 关于 x 为偶函数;

若 $f(x,-y)=-f(x,y)$,称 $f(x,y)$ 关于 y 为奇函数;

若 $f(x,-y)=f(x,y)$,称 $f(x,y)$ 关于 y 为偶函数.

利用二重积分的定义,我们还可以得到以下结论:

(1) 设积分区域 D 关于 x 轴对称,则

$$\iint_D f(x,y)\mathrm{d}\sigma = \begin{cases} 0, & f(x,-y)=-f(x,y), \\ 2\iint_{D_1} f(x,y)\mathrm{d}\sigma, & f(x,-y)=f(x,y), \end{cases}$$

D_1 为 D 关于 x 轴对称部分中的一半.

(2) 设积分区域 D 关于 y 轴对称,则

$$\iint_D f(x,y)\mathrm{d}\sigma = \begin{cases} 0, & f(-x,y)=-f(x,y), \\ 2\iint_{D_1} f(x,y)\mathrm{d}\sigma, & f(-x,y)=f(x,y), \end{cases}$$

D_1 为 D 关于 y 轴对称部分中的一半.

(3) 设 D 关于原点对称,则

$$\iint\limits_{D} f(x,y)\mathrm{d}\sigma = \begin{cases} 0, & f(-x,-y) = -f(x,y), \\ 2\iint\limits_{D_1} f(x,y)\mathrm{d}\sigma, & f(-x,-y) = f(x,y), \end{cases}$$

D_1 为 D 关于原点对称部分中的一半.

(4) 设 D 关于直线 $y = x$ 对称,则

$$\iint\limits_{D} f(x,y)\mathrm{d}\sigma = \iint\limits_{D} f(y,x)\mathrm{d}\sigma.$$

(5) 设 D_1 与 D_2 关于直线 $y = x$ 对称,则

$$\iint\limits_{D_1} f(x,y)\mathrm{d}\sigma = \iint\limits_{D_2} f(y,x)\mathrm{d}\sigma.$$

例 1 设区域 D 是 $x^2 + y^2 \leqslant 4$,求 $\iint\limits_{D}(1 + \sqrt[3]{xy})\mathrm{d}\sigma$.

解 D 关于 x 轴对称,$\sqrt[3]{xy}$ 关于 y 为奇函数,则 $\iint\limits_{D} \sqrt[3]{xy}\,\mathrm{d}\sigma = 0$,

$$\iint\limits_{D}(1 + \sqrt[3]{xy})\mathrm{d}\sigma = \iint\limits_{D} \mathrm{d}\sigma = 4\pi.$$

例 2 设 D 是三角形闭区域,三顶点分别为 $(1,0)$,$(1,1)$,$(2,0)$,

$$I_1 = \iint\limits_{D}(x+y)^4 \mathrm{d}\sigma, \quad I_2 = \iint\limits_{D}(x+y)\mathrm{d}\sigma, \quad I_3 = \iint\limits_{D}(x+y)^2 \mathrm{d}\sigma,$$

则 I_1,I_2,I_3 的大小顺序如何?

解 在 D 上,$x + y \geqslant 1$,$(x+y)^4 \geqslant (x+y)^2 \geqslant (x+y)$,由此得 $I_2 \leqslant I_3 \leqslant I_1$.

6.5.3 二重积分的计算方法

按照二重积分的定义(即四步和式极限)来计算二重积分,对于少数特别简单的被积函数和积分区域来说是有可能的,但对于一般的函数和区域来说,这不是

一种切实可行的方法,我们利用二重积分的几何意义①可以得到计算二重积分的一种简单方法,即把二重积分化为两个有顺序的定积分,称为二次积分.

如果积分区域 D 为 X-型,即 $a \leqslant x \leqslant b$,$\varphi_1(x) \leqslant y \leqslant \varphi_2(x)$,此时,二重积分

$$\iint\limits_D f(x,y)\mathrm{d}x\mathrm{d}y = \int_a^b \mathrm{d}x \int_{\varphi_1(x)}^{\varphi_2(x)} f(x,y)\mathrm{d}y.$$

其中,$\int_a^b \mathrm{d}x \int_{\varphi_1(x)}^{\varphi_2(x)} f(x,y)\mathrm{d}y$ 表示先把 x 看成是常数,计算定积分 $\int_{\varphi_1(x)}^{\varphi_2(x)} f(x,y)\mathrm{d}y$,其结果为 x 的函数,记作

$$F(x) = \int_{\varphi_1(x)}^{\varphi_2(x)} f(x,y)\mathrm{d}y,$$

再把函数 $F(x)$ 代入前面关于 x 的积分,即计算定积分 $\int_a^b F(x)\mathrm{d}x$. 我们称此计算形式

$$\int_a^b \mathrm{d}x \int_{\varphi_1(x)}^{\varphi_2(x)} f(x,y)\mathrm{d}y$$

为先对 x 后对 y 的二次积分.

如果积分区域 D 为 Y-型区域,即 $c \leqslant y \leqslant d$,$\psi_1(y) \leqslant x \leqslant \psi_2(y)$,此时,二重积分

$$\iint\limits_D f(x,y)\mathrm{d}x\mathrm{d}y = \int_c^d \mathrm{d}y \int_{\psi_1(y)}^{\psi_2(y)} f(x,y)\mathrm{d}x.$$

其中,符号 $\int_c^d \mathrm{d}y \int_{\psi_1(y)}^{\psi_2(y)} f(x,y)\mathrm{d}x$ 表示先把 y 看成是常数,计算定积分 $\int_{\psi_1(y)}^{\psi_2(y)} f(x,y)\mathrm{d}x$ 为 y 的函数,记作

$$G(y) = \int_{\psi_1(y)}^{\psi_2(y)} f(x,y)\mathrm{d}x,$$

再把函数 $G(y)$ 代入前面关于 y 的积分,即计算定积分 $\int_c^d G(y)\mathrm{d}y$. 我们称此计

---

① 严格证明需要二重积分计算曲顶柱体体积的几何意义及 6.3 节定积分的应用中已知截面面积的立体体积计算公式.

算形式

$$\int_c^d dy \int_{\psi_1(y)}^{\psi_2(y)} f(x,y) dx$$

为先对 x 后对 y 的二次积分.

如果积分区域既非 X-型,又非 Y-型,此时可以将 D 划分成若干个小区域,使每个小区域或者为 X-型,或者为 Y-型,再利用区域的可加性分别计算(图 6.24)

$$\iint_D = \iint_{D_1} + \iint_{D_2} + \iint_{D_3}.$$

如果积分区域既是 X-型,又是 Y-型,则有(图 6.25)

$$\iint_D f(x,y) dx dy = \int_a^b dx \int_{\varphi_1(x)}^{\varphi_2(x)} f(x,y) dy = \int_c^d dy \int_{\psi_1(y)}^{\psi_2(y)} f(x,y) dx.$$

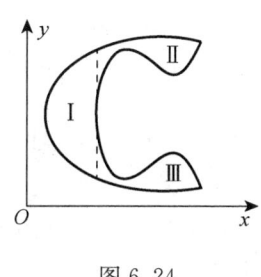
图 6.24

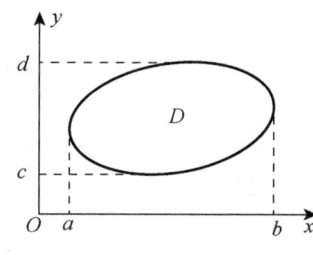
图 6.25

例 3 计算 $\iint_D xy d\sigma$,其中 D 由直线 $y=1$, $x=2$, $y=x$ 所围成.

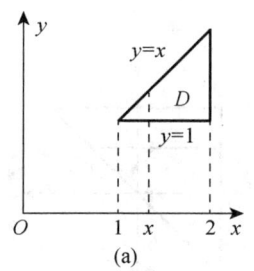
(a)

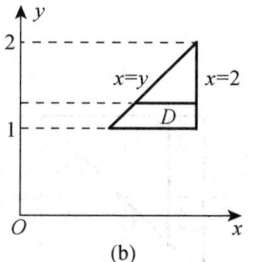
(b)

图 6.26

解 **(解法 1)** 如图 6.26(a)所示,积分区域 D 为 X-型,$1 \leqslant x \leqslant 2$,$1 \leqslant y \leqslant x$,则

$$\iint_D xy\,d\sigma = \int_1^2 dx \int_1^x xy\,dy = \int_1^2 \left(\int_1^x xy\,dy\right) dx$$

$$= \int_1^2 \left[x \cdot \frac{y^2}{2}\right]_1^x dx = \int_1^2 \left(\frac{x^3}{2} - \frac{x}{2}\right) dx = \frac{9}{8}.$$

(解法 2) 如图 6.26(b)所示,积分区域 D 为 Y-型,$1 \leqslant y \leqslant 2$,$y \leqslant x \leqslant 2$,则

$$\iint_D xy\,d\sigma = \int_1^2 \left(\int_y^2 xy\,dx\right) dy = \int_1^2 \left[y \cdot \frac{x^2}{2}\right]_y^2 dy$$

$$= \int_1^2 \left(2y - \frac{y^3}{2}\right) dy = \frac{9}{8}.$$

例 4 计算 $\iint_D y\sqrt{1+x^2-y^2}\,d\sigma$,其中 D 由直线 $y=1$,$x=-1$,$y=x$ 所围成.

解 如图 6.27(a)所示,积分区域 D 为 X-型,$-1 \leqslant x \leqslant 1$,$x \leqslant y \leqslant 1$,则

$$\iint_D y\sqrt{1+x^2-y^2}\,d\sigma = \int_{-1}^1 dx \int_x^1 y\sqrt{1+x^2-y^2}\,dy$$

$$= -\frac{1}{3}\int_{-1}^1 \left[1+x^2-y^2\right)^{\frac{3}{2}}\Big]_x^1 dx$$

$$= -\frac{1}{3}\int_{-1}^1 (|x|^3 - 1)\,dx$$

$$= \frac{1}{2}.$$

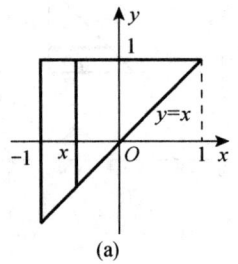   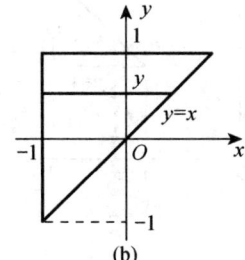

(a)　　　　　　　　　(b)

图 6.27

如图 6.27(b)所示,积分区域 D 为 Y-型,$-1 \leqslant y \leqslant 1$,$-1 \leqslant x \leqslant y$,则

$$\iint_D y\sqrt{1+x^2-y^2}\,d\sigma = \int_{-1}^1 dy \int_{-1}^y y\sqrt{1+x^2-y^2}\,dx,$$

但此时先对 x 积分时原函数不易求.因此利用二次积分计算二重积分时,选择适当的积分次序很重要.

例 5 交换二次积分 $\int_0^4 dy \int_{\frac{y}{2}}^{\sqrt{y}} f(x,y)\,dx$ 的次序.

解 此积分为二重积分 $\iint_D f(x,y)\,dx\,dy$ 先对 x 后对 y 的二次积分,由二次积分的上下限可以看出积分区域 D 由抛物线 $x=\sqrt{y}$ 与直线 $x=\dfrac{y}{2}$ 围成.把 D 看成 X-型,即 $0 \leqslant x \leqslant 2$,$x^2 \leqslant y \leqslant 2x$,则

$$\int_0^4 dy \int_{\frac{y}{2}}^{\sqrt{y}} f(x,y)\,dx = \int_0^2 dx \int_{x^2}^{2x} f(x,y)\,dy.$$

习题 6.5

1. 计算下列二次积分.

(1) $\int_0^2 dx \int_0^2 y^2 e^{3x}\,dy$;

(2) $\int_{\frac{\pi}{6}}^{\frac{\pi}{2}} dy \int_0^2 x^2 \cos y\,dx$;

(3) $\int_1^2 dx \int_0^2 (4x^3 y - 2x)\,dy$;

(4) $\int_{-3}^3 dy \int_0^2 \left(y + y^2 \cos\dfrac{\pi x}{4}\right) dx$;

(5) $\int_0^4 dy \int_0^{\sqrt{y}} xy^2\,dx$;

(6) $\int_0^1 dx \int_{2x}^2 (x-y)\,dy$;

(7) $\int_0^1 dx \int_{x^2}^x (1+2y)\,dy$;

(8) $\int_0^1 dv \int_0^{e^v} \sqrt{1+e^v}\,dw$.

2. 计算下列二重积分.

(1) $\iint_D x\cos y\,dx\,dy$,其中 D 是由抛物线 $y=x^2$ 与直线 $y=0$ 及 $x=1$ 围成的区域;

(2) $\iint_D (x^2+2y)\,dx\,dy$,其中 D 是由曲线 $y=x^3$ 与直线 $y=x$ 在第一象限围成的区域;

(3) $\iint_D y^2\,dx\,dy$,其中 D 是由点 $(0,1)$,$(1,2)$,$(4,1)$ 围成的三角形区域;

(4) $\iint_D xy^2 \,dx\,dy$,其中 D 是由曲线 $x = \sqrt{1-y^2}$ 与 y 轴围成的区域;

(5) $\iint_D (2x-y)\,dx\,dy$,其中 D 是圆心在原点,半径是 2 的圆盘.

3. 计算下列立体 Ω 的体积.

(1) Ω 是由柱面 $x+y=1$,$x^2+y^2=1$ 围成,上顶为平面 $x-2y+z=1$,下底为 $z=0$ 的曲顶柱体;

(2) Ω 是由柱面 $x=y^2$,$x=1$ 围成,上顶为曲面 $z=1+x^2y^2$,下底为 xOy 平面的曲顶柱体.

4. 交换下列二次积分次序.

(1) $\int_0^1 dy \int_0^y f(x,y)\,dx$; (2) $\int_0^2 dx \int_{x^2}^4 f(x,y)\,dy$;

(3) $\int_1^2 dx \int_0^{\ln x} f(x,y)\,dy$; (4) $\int_{-2}^2 dy \int_0^{\sqrt{4-y^2}} f(x,y)\,dx$.

5. 交换下列积分次序并求值.

(1) $\int_0^1 dy \int_{3y}^3 e^{x^2}\,dx$; (2) $\int_0^4 dx \int_{\sqrt{x}}^2 \dfrac{1}{y^3+1}\,dy$;

(3) $\int_0^1 dx \int_x^1 e^{\frac{x}{y}}\,dy$; (4) $\int_0^{\sqrt{\pi}} dy \int_y^{\sqrt{\pi}} \cos(x^2)\,dx$.

6.6* 傅里叶级数

以任一数代替变量,并遵循这些系数的计算规则,我们会越来越接近一个固定值,因此这个值与所计算的项的和变得小于任一给定量.

——傅里叶 《热的解析理论》

傅里叶在他所专著的《热的解析理论》使用三角级数方法作为解决自然界诸多问题的普遍理论. 傅里叶最先提出关于级数收敛性的较精确的定义.

利用泰勒公式我们可以将满足一定条件的函数写成幂级数的和函数,从而借

助级数研究复杂的函数. 如

$$\sin x = x - \frac{x^3}{3!} + \frac{x^5}{5!} - \cdots + (-1)^n \frac{x^{2n+1}}{(2n+1)!} + \cdots, \quad x \in \mathbf{R}.$$

但是,我们会发现正弦函数的周期性在它的幂级数展开过程中"消失"了. 事实上,用幂级数刻画周期函数有时会丢失这些函数的一些本质特性.

函数能展开成为类似于幂级数的、由一些简单周期函数形成的级数,并保留它的周期性吗?

我们将以下级数

$$\frac{a_0}{2} + \sum_{n=1}^{\infty}(a_n \cos nx + b_n \sin nx) \tag{6.4}$$

称为三角级数,其中的

$$1, \cos x, \sin x, \cos 2x, \sin 2x, \cdots, \cos nx, \sin nx, \cdots$$

称为三角函数系.

由 6.1 的习题知,三角函数系中的任意两个不同函数的乘积在 $[-\pi, \pi]$ 上的积分为 0,即

(1) $\int_{-\pi}^{\pi} \cos nx \, dx = 0 \quad (n = 1, 2, \cdots),$

(2) $\int_{-\pi}^{\pi} \sin nx \, dx = 0 \quad (n = 1, 2, \cdots),$

(3) $\int_{-\pi}^{\pi} \sin mx \sin nx \, dx = \begin{cases} 0, & m \neq n \\ \pi, & m = n \end{cases} \quad (m, n = 1, 2, \cdots), \tag{6.5}$

(4) $\int_{-\pi}^{\pi} \cos mx \cos nx \, dx = \begin{cases} 0, & m \neq n \\ \pi, & m = n \end{cases} \quad (m, n = 1, 2, \cdots),$

(5) $\int_{-\pi}^{\pi} \sin mx \cos nx \, dx = 0 \quad (m, n = 1, 2, \cdots),$

我们称三角函数系在区间 $[-\pi, \pi]$ 上正交.

若三角级数在一定范围内收敛到和函数 $S(x)$,即

$$S(x) = \frac{a_0}{2} + \sum_{n=1}^{\infty}(a_n \cos nx + b_n \sin nx), \tag{6.6}$$

则 $S(x)$ 是周期为 2π 的函数.

傅里叶曾断言:"几乎所有"函数都可以写成类似上述三角级数的和函数,我们可以通过下面的定理及例题说明这一结论①.

定理 1 如果 $f(x)$ 是周期为 2π 的函数,并且可以展开成为式(6.4)中的级数,即

$$f(x) = \frac{a_0}{2} + \sum_{n=1}^{\infty}(a_n\cos nx + b_n\sin nx),$$

则有

$$a_n = \frac{1}{\pi}\int_{-\pi}^{\pi}f(x)\cos nx\,dx \quad (n=0,1,2,\cdots), \tag{6.7}$$

$$b_n = \frac{1}{\pi}\int_{-\pi}^{\pi}f(x)\sin nx\,dx \quad (n=1,2,\cdots). \tag{6.8}$$

我们称其为 $f(x)$ 的傅里叶系数,将这些系数代入式(6.4)所得的三角级数称为 $f(x)$ 的傅里叶级数.

该定理说明:如果函数可以展开成三角级数,则三角级数的系数是唯一的,一定是傅里叶系数.

周期为 2π 的函数满足什么条件时,它的傅里叶级数一定存在?

设 $f(x)$ 是周期为 2π 的函数,只要 $f(x)$ 在一个周期区间,如 $[-\pi,\pi]$ 上连续,或只有有限个第一类间断点,则式(6.7)、式(6.8)中的积分都存在,因而傅里叶级数也存在.

例 1 计算以 2π 为周期的函数

$$u(t) = \begin{cases} -1, & -\pi \leqslant t < 0, \\ 1, & 0 \leqslant t \leqslant \pi \end{cases}$$

的傅里叶系数.

解 $u(t)$ 在 $[-\pi,\pi]$ 上只有一个跳跃间断点,且为奇函数,故

---

① 定理的严格证明需要用到部分未经证明的级数的计算性质,故证明过程从略.

$$a_n = \frac{1}{\pi}\int_{-\pi}^{\pi} u(t)\cos nt\,dt = 0 \;(n=0,1,2,\cdots),$$

$$b_n = \frac{1}{\pi}\int_{-\pi}^{\pi} u(t)\sin nt\,dt = \frac{2}{\pi}\int_{0}^{\pi} 1\cdot\sin nt\,dt$$

$$= \frac{2}{n\pi}(1-\cos n\pi) = \frac{2}{n\pi}[1-(-1)^n]$$

$$= \begin{cases} \dfrac{4}{n\pi}, & n=1,3,5,\cdots, \\ 0, & n=2,4,6,\cdots. \end{cases}$$

故 $u(t)$ 的傅里叶级数为

$$\sum_{n=1}^{\infty} b_n \sin nt = \frac{4}{\pi}\left[\sin t + \frac{1}{3}\sin 3t + \cdots + \frac{1}{2n-1}\sin(2n-1)t + \cdots\right].$$

一般地,若 $f(x)$ 是奇函数,则傅里叶系数

$$a_n = 0 \;(n=0,1,2,\cdots),$$

$$b_n = \frac{2}{\pi}\int_{0}^{\pi} f(x)\sin nx\,dx \;(n=1,2,\cdots).$$

即奇函数的傅里叶级数是只含有正弦项的正弦级数

$$\sum_{n=1}^{\infty} b_n \sin nx.$$

若 $f(x)$ 是偶函数,则傅里叶系数

$$a_n = \frac{2}{\pi}\int_{0}^{\pi} f(x)\cos nx\,dx \;(n=0,1,2,\cdots),$$

$$b_n = 0 \;(n=1,2,\cdots).$$

即偶函数的傅里叶级数是只含有余弦项的余弦级数

$$\frac{a_0}{2} + \sum_{n=1}^{\infty} a_n \cos nx.$$

周期为 2π 的函数满足什么条件可以展开成傅里叶级数(即函数为其傅里叶级数的和函数)?

定理 2(狄利克雷收敛定理) 设 $f(x)$ 是周期为 2π 的函数. 如果 $f(x)$ 满足:

(1) 在一个周期内连续,或只有有限个第一类间断点;
(2) 在一个周期内只有有限多极值点,则 $f(x)$ 的傅里叶级数收敛,并且
当 x 是 $f(x)$ 的连续点时,级数收敛到 $f(x)$;
当 x 是 $f(x)$ 的间断点时,级数收敛到 $f(x)$ 在该点的左右极限的平均值,即
$\dfrac{f(x^-)+f(x^+)}{2}$.

例 2 判断以 2π 为周期的函数

$$u(t)=\begin{cases}-1, & -\pi\leqslant t<0,\\ 1, & 0\leqslant t\leqslant\pi\end{cases}$$

是否可以展开成傅里叶级数,如果可以,请写出展开式,并求出傅里叶级数的和函数在 $x=3\pi$ 处的值.

解 $u(t)$ 在 $[-\pi,\pi]$ 上满足收敛定理. $u(t)$ 的间断点为 $t=k\pi$ $(k\in\mathbf{Z})$,故由本节例 1 知其傅里叶级数的和函数为

$$S(t)=\dfrac{4}{\pi}\left[\sin t+\dfrac{1}{3}\sin 3t+\cdots+\dfrac{1}{2n-1}\sin(2n-1)t+\cdots\right].$$

$$=\begin{cases}u(t), & t\neq k\pi,\\ 0, & t=k\pi,\end{cases}$$

故 $S(3\pi)=0$.

当 $t\neq k\pi(k\in\mathbf{Z})$ 时,

$$u(t)=\dfrac{4}{\pi}\left[\sin t+\dfrac{1}{3}\sin 3t+\cdots+\dfrac{1}{2n-1}\sin(2n-1)t+\cdots\right]$$

$$=\dfrac{4}{\pi}\sum_{n=1}^{\infty}\dfrac{1}{2n-1}\sin(2n-1)t.$$

周期不是 2π 的函数也可以展开成傅里叶级数吗?

设函数 $f(x)$ 周期为 T,在一个周期内满足狄利克雷收敛定理,令 $T=2l$,作坐标变换 $z=\dfrac{\pi x}{l}$,我们可以得到周期为 2π 的函数 $F(z)$,将 $F(z)$ 展开成为傅里叶级数,变量代回后就可以获得 $f(x)$ 的傅里叶展开式.

定理 3 设 $f(x)$ 是周期为 $2l$ 的函数. 如果在一个周期内 $f(x)$ 满足狄利克雷收敛定理,则 $f(x)$ 在连续点有以下傅里叶级数展开式:

$$f(x) = \frac{a_0}{2} + \sum_{n=1}^{\infty}\left(a_n \cos\frac{n\pi x}{l} + b_n \sin\frac{n\pi x}{l}\right),$$

其中,

$$a_n = \frac{1}{l}\int_{-l}^{l} f(x) \cos\frac{n\pi x}{l} dx \quad (n=0, 1, 2, \cdots),$$

$$b_n = \frac{1}{l}\int_{-l}^{l} f(x) \sin\frac{n\pi x}{l} dx \quad (n=1, 2, \cdots).$$

例 3 计算周期为 4 的函数

$$u(t) = \begin{cases} 0, & -2 \leqslant t < -1, \\ h, & -1 \leqslant t < 1, \\ 0, & 1 \leqslant t < 2 \end{cases}$$

的傅里叶级数.

解 $u(t)$ 是偶函数,故

$$b_n = \frac{1}{2}\int_{-2}^{2} u(t) \sin\frac{n\pi t}{2} dt = 0,$$

$$a_n = \frac{1}{2}\int_{-2}^{2} u(t) \cos\frac{n\pi t}{2} dt = \int_{0}^{2} u(t) \cos\frac{n\pi t}{2} dt \quad (n=1, 2, \cdots)$$

$$= \int_{0}^{1} h \cos\frac{n\pi t}{2} dt = \frac{2h}{n\pi}\sin\frac{n\pi}{2}$$

$$= \begin{cases} 0, & n = 2k, \\ (-1)^k \dfrac{2h}{n\pi}, & n = 2k+1, \end{cases}$$

$$a_0 = \frac{1}{2}\int_{-2}^{2} u(t) dt = \int_{0}^{1} h\, dt = h.$$

因而当 $t \neq 2k+1\ (k \in \mathbf{Z})$ 时,

$$u(t) = \frac{h}{2} + \sum_{k=0}^{\infty} \frac{(-1)^k 2h}{(2k+1)\pi} \cos\frac{(2k+1)\pi t}{2}.$$

如果不是周期函数,我们也可以把它展开成傅里叶级数吗?

例 4 试将函数 $f(x)=x$ $(0\leqslant x\leqslant \pi)$ 展开成为正弦级数.

解 构造函数
$$F(x)=\begin{cases}0, & x=-\pi,\pi,\\ x, & -\pi<x<\pi,\end{cases}$$

并拓展至以 2π 为周期的函数 $G(x)$,则 $G(x)$ 为周期为 2π 的奇函数,且在一个周期内满足狄利克雷收敛定理,故

$$a_n=0\ (n=0,1,2,\cdots),$$
$$b_n=\frac{2}{\pi}\int_0^\pi G(x)\sin nx\,\mathrm{d}x.$$
$$=\frac{2}{\pi}\int_0^\pi x\sin nx\,\mathrm{d}x=\frac{2(-1)^{n+1}}{n}\ (n=1,2,\cdots).$$

当 $x\neq(2k+1)\pi\ (k\in\mathbf{Z})$ 时,

$$G(x)=\sum_{n=1}^\infty\frac{2(-1)^{n+1}}{n}\sin nx,$$

将 x 的取值限定在区间 $[0,\pi)$,则有

$$f(x)=\sum_{n=1}^\infty\frac{2(-1)^{n+1}}{n}\sin nx.$$

例 5 试将函数 $f(x)=10-x$ $(5<x<15)$ 展开成为傅里叶级数.

解 作坐标变换 $z=x-10\ (5<x<15)$,则

$$f(x)=f(z+10)=-z=F(z)\ (-5<z<5),$$

以 $F(z)$ 为一个周期,将函数扩展成为周期函数 $G(z)$,则 $G(z)$ 为周期为 10 的奇函数,且在一个周期内满足狄利克雷收敛定理,故

$$a_n=0\ \ (n=0,1,2,\cdots),$$
$$b_n=\frac{2}{5}\int_0^5(-z)\sin\frac{n\pi z}{5}\mathrm{d}z=(-1)^n\frac{10}{n\pi}\ \ (n=1,2,\cdots),$$
$$G(z)=\frac{10}{\pi}\sum_{n=1}^\infty\frac{(-1)^n}{n}\sin\frac{n\pi z}{5}.$$

将 z 的取值限定在区间 $(-5,5)$，则有

$$F(z) = \frac{10}{\pi} \sum_{n=1}^{\infty} \frac{(-1)^n}{n} \sin \frac{n\pi z}{5},$$

即

$$10 - x = \frac{10}{\pi} \sum_{n=1}^{\infty} \frac{(-1)^n}{n} \sin\left[\frac{n\pi}{5}(x-10)\right]$$

$$= \frac{10}{\pi} \sum_{n=1}^{\infty} \frac{(-1)^n}{n} \sin \frac{n\pi}{5} x.$$

习题 6.6

1. 计算以 2π 为周期的函数

$$u(t) = \begin{cases} -2, & -\pi \leqslant t < 0, \\ 3, & 0 \leqslant t \leqslant \pi \end{cases}$$

的傅里叶系数 a_2, b_3.

2. 设 $f(x)$ 为以 2π 为周期的函数，其在 $[-\pi, \pi]$ 上的表达式为 $3x^2$，求它的傅里叶系数 a_n, b_n.

3. 判断以 2π 为周期的函数

$$f(x) = \begin{cases} -1, & -\pi < x \leqslant 0, \\ 1+x^2, & 0 < x \leqslant \pi \end{cases}$$

是否可以展开成傅里叶级数，说明理由.

4. 若以 2π 为周期的函数在 $[-\pi, \pi]$ 上的表达式为

$$f(x) = \begin{cases} -2x, & -\pi < x \leqslant 0, \\ 4x, & 0 < x \leqslant \pi. \end{cases}$$

设 $S(x)$ 为 $f(x)$ 的傅里叶级数的和函数，求 $S(18\pi), S(-11\pi), S(25\pi)$.

5. 若以 2π 为周期的函数在 $[-\pi, \pi]$ 上的表达式为

$$f(x) = \begin{cases} 0, & -\pi < x \leqslant 0, \\ 2x, & 0 < x \leqslant \pi. \end{cases}$$

求它的傅里叶级数.

6. 计算周期为 4 的函数

$$f(x) = \begin{cases} 0, & -2 \leqslant x < 0, \\ k, & 0 \leqslant x < 2 \end{cases}$$

的傅里叶系数 a_n, b_n 及其傅里叶级数.

总测试题六

1. 回答下列问题.

(1) 设函数 $f(x)$ 在区间 $[a,b]$ 上连续,那么定积分 $\int_a^b f(x)\mathrm{d}x$ 在几何上表示什么?

(2) 设函数 $f(x)$ 在区间 $[a,b]$ 上连续,且 $f(x) \geqslant 0$,那么定积分 $\int_a^b \pi f^2(x)\mathrm{d}x$ 在几何上表示什么?

(3) 设函数 $f(x), g(x)$ 在区间 $[a,b]$ 上连续,且 $f(x) \geqslant g(x)$,那么定积分 $\int_a^b [f(x) - g(x)]\mathrm{d}x$ 在几何上表示什么?

(4) 设函数 $f(x), g(x)$ 在区间 $[a,b]$ 上连续,且 $f(x) > 0$, $g(x) < 0$,那么定积分 $\int_a^b [f(x) + g(x)]\mathrm{d}x$ 在几何上表示什么?

(5) 设函数 $f(x), g(x)$ 在区间 $[a,b]$ 上连续,且 $f(x) \geqslant g(x) > 0$,那么定积分 $\int_a^b \pi[f(x) - g(x)]^2 \mathrm{d}x$ 在几何上表示什么?

2. 填空题.

(1) $f(x)$ 在区间 $[a,b]$ 上连续是 $f(x)$ 在区间 $[a,b]$ 上可积的_____;

(2) $f(x)$ 在区间 $[a,b]$ 上可积是 $f(x)$ 在区间 $[a,b]$ 上可导的_____;

(3) $f(x)$ 在区间 $[a,b]$ 上有界是 $f(x)$ 在区间 $[a,b]$ 上可积的_____.

A. 充分非必要条件　　　　　　　B. 必要非充分条件
C. 充分必要条件　　　　　　　　D. 既非必要又非充分条件

3. 设 $f(x)$ 在区间 $[a,b]$ 上连续,则下列不正确的是(　　).

A. $\int_a^b f(x)\mathrm{d}x$ 是 $f(x)$ 的一个原函数　　B. $\int_a^x f(x)\mathrm{d}x$ 是 $f(x)$ 的一个原函数

C. $\int_x^b f(x)\mathrm{d}x$ 是 $-f(x)$ 的一个原函数　　D. $f(x)$ 在区间 $[a,b]$ 上是可积的

4. 曲线 $y = x(x-1)(x-2)$ 与 x 轴围成的图形的面积为(　　).

A. $\int_0^2 x(x-1)(x-2)\mathrm{d}x$

B. $-\int_0^2 x(x-1)(x-2)\mathrm{d}x$

C. $\int_0^1 x(x-1)(x-2)\mathrm{d}x - \int_1^2 x(x-1)(x-2)\mathrm{d}x$

D. $-\int_0^1 x(x-1)(x-2)\mathrm{d}x + \int_1^2 x(x-1)(x-2)\mathrm{d}x$

5. 设 $I_1 = \int_0^{\frac{\pi}{4}} x\mathrm{d}x$，$I_2 = \int_0^{\frac{\pi}{4}} \tan x\mathrm{d}x$，$I_3 = \int_0^{\frac{\pi}{4}} \sin x\mathrm{d}x$，则(　　).

A. $I_1 \geqslant I_2 \geqslant I_3$ B. $I_2 \geqslant I_1 \geqslant I_3$

C. $I_3 \geqslant I_2 \geqslant I_1$ D. $I_2 \geqslant I_3 \geqslant I_1$

6. 设 $M = \int_{-\frac{\pi}{2}}^{\frac{\pi}{2}} (x^2\sin^3 x - \cos^4 x)\mathrm{d}x$，$N = \int_{-\frac{\pi}{2}}^{\frac{\pi}{2}} (\sin^3 x + \cos^4 x)\mathrm{d}x$，$P = \int_{-\frac{\pi}{2}}^{\frac{\pi}{2}} \frac{\sin x}{1+x^2}\mathrm{d}x$，比较它们的大小.

7. 求 $\dfrac{\mathrm{d}}{\mathrm{d}x}\left(\int_0^{4x^3} \sqrt{1+t^2}\,\mathrm{d}t\right)$.

8. 计算 $\lim\limits_{x\to 0} \dfrac{x-\sin x}{\int_0^x \dfrac{\ln(1+4t^3)}{t}\mathrm{d}t}$.

9. 计算下列定积分.

(1) $\int_0^{\frac{\pi}{2}} \dfrac{2+\sin x}{2x-\cos x}\mathrm{d}x$;   (2) $\int_0^{\frac{\pi}{2}} |\sin x - \cos x|\mathrm{d}x$;

(3) $\int_{-1}^2 \mathrm{e}^{\sqrt{4x^2}}\mathrm{d}x$;   (4) $\int_0^{5\pi} \sqrt{1-\cos 2x}\,\mathrm{d}t$;

(5) $\int_{-1}^1 (2x-\sqrt{1-x^2})^2\mathrm{d}x$;

(6) $\int_{-\pi}^{\pi} |x|\left(\arcsin\dfrac{x}{\pi} - \sqrt{1-\sin^2 x}\right)\mathrm{d}x$.

10. 设 $f(x) = \begin{cases} 1+x^2, & x \leqslant 0, \\ \mathrm{e}^{-x}, & x > 0, \end{cases}$ 求 $\int_1^3 f(x-2)\mathrm{d}x$.

11. 下列反常积分发散的是(　　).

A. $\int_{-1}^1 \dfrac{\mathrm{d}x}{\sin x}$ B. $\int_{-1}^1 \dfrac{\mathrm{d}x}{\sqrt{1-x^2}}$

C. $\int_0^{+\infty} x\mathrm{e}^{-x^2}\mathrm{d}x$ D. $\int_2^{+\infty} \dfrac{\mathrm{d}x}{x\ln^2 x}$

12. 计算下列反常积分.

(1) $\int_1^{+\infty} \dfrac{\mathrm{d}x}{\mathrm{e}^{x+1} + \mathrm{e}^{3-x}}$;   (2) $\int_{\frac{1}{2}}^{\frac{3}{2}} \dfrac{\mathrm{d}x}{\sqrt{|x^2-x|}}$.

13. 求曲线 $y = 2\sqrt{x}$，直线 $x + 2y = 5$ 以及 x 轴所围第一象限图形的面积，及该图形绕 x 轴旋转一周所得的旋转体体积.

14. 求抛物线 $y = \dfrac{1}{2}x^2$ 被圆 $x^2 + y^2 = 3$ 截下部分的弧长.

15. 求函数 $f(x) = \sqrt{4 - x^2}$ 在区间 $[-2, 2]$ 上的平均值.

16. 设 $f(x)$ 可导，且满足 $f(x)\cos x + 2\int_0^x f(t)\sin t\,dt = x + 2$，求 $f(x)$.

17. 设区域 $D = \{(x, y) \mid x^2 + y^2 \leqslant 4, x \geqslant 0, y \geqslant 0\}$，$f(x)$ 为 D 上正值连续函数，a, b 为常数，则 $\iint\limits_{D} \dfrac{a\sqrt{f(x)} + b\sqrt{f(y)}}{\sqrt{f(x)} + \sqrt{f(y)}}\,dx\,dy = (\quad)$.

  A. $ab\pi$ B. $\dfrac{ab}{2}\pi$ C. $(a+b)\pi$ D. $\dfrac{a+b}{2}\pi$

18. 交换二次积分 $\int_0^1 dx \int_0^{\sqrt{x-x^2}} f(x, y)\,dy$ 的积分次序.

19. 计算二次积分 $\iint\limits_{D} e^{y^3}\,dx\,dy$，其中 D 是由直线 $3y^2 = x$，$x = 0$ 及 $y = 1$ 围成的区域.

20. 求由四个平面 $x = 0$，$y = 0$，$x = 1$，$y = 1$ 所围柱体被平面 $z = 0$ 与 $z = 6 - 2x - 3y$ 截得的立体的体积.

数学史话——
巨人的肩膀